选题策划　何　龙　何少华

执行策划　彭永东

编辑统筹　彭永东

装帧设计　胡　博

督　　印　刘春尧

责任校对　蒋　静

中国科普大奖图书典藏书系

硬币与金字塔

刘 兵◎著

长江出版传媒 湖北科学技术出版社

图书在版编目（CIP）数据

硬币与金字塔/ 刘兵著. —武汉：湖北科学技术出版社，2015. 12（2018. 3 重印）
（中国科普大奖图书典藏书系）
ISBN 978-7-5352-8213-2

Ⅰ. ①硬… Ⅱ. ①刘… Ⅲ. ①科学学—关系—人文科学—普及读物 Ⅳ. ①G301 -49 ②C -49

中国版本图书馆 CIP 数据核字（2015）第 200688 号

硬币与金字塔
YINGBI YU JINZITA

责任编辑：刘 虹 万冰怡 封面设计：戴 旻

出版发行：湖北科学技术出版社 电话：027 -87679468
地 址：武汉市雄楚大街 268 号 邮编：430070
（湖北出版文化城 B 座 13—14 层）
网 址：http://www.hbstp.com.cn

印 刷：仙桃市新华印务有限责任公司 邮编：433000

700 ×1000 1/16 21.75 印张 2 插页 285 千字
2016 年 3 月第 1 版 2018 年 3 月第 3 次印刷
定价：34.00 元

总 序

ZONGXU

我热烈祝贺"中国科普大奖图书典藏书系"的出版！"空谈误国，实干兴邦。"习近平同志在参观《复兴之路》展览时讲得多么深刻！本书系的出版，正是科普工作实干的具体体现。

科普工作是一项功在当代、利在千秋的重要事业。1953年，毛泽东同志视察中国科学院紫金山天文台时说："我们要多向群众介绍科学知识。"1988年，邓小平同志提出"科学技术是第一生产力"，而科学技术研究和科学技术普及是科学技术发展的双翼。1995年，江泽民同志提出在全国实施科教兴国战略，而科普工作是科教兴国战略的一个重要组成部分。2003年，胡锦涛同志提出的科学发展观既是科普工作的指导方针，又是科普工作的重要宣传内容；不是科学的发展，实质上就谈不上真正的可持续发展。

科普创作肩负着传播知识、激发兴趣、启迪智慧的重要责任。"科学求真，人文求善"，同时求美，优秀的科普作品不仅能带给人们真、善、美的阅读体验，还能引人深思，激发人们的求知欲、好奇心与创造力，从而提高个人乃至全民的科学文化素质。国民素质是第一国力。教育的宗旨，科普的目的，就是为了提高国民素质。只有全民的综合素质提高了，中国才有可能屹立于世界民族之林，才有可能实现习近平同志最近提出的中华民族的伟大复兴这个中国梦！

新中国成立以来，我国的科普事业经历了：1949—1965年的创立与发展阶段；1966—1976年的中断与恢复阶段；1977—

1990年的恢复与发展阶段;1990—1999年的繁荣与进步阶段;2000年至今的创新发展阶段。60多年过去了,我国的科技水平已达到“可上九天揽月,可下五洋捉鳖”的地步,而伴随着我国社会主义事业日新月异的发展,我国的科普工作也早已是一派蒸蒸日上、欣欣向荣的景象,结出了累累硕果。同时,展望明天,科普工作如同科技工作,任务更加伟大、艰巨,前景更加辉煌、喜人。

“中国科普大奖图书典藏书系”正是在这60多年间,我国高水平原创科普作品的一次集中展示。书系中一部部不同时期、不同作者、不同题材、不同风格的优秀科普作品生动地反映出新中国成立以来中国科普创作走过的光辉历程。为了保证书系的高品位和高质量,编委会制定了严格的选编标准和原则:一、获得图书大奖的科普作品、科学文艺作品(包括科幻小说、科学小品、科学童话、科学诗歌、科学传记等);二、曾经产生很大影响、入选中小学教材的科普作家的作品;三、弘扬科学精神、普及科学知识、传播科学方法,时代精神与人文精神俱佳的优秀科普作品;四、每个作家只选编一部代表作。

在长长的书名和作者名单中,我看到了许多耳熟能详的名字,备感亲切。作者中有许多我国科技界、文化界、教育界的老前辈,其中有些已经过世;也有许多一直为科普事业辛勤耕耘的我的同事或同行;更有许多近年来在科普作品创作中取得突出成绩的后起之秀。在此,向他们致以崇高的敬意!

科普事业需要传承,需要发展,更需要开拓、创新!当今世界的科学技术在飞速发展、日新月异,人们的生活习惯和工作节奏也随着科学技术的进步在迅速变化。新的形势要求科普创作跟上时代的脚步,不断更新、创新。这就需要有更多的有志之士加入到科普创作的队伍中来,只有新的科普创作者不断涌现,新的优秀科普作品层出不穷,我国的科普事业才能继往开来,不断焕发出新的生命力,不断为推动科技发展、为提高国民素质做出更好、更多、更新的贡献。

“中国科普大奖图书典藏书系”承载着新中国成立60多年来科普创作的历史——历史是辉煌的，今天是美好的！未来是更加辉煌、更加美好的。我深信，我国社会各界有志之士一定会共同努力，把我国的科普事业推向新的高度，为全面建成小康社会和实现中华民族的伟大复兴做出我们应有的贡献！“会当凌绝顶，一览众山小”！

中国科学院院士
华中科技大学教授　杨叔子　二〇一二　九、廿八

序

江晓原

此书中的大部分文章，我都已经事先拜读过了。近来我在读这些文章和其他一些科普作品时，一直有一个问题萦绕在我心头。

为何伪科学的，以及假科学之名而行骗钱之实的东西——我想刘兵兄不会愿意称之为作品——经常能在大众媒体上“闪亮登场”，而严肃的科学家的声音，却往往不能及时出现?或者虽然出现了也不够有力?

让我们先假定理想化的边界条件：媒体并没有和伪科学或骗子们勾结。然后来猜测造成上面所说现象的原因。我现在想到三条可能的原因：

第一，严肃的科学家写出来的文章，往往不如某些传播伪科学的文章好读。大众媒体对其上刊登的文章，是要选择和过滤的，它们不能因为文章枯燥乏味而失去读者。

严肃的科学家是术业有专攻的人，他们撰写专业学术论文和专著自然没有问题，但专业学术论文和专著并不需要让大众看得懂——如果能做到这一点当然再好不过，可惜通常是无法做到的。久而久之，今天的许多科学家逐渐丧失了写作大众阅读文本的能力。他们往往也没有时间去讲求大众阅读文本的写作技巧，只能靠中学时代语文课上的一点底子。何况现在重理轻文日益严重，中学里就要分理科班和文科班，今后真不知道将伊于胡底。

与此相反，传播伪科学的人或骗子，在科学上没有术业专攻，整天将功夫放在如何哗众取宠、耸人听闻上面，我们不能不看到，这些人写作大众阅读文本的技巧，有时确实在严肃科学家之上——尽管他们的文章实际上逻辑混乱，错误百出，无奈一般大众毕竟不是科学家，很难一眼就看穿他们。

于是，大众媒体对文本阅读趣味的追求，在客观上形成了倾斜的过滤机制，这种过滤机制对严肃科学家不利，而对传播伪科学的人或学术骗子有利。

第二，严肃的科学家自重身份，不屑去与伪科学传播者或骗子辩驳论战。结果后者就乘机在大众媒体上活跃起来，欺骗公众。

第三，缺乏健康的批评氛围。普遍认为“立”才是正道，“破”则要得罪人。一些老于世故的学者也经常告诫年轻人，“正面陈述你自己的观点，不要去批评别人”。结果伪科学传播者或骗子就经常找机会“正面陈述”他们的谬论，而切中要害的批评却很少出现。

据上述三条原因，可以推想的对策至少有两条：

一、严肃的科学家致力于提高自己写作大众阅读文本的技巧，并且更勇于挺身而出对伪科学谬论进行驳斥。

二、由另一些受过严格科学专业训练的、但目前并不在科学前沿工作的人士来进行科学普及和对伪科学的批判工作。刘兵兄正是这些人士中的一个。

我毫不怀疑刘兵兄具有成为科学家的潜质，但是他选择了另一条道路。这些年来，他一直在科学史与科学哲学的领域中行走，也就是在理科和文科的交界处行走，但是他又不“安分”，还要涉足出版、书评、环保等等领域。许多人常闻其大名，却忍不住要问“刘兵是干什么的”——他到底算干什么的呢?无以名之，我想可以谓之“科学文化工作者”。目前，国内外主要以中文写作的“科学文化工作者”，已经有效进入国内学术界（或者宽泛些，称为“知识界”?）视野的，好像不到十人光景，这对今日中国来说，是远远不够的。

伪科学经常向人们兜售廉价的科学殿堂入场券，许多缺乏科学训练却又对科学十分向往的善男信女，很容易上当受骗。再说如今人人奔竞，个个匆忙，要让公众沉下心来花很多时间读科普读物，也很困难。所以如何能够让科学殿堂既神圣庄严，但同时又香火鼎盛，确实是一件很难的事情。比如我们有专职的“科普工作者”，但是在最近几起著名事件中，在第一时间挺身而出批判伪科学的却总是另外一些人士。我感到传统的“科普”路数可能已经不太管用，我们必须寻求更好的办法，也许这就是科学文化的用武之地吧。

为什么几十年前曾风靡一时的科普作品，如今大部分都已经不再叫座？其实知识老化并不是主要原因，主要原因是读者和供求关系都已经改变。今天都市公众（他们仍是科普读物的主要读者）的受教育水平，比起几十年前普遍有很大提高，他们要求阅读更高水准的科普作品，几十年前那种入门水准的作品已经不能吸引他们的眼球。

更重要的是供求关系的改变。几十年前的科普作者可以摆出一副“我开导你，你受教育”的架势写书，不用担心缺乏读者，读者还会读得津津有味。如今，书籍在我们的都市早已经供过于求，引进的和国产的科普作品也足以让读者挑花了眼，现在科普作者只能用“我讲故事，请你来听”的架势写书，故事还要讲得精彩，读者才肯来看几行。但是一味迎合读者，走进低级趣味的歧途，则又为学者所不取。

刘兵兄编成这部科普文集，征序于我。这使我想起前不久有一个我和刘兵兄共同的朋友在报上写文，开玩笑将我和刘兵兄彼此为对方之书作序，恶攻为“彼此作序，相互吹捧”，我和刘兵兄见了，都坦然笑而受之。

从学术史上来看，在学术活动中，要交流就会有理解，彼此作序的事是经常发生的。但是我们想到学术的繁荣，想到大多数好书的命运，我们为增进理解而作序，就是序得其所。

再说，十多年之前，在我们安身托命的学术领域处在最低潮的岁月，圈子里的同龄人几乎都走了——出国、经商、改行等等，我和刘兵兄一南一北，形单影只，在漫漫寒夜中，彼此呼应，相互鼓励，“为保卫我们的生活方式而战”。此情此景，现在回想起来，就像是昨天的事情，还是那么令人感到温暖，我们又有什么不能坦然受之的呢？

2001年2月28日凌晨

于上海双希堂

目 录

第一部 知识性科普

第二部 科学家

第三部 审视科学

第四部　科学教育中的人文因素

第五部　科普书话

DIYIBU

第一部

知识性科普

ZHISHIXINGKEPU

看不见的舞台

引　子

“不看不知道，世界真奇妙”。当我们环顾周围丰富多彩的世界时，我们不禁为自然界鬼斧神工的造化而惊叹。夏夜，当你仰望万里星空，看着璀璨的繁星在远方闪烁，壮阔的银河横跨天际，如果你是个富于幻想的人，你也许会联想起牛郎织女的美丽传说。但另一方面，如果你同时又是一个科学想象力丰富的人，你也许会想象自己置身于深邃而又神秘的太空中，看到日月星辰在轨道上按照人类所发现的规律一丝不苟地运行，看到银河中的一个个“太阳系”，甚至看到在地球上用肉眼所难以看清的无数河外星系。的确，在宇宙深处，隐藏着无数令人心驰神往、有待我们去探索的奥秘。这是一个宏大的世界，代表了一种极端的方向。然而，你可曾想到过，在另一个相反的极端方向上，也就是说，对同样为肉眼所无法看清的微观物质的探索，也会向我们展示一个更加神奇、更加不可思议、更加激动人心的世界？

顾名思义，所谓微观，当然就是非常小的意思。不过，像“微”与“小”这种日常语言经常带有一定的模糊性。比如说，显微镜下的细菌是非常微小的，那它们是不是生活在微观世界中呢？又比如说，当你觉得这本书枯燥无味，一生气将它撕得粉碎时，究竟要“粉碎”到什么程度，这些“碎片”才算进入了微观世界？在科学领域中，对概念的定义要非常准确，容不得半点含糊。例如，有一本名为《在 10^{-13} 厘米以内》的优秀科普著作，讲的是有关“基本”粒子的知识，粒子显然属于微观世界的范畴，因而这本书把讨论的微观范围限定为以厘米作单位，即在小数点后加13个零的尺度内。至于本书，为了通俗起见，不妨从另一个角度考虑，将标准适当放宽一些，把讨论范围限定在分子和原子的层次以下。

在我们进入正题之前，先要提醒读者注意的是，微观世界与我们所熟悉的宏观世界是有很大区别的。对这个光怪陆离然而又真实存在的世界我们要有充分的思想准备。我们不能把在宏观世界中获得的经验无条件地外推到微观世界中，我们无法用肉眼“看”到原子，无法用手去触摸原子的“软硬”，无法用鼻子嗅到原子的“气味”，尤其是，许多习以为常的观念甚至一些经典物理学的规律在微观领域中也不再适用。实际上，正是这一现实给科学家们探索微观世界带来了巨大的困难。但另一方面，正是由于科学家们历尽坎坷，揭示了微观世界独特的规律，才带来了一场物理学的革命，极大地开阔了人们的视野，更新了人们的观念，解放了人们的思想。从这种意义上来说，作为一个现代人，如果对微观世界一无所知，那几乎就像不知道哥白尼的日心说和达尔文的进化论一样，他的知识肯定是不完善的。

我们可以打这样一个比方，假使你要想了解一家饭店的情况，通常有两种方法。一种是坐下来将这个饭店菜谱上的每一道菜都品尝一遍，这样做固然能全面地了解这个饭店的情况，但却要花费大量的金钱和时间。另一种方法则是利用有限的金钱和时间有选择地品尝这家饭店的特色菜。鉴于有关微观世界研究领域的巨大和本书篇幅的限制，我们将采取第二种方法，即选择了一些最基本的概念、最重要的事实及最有趣的问题予以论述，将重点放在介绍有关微观世界的特殊性以及微观世界与人们所熟悉的宏观世界的差异上，从而起到增长知识和开阔视野的作用。

好了，从现在开始，让我们一起到微观世界中去漫游吧！

原子论:从古代到近代

1.原始的思辨

当我们环顾四周时,我们看到的物体都是所谓的宏观物体,要想了解微观世界的情况,就必须把宏观物体“打碎”,或者说“分解”,然后才能进行研究。实际上,早在古代,人们就已在思考这样的问题了。在我国古代著名的《庄子》一书中,有这样一段话:“一尺之棰,日取其半,万世不竭。”意思是说,如果有一根一尺(1尺=$\frac{1}{3}$米)长的木棍,每天都把它截去一半的话,日复一日,一万代也不会有终结。这确实是很了不起的思想!当然,你可以做一下简单的计算,在头几天,甚至还可以用手去掰这根木棍,但当截到第十天的时候,剩下的就已经是1/1 024尺的薄木片了。在当时,远远没有合适的工具能把这一“取其半”的过程再继续下去。那么,怎么办呢?难道只有眼巴巴地等待着新工具的问世吗?

当然不必。别忘了,人还有一个了不起的大脑。当工具(或者用现代术语来说就是“实验手段”)还不完善时,人们可以在头脑中对所研究的对象进行抽象的思考。当你翻开任何一本科学史时,都会发现古代萌芽阶段的“科学研究”都是这种思辨性的。

早在3 000多年前,在中国就已经有了朴素的关于世界的物质组成的原始学说,即所谓的“五行说”。这种学说认为,世界上的万事万物都是由金、木、水、火、土这五种基本物质元素构成的。不同的物质元素相遇在一起,通过彼此相互作用,就产生了不同的物质。例如说,土、水、火相互作用可以生成陶器,土(即矿石)、火、木彼此作用可以炼出金属,等等。

2 000多年前,在另一个文明古国,即古希腊,也产生过类似的学说。

在那里，先是有人提出，世界上的万事万物都是由单一的“元素”所组成，例如像水、火，甚至“数”（一个从数字抽象出来的概念）等等。后来，又有人综合了这些见解，认为水、气、火、土皆为万物之本。就像画家用四种颜料可以调配成各种深浅的色彩一样，这四种元素按不同比例结合，也可以形成各种不同的物质。

我们可以把上述这些学说称之为“元素说”，当然，它们是很古老、很原始的元素说。这些元素说虽然与我们上面谈到的物质微观结构有一定的联系，但这些学说中的物质本原还都比较直观，因此，一些古希腊的思想家们也感到不满足，转而企图从更深的层次去探索物质的构造。大约在公元前三四百年的时候，古希腊的哲学家留基伯和德谟克里特等人提出，宇宙万物只是由两种东西构成的，这两种东西就是原子和虚空，虚空为原子存在和运动的场所。在希腊语中，原子是不可再分割的意思。这种原子论认为，世界上一切物体的不同，都是由于组成它们的原子在数量、形状和排列上的不同所造成的。一百多年以后，另一位叫伊壁鸠鲁的古希腊思想家又进一步发展了这种原子论。一方面，他也认为可以用原子在虚空中的运动、原子的分离和结合来解释一切自然现象，但他又提出，原子本身不仅有形状的差别，而且还有大小和质量的不同。因此，在某种意义上，可以说伊壁鸠鲁已经按照他自己的方式知道原子量和原子体积了。当然，这些理论还远不是现代意义上的科学理论。

2. 科学原子论

转眼间，1 000 多年过去了，经过了漫长的中世纪，从 16 世纪末开始，首先是由一些哲学家恢复和发展了古希腊的原子论。后来，许多自然科学家也加入到这一行列里来。其中，包括像著名的波义耳和牛顿等人。例如，牛顿就认为，一切物质都是由不可再分的原子构成的，不同的原子大小、形状、密度和内部的吸引力也不同。他甚至以此来解释一些当时已知的化学反应。

然而，真正的科学原子论的出现，主要标志是人们对原子量的认识。在这方面，做出了开创性贡献的，是一位名叫道尔顿的英国科学家。道尔顿曾经当过中学教员和家庭教师，除了教授数学和哲学外，他对气象学也很感兴趣，曾在50多年中日复一日地坚持记录气象观测结果，总数竟达两万多次，可见其意志之坚强。然而，真正使道尔顿名垂千古的，却是他关于原子论的工作。在19世纪初，道尔顿提出，化学作用的最小单位是原子，任何元素都是由同一种类的原子所构成，原子在化学变化的过程中不会改变。同一类元素的所有原子都具有相同的质量，而不同种类元素的原子质量则不一样。因此，原子的质量是元素的一个重要特性，每一种元素都可以用其原子量来代表。进而，他假定已知最轻的元素氢的原子量为1，并由此推算出了14种元素的原子量。当然，由于当时知识水平的限制，道尔顿在某些例子中所推算出的原子量与我们今天知道的精确值相差较大，但无论如何，道尔顿建立的科学原子论真正为科学开辟了一个新的时代，也对人们在物质结构方面的认识起了相当大的推进作用。在此影响下，随着有机化学结构理论的提出，到19世纪60年代时，一些化学家们甚至声称：无论是什么东西，只要知道了它的化学结构，就可以按照化学成分把它构造出来。

至此，由于在原子论基础上发展起来的化学在各方面的成功，人们对于原子论的信念进一步加深了。但是，就人们对物质结构的认识来说，道尔顿的这种原子论是否真的就是最后的结论？原子是否真的就是不可再分割的构成物质的最小单位呢？

来自原子内部的信息

对于化学家们来说，暂时还不需要进一步去探索原子内部的奥秘，因为他们所关心的化学反应只涉及原子层次的作用。但关心世界的更基本的构成的物理学家则不然。在这里，引导人们步入新领域的，却是对自古以来就引人入胜的电现象的研究。从19世纪上半叶开始，通过像法拉第、麦克斯韦等科学家的努力，系统的电磁学理论已经建立起来。但是，关于电的真正物质基础，例如，电究竟是连续的还是分立的？物理学家们一直在争论之中。因此，此时还不能说对电的运动已经有了深刻的理解。不过，到19世纪末，随着技术的进步，物理学家们成功地制造出了一些不可思议而且极其灵敏的仪器。其中最特殊的一种精巧的仪器，就是阴极射线管。阴极射线管初看上去似乎并没有什么惊人之处，它通常只是一根被抽成真空的玻璃管，其中分别有金属制成的阴极和阳极。当把电极连接在高压电源上时，在对着阴极的管壁上就会有一种荧光出现。人们由此推论，荧光必定是由于从阴极发出的某种射线撞击在玻璃管壁上而产生的。对阴极射线的本质的研究，一时间成了各国物理学家普遍感兴趣的一个中心议题。但人们未曾想到的是，正是利用这种仪器所进行的研究，把隐藏在原子内部的信息揭示在人们面前。

1. 神秘的射线

在19世纪末，有一位叫伦琴的德国物理学家，在德国的大学中从事物理学研究，到1895年时，他已经写了48篇论文，算得上是成果累累了。但从现在的观点来看，这些论文大多已为人所遗忘，而只是他的第49篇论文才真正地击中了金色的靶心。那么，这篇特殊的论文描述的是一个什么样的重要发现呢？

在1895年11月8日的夜晚，伦琴正在用阴极射线管进行实验，实验室是一间密不透光的暗室。他把一张黑纸包在管子的外面，黑纸挡住了一切可见的光线和紫外线。当伦琴接通高压电源时，他意外地发现，在实验台上涂有铂氰酸钡的纸屏放射出淡淡的荧光。这可真是一件怪事。因为这一现象显然无法用阴极射线的性质来解释，当时人们知道，阴极射线只能穿透几厘米的空气，而伦琴所用的阴极射线管被包在黑纸内，没有光或阴极射线能从里面透出。这个没有想到的现象的出现，使伦琴感到意外和困惑不解。他把厚达1 000页的书、2~3厘米厚的木板以及15毫米厚的铝板分别放在管子和纸屏之间，结果这些东西仿佛就像透明的一般。当他在管子前面移动手时，在纸屏上还看到了自己手掌的骨骼。

在随后的七个星期里，伦琴把自己关在实验室中，紧张地继续进行“秘密”的实验研究，终于确信自己发现了一种新的、具有强大穿透力的射线，它是由阴极射线打到玻璃管壁上所产生的。使用它来照相时，可照出木盒中的砝码、有绝缘包皮的金属线等。尤其引人注目的是伦琴夫人的手掌骨照片，手骨和手指上的结婚戒指都清晰可见。由于对这种射线的性质了解还不多，伦琴把它称为“X射线”。1895年底，伦琴的论文发表，其后仅几天，这个惊人的消息就传遍了全世界，引起了一场科学史上罕见的轩然大波。人们纷纷投入了对X射线的研究，关于X射线的各种研究论文有如雨后春笋一般，一年之内，竟有1 000多篇论文和48种专著和小册子问世。最先引起重视的，是X射线在医学上的应用，伦琴夫人的手掌骨照片成了最轰动的新闻。因为它表明可以隔着皮肉透视骨骼，为医学诊断提供了有力的新手段。时至今日，当我们到医院去做透视检查时，利用的仍然是伦琴当年发现的X射线。

伦琴由于发现了X射线，他光荣地成了第一位诺贝尔物理学奖的获得者。X射线的发现，不仅给医疗保健事业带来了新的希望。更重要的是，它加速了人们对原子的更进一步的研究，导致了随之而来的一系列重要发现，敞开了一扇通往微观物理学新世界的大门。

2. 放射性的发现

X射线的本质虽然一时还不清楚，但科学家们仍为此发现而激动不已。它又导致了人们对放射性这种新的物理现象的发现。1896年初，法国物理学家贝克勒尔在听到了有关X射线发现的消息后，马上就想到，X射线可能与他长期研究的荧光有关。实际上，贝克勒尔以及他的父亲和祖父都是以研究磷光和荧光而闻名于世的物理学家，这个家族从事这方面的研究已有60多年的历史了，他们的实验室里收集有各种各样的荧光物质。第二天，他就开始着手研究究竟有哪些荧光物质能够发射X射线。

贝克勒尔选用了一种他们研究过的铀盐，先把铀盐放在阳光下暴晒，让它能够发出荧光，然后再把它放在用黑纸包起来的照相底片上，来检验它能否像X射线那样使底片感光。在经过最初的挫折之后，他终于得到了感光的底片，并向法国科学院报告说：X射线与荧光有关。但一个星期以后，情况就发生了出人意料的变化。当他正在做进一步的实验时，恰好遇上了一连好几个阴天，由于无法用太阳来暴晒铀盐，他只好随手把铀盐和密封的底片一起放进了抽屉。几天后，当天气转晴，他准备继续进行实验时，一向严谨细心的贝克勒尔想先进行一下检查，便冲洗了其中一张底片。结果他意外地发现，底片竟然已被感光，铀盐的影像清晰地印在上面。这一偶然的发现使他认识到底片的感光与日晒和荧光都无关，并进而推断感光必定是由铀盐自身发出的射线引起的。此后，他又深入地研究了铀元素和铀的化合物，发现铀盐所发出的神秘射线不仅能使底片感光，而且还像X射线一样，能够穿透物质，引起空气电离，使验电器放电。他认为，发射这种穿透射线的能力，是铀自身的一种特殊性质。一时间，人们把这种射线称为"贝克勒尔射线"。

贝克勒尔因为在随后的研究中只局限于他所熟悉的铀，而认为别的已知物质不大可能发出更强的射线，所以他的工作进展不大。长期的放射性研究损害了他的健康，十几年后，他就为科学献出了生命。

在贝克勒尔发现的方向上，波兰出生的物理学家居里夫人得出了进一步的成果。她把"贝克勒尔射线"的来源这一难题选做博士论文的题目。她首先证实了贝克勒尔的结果，发现铀的辐射强度只跟铀的数量成正比，与它的化学形式无关，而且钍元素也发射出类似的射线。居里夫人把这种现象正式命名为"放射性"。

更为重要的是，居里夫人在大量的实验中发现沥青铀矿石中也存在有很强的放射性，其强度远远超过了铀和钍。她认为，这种放射性必定来自某种新的未知元素，并决心寻找它。她和志同道合的丈夫、法国物理学家皮埃尔·居里合作，在1898年7月，果然发现了一种新的放射性元素。为了纪念祖国波兰，居里夫人把这种元素命名为“钋”，但钋的射线还不够强，还不是寻找的最后目标。同年11月，他们又宣布发现了另一种新的放射性元素——镭。这一发现再次轰动了物理学界。但正是由于这一发现如此重要，一些科学家将信将疑，为了拿出过硬的证据，居里夫妇决心从沥青铀矿中提炼出纯镭。他们很清贫，无力购买价格昂贵的沥青铀矿石，只好设法找来了几吨廉价的沥青铀矿残渣。在一个既不遮风也不蔽雨的棚屋中，他们亲自从事繁重的劳动，利用原始的设备，使矿渣溶解、沉淀和结晶。45个月的艰辛，竟使居里夫人的体重减轻了10公斤之多。终于，在几万次提炼之后，1902年，他们成功地从数吨沥青铀矿的残渣中分离出了0.12克的氯化镭，测定出镭的原子量为225，其放射性比铀强200万倍。由此人们再也不怀疑镭的存在了。

像X射线一样，人们很快认识到镭在医学中的重要性，特别是，它可以治疗癌症。居里夫妇没有把镭的发现作为专利，而是认为它应属于全世界。当镭以昂贵的价格出现在市场上时，他们自己却甘愿过着清贫的生活，甚至买不起供自己研究用的镭。

在另一方面，对于科学研究来说，放射性研究有着更重要的意义，它为人们了解原子的微观世界打开了另一个突破口。沿着这条线索的故事发展，本书将在后面的章节中继续描述。

1903年，贝克勒尔和居里夫妇由于他们对放射性的开创性研究而分享了诺贝尔物理学奖。值得一提的是，居里夫人后来由于分离出纯的金属镭及对其性质的研究，而在1911年又获得了诺贝尔化学奖。

3. 电子的发现

正像我们在前面提到的，19世纪末，科学家们对阴极射线的本质是什么曾有过一场争论。这场争论由于英国物理学家汤姆孙的工作而告结束。仍然是利用阴极射线管，汤姆孙设计了一个非常巧妙的实验装置，使阴极射线在磁场和电场的作用下分别发生了偏转，证明阴极射线是由带负电的粒子流所组成。其实，在此之前，早已有人做过静电场来偏转阴极射线的实验，但由于阴极射线管内真空度不高而失败。汤姆孙不仅成功地改进了实验装置，而且从这两种偏转的程度中，推算出阴极射线粒子的电荷 e 与质量 m 的比值。他同时还观察到，无论是改变阴极射线管中的气体成分，还是改变制作阴极的材料，阴极射线粒子的荷质比都保持不变。这说明来源于各种不同物质的阴极射线粒子都是一样的。由此，汤姆孙得出结论，认为阴极射线粒子比原子要小，而且它一定是“建造一切化学元素的物质”，即一切化学原子所共有的组成部分。1897 年，汤姆孙公开报道了这些工作。但是，因为阴极射线的荷质比数值大约是氢离子的 1/1 000，所以还存在有两种可能性：或是电荷 e 很大，或是质量 m 很小。1898 年，汤姆孙和他的学生一起，用其他方法直接证明了阴极射线粒子的质量只是氢离子质量的 1/1 000。汤姆孙先是把这种组成一切原子的粒子称做“微粒”，后来又改称为“电子”。

在汤姆孙前后，也曾有过科学家根据阴极射线的磁偏转测出了其荷质比，但他们或是仅仅发表了实验数据而未作进一步探讨，或是因持有电是连续性的看法，都错过了发现电子的机会。

汤姆孙的发现，使人们认识了第一个组成物质的基本粒子——电子。这项划时代的发现为我们打开了通向原子内部微观世界的第一扇大门。一方面由于几年前X射线所引起的震惊余波未平，一时盖过了这一纯科学味更浓的发现，另一方面也是由于汤姆孙的观点过于新颖，它没有马上就得到应有的重视。不过人们很快就清醒过来，看出了这一发现的革命性。几千年来认为原子不可再分的传统观念被否定了。向原子内部进军和“分裂原子”成了世纪之交时期科学领域中最为激动人心的口号。X 射线、放射性和电子的发现终于拉开了 20 世纪物理学革命的序幕。

原子模型

1. 葡萄干点心模型

电子的发现使人们认识到，原子并不是不可分割的，它至少由电子和其他一些东西组成。但人们又知道，电子带有负电荷，而我们日常所见的物质却大多呈现电中性，这就说明原子中还有与电子的负电荷等量的正电荷存在。因此，要想说明原子的结构是怎样的，首先就要说明在原子中正电荷和负电荷是怎样分布的问题。

为了解决这一问题，科学家们曾提出过形形色色的原子模型，例如日本科学家长冈半太郎认为，原子的结构就像土星差不多，电子均匀地分布在一个环上，环的中心则是一个具有大质量的带正电的球体，如此等等。其中，比较有影响的，是由英国科学家开尔文和电子的发现者汤姆孙提出的一种模型。在这种模型中，原子被设想为像一块半径大约为 10^{-10}米的球形点心一样，正电荷均匀地分布在球体中，而电子则如同葡萄干一般，稀疏地镶嵌在点心上。这个模型是很富于想象力的。它设想了一种原子的结构，也可以说明原子为什么呈现电中性。但它的提出者汤姆孙也意识到其中存在一些问题，因为，已知一个电子的质量要远远小于一个原子的质量，如果原子全部或大部分质量都来源于电子的话，那么，一个单个的原子，特别是那些较重的原子，就将包含有数以千计的电子。而其他一些实验则表明，原子中并没有这么多的电子。

世界难道竟是由无数的“葡萄干点心”堆砌起来的吗？

2. 与原子打台球

19 世纪末，放射性发现后，英国科学家卢瑟福在研究中认识到，放射性物质可以发射出两种辐射，他把它们分别称为α射线和β射线，前者很容易被物质吸收，而后者有较强的穿透本领。后来，又有人发现了第三种穿透性更强的辐射，即γ辐射。实际上，β辐射就是带负电的电子，γ辐射则与X射线相似。但α辐射的本质似乎更加神秘。经过10年的不懈研究，卢瑟福猜测到，α粒子也许是氦离子。又过了4年后，他才最后通过实验确证了α粒子就是失去电子从而带有两个正电荷的氦原子。

卢瑟福在研究中还发现，α粒子带有巨大的能量和动量，并由此想到，可以利用它作为进一步打开原子大门、研究原子内部结构的有力工具。卢瑟福和他的两位学生一起进行了这样一种实验。他们把金属压成极其薄的金属箔，然后用α粒子来轰击金属箔，观察α粒子的轨迹。这很有些像我们今天常玩的台球游戏，只不过尺寸要小得多罢了。α粒子相当于打出去的球，而金属箔中的原子则相当于目标球。当α粒子撞击到原子时，它就会偏离原来的轨迹。虽然我们不能直接看到原子的结构，但通过分析α粒子轨迹变化，便可以间接地了解到原子内部的情况。

实验的结果是，大部分入射的α粒子都没有击中什么目标，它们顺利地穿过了金属箔。这是可以理解的。因为金属箔做得很薄，只有几层原子那么厚，α粒子完全可以在其空隙中一穿而过。但令人不解的是，有少部分α粒子以较大的角度偏离了原来的方向，甚至差不多笔直地反弹了回来。按照汤姆孙的原子模型，如果假设α粒子与原子发生了多次撞击，那么积累的效应会使它产生小角度的散射。但理论计算表明，在“葡萄干点心”模型中，大角度的散射却是不可能发生的，因为无论是极轻的电子，还是均匀分布的正电荷，都不足以把入射的α粒子反弹回去。一开始，在卢瑟福看来，“这一实验如此难以令人置信，正好像你用15英寸的炮弹向一张薄纸开炮，而炮弹竟然反弹回来把你打中了一样”。

1910年，卢瑟福在上述实验的基础上，提出了一种新的原子结构模型。在这种模型中，正电荷以及原子的绝大部分质量都集中在原子中心很小的范围内，原子的这一部分被称为原子核，它的直径大约为10^{-14}到10^{-15}米，只占原子直径的1/10 000到1/100 000。数目不多而且带负电的电子在核外很大的空间中绕原子核运动。这样,原子看上去就像一个小小的太阳系模型一样,如果把原子核放大到柑橘那么大的话,整个原子的直径就要有差不多3千米那么大。或者说,如果把原子比做人民大会堂的大厅,原子核就像是悬在大厅中的一粒米。这一新的模型可以完美地解释原子对α粒子的大角度散射:既然原子内部的许多地方都是空间,射向金属箔的大部分α粒子将顺利地通过它,只有少数α粒子才能非常接近原子中心的原子核,带正电的α粒子受到原子核中集中的正电核的有力排斥,结果就形成了大角度的散射。

对此假说,卢瑟福从数学上推导出了一个可由实验来检验的方程式。经过与进一步的实验相对照,理论与实验完全吻合。一种崭新的原子模型就这样确立了。

3.新的困惑与新的理论

卢瑟福提出的原子有核模型虽然在形式上类似于一个小小的太阳系,即电子像行星般绕着中心的“太阳”(原子核)旋转,但这两者之间还是有很大的区别的。我们可以这样来想象,若太阳系受到了某种外来的扰动,如一颗巨大的彗星从它附近扫过,当这种扰动停止后,就会在太阳系中留下永久的影响,使行星运转的周期发生改变。这是经典力学的必然结论。但原子的行为却显然与此不同。如气体中的原子往往处在激烈的碰撞中,它们并没有受到什么影响。这是新的原子模型与经典理论相矛盾的地方之一。另一方面,原子中电子和原子核都是带电的。根据经典电磁学理论,电子在这种环绕原子核的运动中,将以电磁波的形式不断向外辐射能量,发射出连续的光线,电子的能量也将不断丧失,运行的轨道会越来越小,终将落到原子核上,这时原来的原子就不复存在了。按经典理论来估算,一个直径为10^{-10}米的原子,只要在10^{-10}秒的时间中就会完全崩溃。而我们的日常经验告诉我们,世界绝对是稳定的。自然界中的原子已经安然地存在了亿万年之久,它们并不会无缘无故地垮台。

前面说过,卢瑟福的原子模型与α粒子散射的实验十分吻合,而这里我们却又看到,它竟与经典的力学理论和电磁理论产生了不可调和的矛盾。问题出在哪里呢?人们真的困惑了。

其实,关于原子的研究,还有另一个重要的背景。这就是光谱学的发展。早在17世纪,牛顿就发现白光是由各种颜色的光所组成,并通过玻璃棱镜把太阳光分解成从红到紫的各种颜色的光谱。所谓某种物质的光谱,就是指这种物质的电磁辐射按照波长的有序排列。从19世纪中期开始,科学家们已经发现可以把对光谱的分析作为定性化学分析的新方法。很自然地,科学家们也对氢原子等物质进行了大量的光谱研究。结果发现氢原子的光谱是一些分立的谱线。这些谱线的波长可以用非常简单的数学公式来表示,但它们为什么是这样的,也就是说它们的起因何在,经典理论却无法给予合理说明,对此,科学家在很长的时间中一直百思不得其解。

此时,在微观物理学的舞台上,出现了一位名叫玻尔的丹麦物理学家。1913年,他把十几年前出现的一种叫"量子理论"的物理学说应用到卢瑟福的原子模型上去,提出了一个令人耳目一新的原子理论。这种理论认为,原子核之外的电子不能在任意的轨道上运动,它们只能处于一组满足特定条件的分立轨道,即电子的轨道是量子化的。在不同轨道上运动的电子具有不同的能量。在特定轨道上运动时,电子既不吸收也不放出能量,是处在一种"定态"。如果电子要改变运动方式,它们也只能从一个特定的轨道突然地"跳跃"到另一个特定的轨道,而不能处在任何中间的状态。如果是从内向外跳,电子就要吸收特定的数量的能量,如果是从外向内跳,电子就要放出特定数量的能量。这样一来,便可以解释为什么原子的光谱是分立的了。因为电子不会像经典理论所说的那样,不会连续地吸收或放出任意数值的能量。谱线的频率总是与特定轨道之间的能量差有关。再有,当原子中所有的电子都处在能量尽可能低的轨道上时,原子就是稳定的,这时电子再也无法向内跳跃。自然更不会像经典理论所预言的,落向原子核而使原子崩溃。

玻尔的原子理论与实验的结果出人意料地一致。这一理论使任何一个习惯于以经典的方式来思考问题的物理学家都感到震惊不已。它使人们认识到，对微观世界的描述需要一种全新的理论，这就是量子理论，对此，我们将在后面再详细讨论。

进入原子核

放射性和电子的发现使人们认识到，原子的内部也是有结构的。玻尔在提出他的原子理论的同时，还明确地指出，按照电子围绕原子核旋转的原子模型，可以把原子的化学性质同放射性质区分开来，一切化学变化的根源都在于原子中的外层电子，而放射性则发生在原子核内部。因此，为了进一步了解原子的奥秘，科学家们开始把目光转向了原子核的构成。

1. 现代“炼金术”

说到原子核的构成，第一个问题就是，原子核会不会是由若干个更小的、种类有限的粒子所组成？人们知道，原子核带有正电荷，这会不会是由于它们含有某种类似于电子但却带有正电荷的粒子？

早在1815年，一位名叫普丰德的英国医生兼化学家就在研究中注意到，大多数元素的原子量都是氢原子量的整数倍，他据此提出了所有元素都是由氢原子所组成的假说。不过，这个假说在当时并没有得到承认。100多年后，当物理学家们开始关心原子核的组成时，人们才又想起这一为人所遗忘的假说。

与带负电的电子不同的是，氢原子核的质量要比电子大1 000多倍。尽管如此，在1914年，卢瑟福还是提出了这样一种观点，认为氢原子核就是正电荷的基本单元，就像电子是负电荷的基本单元一样。他把这种氢原子核称之为“质子”。

要想探索原子核的组成及其变化，就必须深入到它的内部去，就必须人为地变革原子核。但在对放射性的研究中，人们发现放射性元素在发射放射性射线时，释放出巨大的能量。如果说放射性来源于原子核的话，这就表明，原子核是由很强的力结合起来的。既然如此，要想打开原子核，就需要用能量足够大的“炮弹”去击碎它。

读者应该记得，我们在前面曾讲到，英国科学家卢瑟福在研究原子的结构时，采用了α粒子作为轰击原子的“炮弹”，成功地揭示了原子的内部结构。在对原子核结构的研究中，科学家们仍旧采用了这一有力武器。只不过在众多的竞争者当中，又一次抢先夺得了头功的依然是卢瑟福。

卢瑟福这次采用的实验方法是，在一个密闭的装置里，放有一块能发射α射线的天然物质和一个镀有硫化锌的显示屏。他观察到，每当α粒子击中屏幕时，就会出现一次小小的闪烁。在α粒子源和屏幕之间放上一块金属板挡住α粒子后，闪烁便消失。但要是在装置中充以氢气，闪烁就会再现。卢瑟福认为，新闪烁的产生是由于α粒子打中氢核，氢核又击中屏幕所致。出人意料之外的是，当卢瑟福用氮气来代替氢气时，闪烁竟然也同样出现。为了解释这一结果，卢瑟福提出假说，当α粒子打中氮原子核后，为氮原子核所俘获，与此同时，氮原子核放出一个氢核并且自身变成了另外一种原子核。屏幕上的闪烁就是由氮原子核释放出的氢核所引起的。

卢瑟福的这一实验具有双重的重要意义。首先，它为原子核中质子的存在给出了最初的证据。因为引起屏幕闪烁的质子毕竟是从打碎的原子核中分离出来的。后来，卢瑟福又在这个实验装置里加上了电场和磁场，根据新粒子在电场和磁场中的偏转，测出了它的质量和电荷，从而确认了这就是以前所假定的质子。其次，这是人类有史以来第一次通过有意识的行为改变了原子核，实现了世界最初的原子核反应。现在，我们把这种核反应叫做原子核的人工嬗变。

在古代，人们曾经梦想把一种物质元素变成另一种物质元素，尤其是想把那些普通的金属变成像黄金或白银之类的贵重金属。这种活动被称为炼金术。几千年来,无数的炼金术士们为之奋斗不已,但他们所能做到的最多不过是改变了金属表面的光泽与颜色而已,并没有真正地实现元素的转变。直到20世纪,从卢瑟福的实验开始,古代炼金术士们梦寐以求的空想才有可能成为现实。当时,卢瑟福曾写了一本书,书名干脆就叫做《新炼金术》。

2. 云室中的证据

上面讲到了卢瑟福的实验和他对实验的解释。但这种理论解释实在是太惊人了,它毕竟是由实验结果间接地导出的。氮原子核中究竟发生了什么事?它们真的被α粒子所击碎并变成了其他原子核吗?对此人们多么希望能够看到“眼见为实”的证据呀。要做到这点,首先必须改进我们观察的手段。

1896年,苏格兰物理学家威尔逊发明了一种新的研究工具。据说,他是在仰望高原上空云层的形成时,获得了灵感。因为大量潮湿的空气沿斜坡上升时,在接触到高处寒冷的稀薄空气后,会突然凝成白茫茫的一片云雾,翻腾起伏。威尔逊回到实验室后,便尝试模拟再现这一现象。他把一个小容器里潮湿空气的压力突然降低,果然仪器灵验。当带电粒子通过这个容器时,由于带电的粒子使其经过的路径上的气体分子电离,粒子径迹上的离子便都可以作为凝结中心而凝成可见大小的雾滴,像一串晶莹的珍珠一样,将粒子的轨迹清晰地显示出来。人们把这种装置称为威尔逊云室。

威尔逊云室的发明使科学家们可以亲眼目睹带电粒子的碰撞现象。它成为粒子物理学中一种有用的探测手段。在云室中,从放射源射出的粒子就像喷气式飞机后面拖着一道白烟一样地留下了运动的轨迹。

1924年,卢瑟福的一位名叫布莱克特的助手利用威尔逊云室,研究了α粒子轰击氮原子核的情况。不过这说起来容易,做起来可不简单。他一共拍摄将近25 000张的照片，其中只有8张抓住了原子核分裂的一瞬间：代表α粒子的径迹在经过一定的射程后，突然出现分岔，变成了一条又粗又短的轨迹和一条又细又长的轨迹。经过细致的分析和研究，物理学家们确认了，那条又细又长的轨迹就是从原子核中分裂出来的质子的轨迹，而那条又粗又短的轨迹，则代表氮原子核在吸收一个α粒子并放出一个质子后，变成了一个新的、质量数为17的氧原子核的轨迹。

后来，科学家们又采用同样的方法，以α粒子来分别轰击氟、钠、铝和磷的原子核，发现也都能够从原子核中打出质子来。这些照片就像抓拍到小偷正在打开保险箱时的证据一样，令人信服地证明了质子的确是原子核构成的一部分。

3. 不带电的中子

至此，人们已经知道，带正电的质子是原子核构成的一部分，而原子通常又总是呈现电中性。因此，自然可以推论出，原子核是由质子和电子所组成的，对于原子序数为Z、原子量为A的元素的原子核，就是由A个质子（带正电）和$(A-Z)$个电子（带负电）构成。正负相抵后，原子核一共带有$A-(A-Z)=Z$个负电荷。这样一来，再加上核外的Z个带负电的电子，整个原子就是电中性的了。一开始，人们采纳了这样的看法，而且当时一些发现放射性元素的原子核能够向外发射电子的实验，也似乎对这种原子核模型给出了证明。但后来人们很快就发现，这种模型在原子核的稳定性及其他一些物理问题上，存在有无法克服的矛盾。为此，卢瑟福在1920年提出了一种猜想，认为原子核内可能还存在一种质量同质子相近的中性粒子。这就是我们现在所说的中子。

关于在实验中寻找中子存在的证据，又有一段曲折的故事。事实上，整个20世纪20年代，卢瑟福的实验室和许多其他著名实验室都一直在进行有关的实验。但这些实验都没有成功。主要的问题在于，当时已知的探测粒子的手段都要利用到粒子的电荷，如前面提到的云室等，而中子却是中性的粒子，这就使人们很难发现它的踪迹。

这种局面直到30年代才有所改变。1930年，德国物理学家玻特和他的学生贝克尔在用天然放射性元素钋发出的α粒子来轰击轻金属铍的实验中，发现从金属铍里发射出一种穿透力非常强的辐射，其能量要比入射的α粒子的能量还大。其实，这就是中子的辐射。虽然玻特后来因其他的贡献也获得了诺贝尔物理学奖，但这次却在良机面前未能迈出关键的一步，仅仅认为所发现的是高能的丁射线。

1932年，又有两位法国物理学家重复了玻特和贝克尔的实验。他们就是前面提到的居里夫妇的女儿和女婿：约里奥-居里夫妇。他们为了进一步了解铍所发出的射线的性质，在铍板和测量装置之间放置了各种物质，结果发现，当铍发出的辐射打在含有很多氢原子的石蜡上时，在石蜡中有大量的质子被打了出来。不过，小居里夫妇当时并不知道卢瑟福提出过有中子存在的猜测，没有充分的思想准备，还是把从金属铍中发出的辐射当做了γ射线，尽管这种解释有种种不合理之处。为此，他们同样也失去了一次重大发现的机会。

就在同一年，卢瑟福的学生和助手、英国物理学家查德威克知道了小居里夫妇的实验及他们对这一实验的解释。他在向卢瑟福汇报时，卢瑟福坚决地表示他不相信小居里夫妇所作的解释。于是，查德威克重复了小居里夫妇的实验，对铍所发出的特殊射线进行了更加细致的研究。他用这种射线分别轰击了各种轻重不同的物质，发现它的性质确实与通常的γ射线不同。查德威克通过分析实验结果，认为这种射线不可能是γ射线，因为任何能够从原子中打出质子的辐射，其本身必须是由一些相当重的粒子所构成才行，而γ射线的静止质量却等于零。再有，通常的γ射线照射到物质上时，物质的密度越大，对γ射线的吸收就越严重，而这种射线的性质却恰好相反，密度越小的物质越容易吸收它。由此，查德威克提出，这种辐射物就是寻找已久的中子。进一步的实验研究表明，中子除了不带电之外，其质量与质子大致相当，差别只有1/1 000左右。

中子的发现为核物理学的研究开辟了一个新纪元。一方面,它使人们对原子核的构成有了新认识;另一方面,它为人们研究原子核提供了一种更有效的手段。对于轰击原子核来说,中子比其他的“炮弹”更为有效,因为它不带电,所以不受静电的影响,可以更加自由地接近乃至进入原子核,从而引起原子核的各种变化。这一点尤其体现在后来人们对原子能的研究中。

4. 原子核模型

就在发现中子存在的同一年,德国物理学家海森伯等人便提出了原子核由质子和中子构成的核模型,从而一举解决了以往理论中的种种矛盾。按照这一模型,任何原子核都是由质子和中子所组成,由于只有质子带正电荷,所以在原子量为A、原子序数为Z的原子核中,一定存在有Z个质子,那么,在任何原子核中,就会有如下关系:

$$质子数=Z$$

$$中子数=A-Z$$

$$质子数+中子数=A$$

这样,作为组成原子核要素的质子和中子往往被人们称为核子,而在任何原子核中,核子的总数A就被称为原子的质量数。

剩下的问题是,在原子核中的质子和中子究竟是以什么样的方式结合在一起呢?由于中子不带电,这意味着,要使质子和中子在原子核中结合起来,就必须要有比电磁相互作用力更强的核作用力存在。由此人们开始了对核作用力的研究,为粒子物理的进一步发展开辟了道路。在过去几十年中,科学家们先后提出过像气体模型、液滴模型、α粒子模型、壳层模型和综合模型等许许多多的原子核结构模型。关于这些模型的细节,本书不准备多加讨论。但可以指出,这些模型多是根据人们所熟悉的事物,通过对原子核作了一些简化的假设后推导出的理论,它们往往只能在特定的方面成功地描述原子核的行为。至今,关于核作用力的许多细节还远远没有为我们所全面了解。这方面仍是一片有待于我们去努力探索的广阔领域。

5. 相似的“元素兄弟”

我们在前面讲到，英国医生普丰德在1815年曾提出过一种假说，认为各种元素的原子都是由氢原子所组成的，按照这种观点，各种元素的原子量就都应该是氢原子量的整数倍。但科学家们在后来的研究中却发现，很多元素的原子量并不是这样。例如，氯的原子量为35.46，就不是整数。

随着科学家们对放射性物质的研究，又有另外一个新的问题出现。到1907年时，被分离出来的放射性元素已达30多种，这些放射性元素在化学元素周期表上应处于什么位置？化学家们发现，有些元素具有不同的放射性，但其化学性质却几乎完全相同。为此，英国化学家索迪在1910年提出了“同位素”的概念。这个概念的含义就是，一种化学元素可以有几种不同的原子量和放射性，但化学性质却几乎完全相同。不能用任何化学实验的方法把它们彼此区分开来，因此它们应在化学元素周期表上占据同一位置，就像同一家庭中的不同兄弟一样。

最初，人们只知道有放射性同位素，到1912年，汤姆孙首次发现了稳定的同位素的存在。他在利用磁场作用来测定氖离子的荷质比时，发现氖有两种同位素，其原子量分别为20和22。这一发现解开了一般元素的原子量为什么不是整数之谜。因为天然的氖由原子量分别为20和22的两种同位素构成，两种同位素按一定比例的混合，就导致了氖的平均原子量为20.2。

1919年，汤姆孙的学生阿斯顿改进了老师的方法，设计并制造了一种精密的仪器，这就是能够利用电场和磁场的作用把不同质量的粒子分开的质谱仪。质谱仪不仅能测定每一种同位素的质量，而且还能测出某一元素中各种同位素所占的百分比。借助于这台仪器，阿斯顿先后曾在71种元素中发现了202种同位素。

为什么同位素会有几乎完全相同的化学性质而原子量却又不一样呢？在人们发现了中子，认识到中子也是原子核构成的一部分之后，这一问题才迎刃而解。原来，对于同一种元素来说，原子核中的质子数都是一样的，不同的同位素的差别只在于原子核中的中子数目上。例如，1929 年，科学家发现自然界中普通的氧元素有三种同位素形式，它们的原子量分别为 16，17 和 18，这就是说，它们的原子核中都只有 8 个质子，而中子数却分别是 8，9 和 10。

与同位素相关而且对核物理学有重要意义的另一件事是，几乎就在发现中子的同时，玻尔的学生、美国科学家尤里发现了最轻的元素氢的同位素，它的原子核中带有一个中子（普通的氢原子核中没有中子），经过一系列的争论后，科学家们把它命名为“氘”，意思是“第二”。后来，人们又发现氢还有另一种同位素，其原子核中有两个中子，它被命名为“氚”，意思是“第三”。在天然的水中，氘的含量只占普通氢的 0.015%，至于氚的含量就更少了，在小数点后面竟要有 18 个零！氚的发现之所以重要，部分地是由于它在我们后面将要讲到的核聚变中扮演了重要的角色。

目前，对于已知的 107 种元素，人们已确认的同位素就有 2 000 多种，其中绝大多数是放射性同位素。这一事实使人们后来发明了所谓的示踪技术。原理就是，如果给定了一些化学性质相同而放射性不同的物质，那么这些物质即使在和其他物质发生了种种复杂的反应之后，其放射性原子仍然可以被辨认出来。示踪技术现已成为科学研究中的重要手段之一，它的重要性甚至不亚于显微镜。例如，在给人注射了放射性的碘之后，放射性的碘就会随着血液走遍全身，参加人体的各种代谢过程，而自身却一直保持着放射性，由此就可以识别出它的踪迹。在过一段时间后，通过观察它在甲状腺的分布情况，就可以判断出甲状腺是否患有疾病。这就是说，放射性同位素的原子等于打上了特殊的标记，通过辨认这种标记，便可以解决一些用别的方法所无法解决的问题。

威力巨大的原子能

人类在认识自然、为自身的生存而变革自然的过程中，逐步地开发和掌握了多种多样的能源，如煤炭、石油、风力、水力、地热、太阳能等等。但每一种能源都有其特定的优点与缺点，而且目前为我们所用最多的那些能源，如煤炭和石油等，在地球上的蕴藏量是相当有限的，并不是“取之不尽、用之不竭”的。因此，为了满足生产和生活不断增长的能源需求，人类必须不断地开发和利用各种新的能源。随着人们对原子核认识的不断深入，一种新的能源出现在人们面前，这就是我们现在常常听到和谈论的原子能。

严格地讲，原子能这个名称并不十分确切，因为燃烧像石油和煤炭等燃料的化学过程，要涉及整个原子的作用，它们才应属于原子能的范畴。而我们通常所讲的原子能，实际上是指由于原子核内的变化才释放出来的巨大能量，其确切的称呼应该是核能。不过为了通俗起见，本书还是暂时先沿用原子能这一流行的说法来代替核能这一专业性更强的术语。

关于原子能的故事，还是让我们从科学家对原子核的研究讲起吧。

1.人造的放射性物质

前面讲到，英国物理学家卢瑟福最先通过用α粒子轰击原子核的方法，实现了原子核的人工嬗变。这一发现激起了进一步研究变革原子核的热情。最初，人们用这种方法得到的新元素都是一些稳定的元素，也就是说它们自身没有放射性，也不会自发地再变成别的元素。

在上一次与中子的发现失之交臂后，小居里夫妇自然是追悔莫及，但他们很快就以另外一项出色的工作弥补了过失。1933年，小居里夫妇又重复了从前卢瑟福曾做过的用α粒子轰击铝的实验。这次他们使用了新的探测仪器，结果发现，放射出来的不仅有质子，而且还有中子和正电子（关于正电子本书后面另有介绍)。当把一块铅板插在α粒子源和铝板之间时,α粒子被铅板所挡住,它与铝原子核的反应自然也就停止了。但出人意料的是,此时铝板仍带有放射性,直到大约半小时后才消失。

对此惊人结果,大多数人一开始持怀疑的态度。1934年初,小居里夫妇在进一步的实验中,通过化学分析的方法,证明了这种新的放射性元素是一种天然中不存在的磷的同位素,它将很快地自发转变成稳定的元素硅。在用硼和镁进行实验时,发现在用α粒子轰击后,这两种物质也会放出中子,并分别变成放射性的氮和放射性的硅。随后,他们又依次用α粒子轰击了氢、锂、铍、碳、氮、氧、氟、钠、硅、磷等元素,也都观察到了类似的现象。

1934年11月15日,在法国科学院的讲坛上,小居里夫妇详细地报告了他们的实验结果。这一次,确切的实验证据消除了人们最后的怀疑。大家以热烈的掌声向他们表示祝贺。36年前,老居里夫妇正是在这里宣布了他们对放射性元素钋和镭的发现,36年后,小居里夫妇又在这里向世人宣布了发现人工放射性。像这种在家庭的渊源、研究的问题及宣布场所上的巧合,科学史上确实是不多见的。

在此之前,人们只知道世界上天然存在的少数几种天然放射性物质。小居里夫妇的发现表明,放射性同位素实际上可以人为地产生。这就是说,通过用α粒子来轰击稳定元素,就可以人工地"制造"出新的放射性同位素,这些放射性同位素会再次发射出某种粒子而衰变为另一种稳定的元素。

2. 中子与核反应

小居里夫妇有关发现人工放射性的实验虽然非常成功,但还是有一些方法上的问题需要改进。在最初的实验中,他们要使用近百个α粒子去轰击铝原子核才能得到一次成功的衰变。成功率如此之低的主要原因在于,α粒子是带电的,由于静电的相互作用,铝原子核排斥着射来的α粒子,形成了对α粒子接近原子核的阻碍,对于原子序数较大的原子核,这种阻碍尤其严重。

这一问题后来由意大利物理学家费米所解决。在此之前，费米曾在有关物质微观世界的理论方面作出了重要的贡献。他在意大利成功地组织了一个研究小组。在了解到小居里夫妇关于人工放射性的发现后，费米考虑到，如果用中子来代替α粒子，一定会出现更多的核反应，因为中子不带电荷，所以它既不受核外电子的吸引，也不受核电荷的排斥。据此理论，在实验设备相当简陋的条件下，费米的研究小组制订了一个庞大而又详尽的计划，按照原子序数的顺序，对当时已知的92种元素逐个用中子来轰击。最初他们连连遇到挫折，实验从氢一直做到氧，都没有什么预期的结果。但到用中子去轰击氟时，果然得到了放射性的同位素。如此继续下去，在短短的几个月中，费米和他的助手们一共用中子轰击了63种元素，总计得到了37种不同元素的放射性同位素。仅仅是对研究手段的一点改进，即把“炮弹”由α粒子换成了中子，费米研究小组的工作效率就远远地超过了小居里夫妇。费米等人对于这些新的放射性同位素的发现，不仅大大地丰富了核分类学研究的材料，而且为化学元素提供了放射性示踪体，促成了化学和生物学实验技术中的革命。

更加重要的是，当费米等人用中子轰击第92号元素铀时，得到了几种具有不同放射周期的元素，经过化学分析，证明其中至少有一种不是靠近铀的任何已知元素。费米等人猜测认为，它很可能是一种原子序数大于92（铀）的元素，即所谓的超铀元素。因为从过去的经验推断，铀在俘获了一个中子后，就会变成铀的同位素，当这种同位素的原子核再通过放出一个电子的放射性衰变（即β衰变），又很可能变成第93号元素，而这种元素过去之所以没有被发现，则是因为它不稳定，故此在天然元素中不存在。当然，我们在事后的今天知道，费米等人的这一发现是极为重要的，但他们对此发现的猜测性解释却错了。事实的真相直到四年半以后才大白于天下。

1934年10月，费米和他的合作者们又意外地发现，如果让中子通过一种叫石蜡的物质后再轰击原子核，所产生的核反应要比用中子直接轰击原子核强100倍。为此费米解释说，这是由于石蜡中含有大量的氢原子，而氢核是质子，其质量与中子差不多相当，在中子通过石蜡时，它就有很多机会与石蜡中的质子不断碰撞，使自身运动的速度大大减慢。因为慢中子在被轰击的原子核附近经过的时间要比快中子长，所以它被俘获而发生核反应的机会也就增大了。后来利用其他含有大量氢原子的物质使中子减速的实验证实了费米的解释。由于这一发现可以成百倍地提高人工放射性物质的产量，使人工放射性物质代替价格昂贵的天然放射性物质成为可能，所以它对医疗、生物学、化学以及工业等许多方面都具有重大的意义，尤其是它为核能的释放和利用提供了一种必不可少的手段。

由于在利用中子产生核反应方面的成就，费米获得了1938年度的诺贝尔物理学奖。虽然因费米及其合作者们的工作，意大利的罗马曾一度成了世界上物理学研究的中心之一，但此时墨索里尼已使意大利法西斯化，为了寻求自由的科研环境和躲避迫害，乘出国领取诺贝尔奖的机会，费米和家人逃离了意大利，前往美国定居。

3. 原子核的裂变

就在费米宣布发现了“超铀元素”之后，一位叫诺达克的德国女化学家马上就对费米的解释提出了公开的批评。诺达克认为，费米研究小组关于超铀元素的说法在化学分析方面证据不足，实际的情况很可能是重原子核在俘获了中子后分裂成了几块大的碎片。但费米当时没有认真地考虑诺达克夫人的意见，而是认为能量很小的中子不可能使有巨大结合能的原子核发生分裂。

由于费米等人的发现，世界各地的许多科学家都被吸引到这一问题上来。其中，德国科学家哈恩、物理学家施特拉斯曼以及奥地利女物理学家迈特纳共同合作，也研究了用中子轰击铀后出现的产物。在1937年，他们得到了至少9种具有不同放射周期的放射性元素，并确认了其中的3种是铀的同位素，而另外6种则被认为是不同的超铀元素。

第二年，小居里夫人和她的助手南斯拉夫物理学家萨维奇一道，应用放射化学的方法分析了中子轰击铀后的产物。他们发现其中有一种奇怪的放射性元素，其性质与原子序数为57的镧差不多。这与原子序数较大的超铀元素显然是矛盾的。对此矛盾，他们也没能给出合理的解释。

小居里夫人和萨维奇的实验结果发表后，引起了哈恩和施特拉斯曼的注意（此时第二次世界大战已爆发，纳粹德国侵占了奥地利，迈特纳的安全受到威胁，只好秘密逃亡到瑞典），他们立即采用与小居里夫人同样的方法仔细地重复了从前的实验。三个月后，他们就在铀被中子轰击后的产物中，发现有三种放射性同位素的化学性质与钡元素相似。但钡的原子序数是56，原子量也只有铀的一半左右。如果按照超铀元素的观点来推论，这些物质则应是镭的同位素。但镭要衰变为钡，原子序数减少4，必须发射出两个α粒子。他们无论怎样细心寻找，都无法发现α粒子的踪迹。最后他们只好认为，铀在吸收中子后生成的放射性物质，不是镭，而是钡的同位素。

这一结果对当时的物理学家来说几乎是不可思议的。铀原子核在受到一个能量很低的慢中子的轰击后，怎么竟能如此轻易地崩裂成两半呢？但在确凿的实验证据面前，又只能得出如此结论。1938年底，哈恩犹犹豫豫地把要发表的论文寄出后，甚至几乎还想设法再取回来。他同时把这一结果写信告诉了流亡中的老同事迈特纳，征求她的意见。迈特纳接到哈恩的信时，正赶上她的外甥、奥地利物理学家弗里施从丹麦来看她，两人在经过几天的热烈讨论后，终于一致确信：铀在吸收中子后，分裂成两个大小相近的新原子核。如果一个是原子序数为56的钡的话，另一个就将是原子序数为36的氪。他们把这种现象同生物细胞的分裂繁殖相类比，称之为原子核的裂变。他们还进一步估算出，一个铀原子核裂变时放出的能量，要比在煤燃烧时一个碳原子氧化成一个二氧化碳分子所释放的能量大5 000万倍！

为什么原子裂变会放出巨大的能量来？

要回答这个问题，我们先要知道，早在20世纪初，著名物理学家爱因斯坦曾提出了举世闻名的相对论。在相对论这个理论中，有一个重要的质

能公式

$$E=mc^2$$

在这个公式中，E表示能量，m代表质量，c代表光的速度。它揭示了物质的质量和能量之间的相互关系。即物质的质量是它的能量的量度。根据这一质能公式来计算，物体的质量减少1克会释放出25 000 000千瓦·小时的能量。

在核反应前后，原子核的质量有着微小但却又十分明显的改变。例如，铀核在分裂后，总质量就减少了大约1/1 000左右。伴随着这些“消失”了的质量释放出巨大的能量，由此我们也可以看到，如此巨大的原子能，其实也只不过释放了物质本身能量的1/1 000而已。

4. 链式反应

弗里施在回到丹麦之后，立即把哈恩的发现及他和迈特纳讨论的结果告诉了玻尔。而玻尔当时正要去美国参加一个物理学会议。1939年1月27日，玻尔在美国华盛顿举行的理论物理学会议上宣布了这一惊人的消息。这次会议本来是准备讨论低温物理问题的，但玻尔带来的消息使会议沸腾起来，关于原子核裂变的讨论变成了中心议题。当即有人回到自己的实验室去检验这一重要的发现和解释，不出几个小时，便在几个不同的实验室得出了肯定的结果。就这样，原子核裂变的发现在几个小时内得到了世界的公认，通过《纽约时报》等报刊公之于众。5年后，哈恩因他对核裂变的发现而获得了诺贝尔化学奖。

在原子核裂变发现之前，人们或是把原子能的取得当做一种遥远的幻想，或是认为那是根本不可能的事情。就连像卢瑟福这样伟大的科学家，也曾在1933年公开断言说利用原子能作为能源是妄想。随着原子核裂变的发现，人们眼前骤然出现了一片全新的景观，再也不能无视原子能应用的可能性了。在玻尔最先通报发现裂变这一消息的华盛顿理论物理学会议上，就有人猜测，如果铀核裂变后能放出一个以上的中子，这些中子又能再次引起附近铀核的裂变，如此继续下去，那不就成了雪崩般的链式反应了吗？

“链式反应”这个术语乍一听有些陌生，其实它是一种很常见的现象。例如，一张纸的燃烧就是一种链式反应。火柴提供了开始燃烧所必需的热量，但燃烧一旦开始，只要条件合适，燃烧的纸本身就能提供继续燃烧所需的更多热量，把火焰散布开来。这就是说，燃烧本身就能使燃烧的规模逐渐扩大。

一个多月后，世界各地许多实验室中的科学家都陆续证实，原子核裂变的链式反应完全可以实现，而且速率极高，两次反应的时间间隔只有 5×10^{-13}秒。这意味着，只要供裂变反应用的铀块体积足够大，使裂变一开始后自身产生的中子在逃逸出铀块表面之前能撞击到另一个铀原子核，链式反应就会发生。如果对反应的速率不加以控制，在极短的时间里就将有巨大的能量释放出来，就会发生强烈的爆炸，成为毁灭性的杀人武器。相反，如果能够有效地控制裂变的速率，使链式反应能稳步地持续进行，原子核反应释放出来的能量就可以作为强大的动力，使之造福于人类。

5. 原子弹的故事

既然人们已发现原子核裂变可以放出巨大的能量，下一步自然就是要把这种巨大的能量来源利用起来。不幸的是，在人们发现原子核的裂变现象时，正值第二次世界大战爆发前夕，因此，对原子能的利用最先被用于制造战争武器。因为据物理学家们估计，1 克铀裂变所产生的爆炸力就大约相当于 20 吨 TNT 炸药。

裂变现象发现后，人们获悉纳粹德国正试图利用它来研制原子武器，在这种威胁之下，一些著名科学家向美国政府呼吁，希望能够抢在纳粹德国之前造出原子弹来。从 1942 年起，美国开始了研制原子弹的庞大工程计划，代号为“曼哈顿工程”。这一计划历时 3 年，先后动员了 15 万人，耗资达 20 亿美元才得以完成。在研制原子弹的过程中，科学家们对原子核反应的理论与实践都有了更加深入的认识。

正如人们事先预料的那样,从理论到实践确实不是一个简单的过程。要造出原子弹,实现核爆炸,必须要有一定数量的可以产生裂变的材料。这就是说,首先要有大量的铀。在地球上,铀本来是很普通的元素,在岩石中的蕴藏量要比黄金多400多倍。但它分布很散,只在世界上不多几个地方才有含量丰富的矿藏。其次,更为关键的是,并非所有的铀元素都易于发生裂变。人们发现,在天然的铀中,占总含量99.3%的同位素铀238,它的原子核里有92个质子和146个中子;剩下的另一种同位素是铀235,它的原子核里有143个中子。理论和实验都表明,只有原子核中含有奇数个中子的原子核才容易发生裂变。铀238只有在被具有相当大的能量的中子击中后,才会发生裂变,而铀235则对中子的能量没有更多的要求,适合作核反应的材料。但在提纯了的天然铀中,每140个原子中才有一个原于是铀235,其余的都是铀238。这就是说,如果利用天然铀作反应材料,铀235裂变所放出的中子,大多数会被铀238原子俘获而不再发生裂变。即使用高能的中子来轰击天然铀使其中的铀238发生裂变,铀238裂变后放出的中子能量也不够大,不足以使其余的铀238继续发生裂变,链式反应就进行不下去了。为此,科学家们不得不付出极大的努力,去从天然铀中分离稀有的铀235。

1940年,几位美国科学家又发现,铀238在吸收了一个中子后,变成同位素铀239,铀239很不稳定,它将衰变为新的放射性元素镎239,镎239随即又很快衰变成放射性元素钚239。钚239的原子核比铀235更加复杂,它含有145个中子(是奇数!),易于发生裂变,是另一种可用于裂变反应的核燃料,可以由铀238经核反应而制取。

为了研究实现链式反应的实际条件,也为了利用天然铀中的同位素铀238来制取钚,1942年底,美国建造成了世界上第一座原子核反应堆。它是这样一种高达6米的装置:由铀层和石墨层相间堆砌,石墨是用来当减速剂的,以便使反应中产生的快中子减速成为慢中子,堆中间还有许多小孔，孔中插着能吸收中子的镉棒，通过调节镉棒插入的尺寸，就可以控制链式反应的速率。12 月 2 日下午 3 时 20 分，随着最后一次向外抽出镉棒，反应堆开始运行。这是人类首次实现人工可控的链式反应，揭开了人类利用原子能的历史篇章。

经过许多科学家几年的工作，在 1945 年，美国制成了原子弹，并在第二次世界大战结束前用于战争。1945 年 8 月 6 日，一颗铀弹投掷在日本的城市广岛，炸毁了这座有 30 万人口的城市 60%的建筑物，使 71 000 多人当场死亡，68 000 多人受伤。三天后，另一颗钚弹被投掷在日本的长崎，使 35 000 多人死亡，6 万多人受伤。

6. 双刃的利剑

世界上有许许多多的科学新发现，都像一把把双刃的利剑一样，对其以不同的方式和不同的目的来应用，既可能造福于人类，也可能给人类带来巨大的灾难。原子能尤其是这样。就在美国造成原子弹之前，许多科学家便在呼吁不要使用这种毁灭性的武器。随着许多国家研制核武器的成功和军备竞赛的升级，目前各国储备的核武器已足够把整个地球炸毁若干次。潜在的核战争的危险笼罩在全人类的头上。世界上不断掀起反对核军备竞赛升级的和平运动。我国在拥有了自己的核武器后，也宣布了不首先使用核武器的策略。应该说，为了保卫世界和平，最终销毁地球上所有的核武器将是全人类所追求的共同目标。

但另一方面，如果我们把原子能用于和平目的，就将给人类带来巨大的利益。为了解决能源问题，1954 年在苏联首次建成了世界上第一座原子能发电站。目前，全世界已有几百座核电站，我国已在秦山和大亚湾建造了自己的核电站。在缺乏动力资源和交通不便的地方，核电站尤其具有优越性，因为它用的燃料很少，可以节省大量的燃料运输。此外，地球上的能源储备并不是无限的。石油和煤等燃料终究会有用完的一天。我们为了子孙后代，必须节省地利用每一种可以利用的能源。据计算，从地球上核燃料的储备中可获取的总能量，大约是目前还剩下的煤和石油所能提供的20倍左右。

除了核电站之外，原子能还被用做船舶的动力。利用放射性同位素发出的α和β射线，也可以产生电能，制成原子电池。这种电池体积小，使用寿命长，可用于人造卫星和医学中的人工心脏起搏器等。随着科学技术的进步，还将会有更多利用原子能的领域出现。

关于原子能的和平利用问题，也有许多争论，一些人担心它们会给人类的环境带来危害。在原子核裂变的原料及产物中，有很强的放射性，如果它们从核电站中泄漏出来，就会造成严重的污染，危及人的健康乃至于生命。而世界上也确有过这样的事故，如前苏联切尔诺贝利核电站的核燃料泄漏等。但是，我们不应因噎废食。实际上，只要对安全性问题予以足够的重视，这类事故将是可以避免的。对于人类的未来，原子能的和平利用有着无限光明的前景，这是谁也无法否认的。

7. 热核聚变

前面所讲的原子能（或更准确地说是核能）主要来自某些较重的原子核分裂成两个较轻的原子核的核反应，即裂变。但自然界中还存在有另一类核反应，即某些较轻的原子核聚合成较重的原子核，这种核反应叫做核“聚变”。在聚变中，原子核也能释放出巨大的能量，比裂变所释放的能量还要大几倍或十几倍。

人们对核聚变的知识是从对太阳的研究开始的。俗话说“万物生长靠太阳”，这是因为太阳不间断地发出光和热，为地球上的生物和人类提供主要的能量来源。如果追根寻源的话，我们今天几乎离不开的煤和石油里贮存的能量，也是从远古时期太阳辐射的光和热转化而来。太阳为什么会有如此神奇的力量呢？多少年来这一直是个不解之谜。为此，人们对太阳无比崇拜，构想出了无数有关太阳的神话传说。直到20世纪30年代人们对原子核反应有了初步的认识之后，才猜想到太阳辐射出的光和热可能来自某种核反应。

1929年,美国天文学家指出,构成太阳的主要成分是氢,由此推论,如果太阳的能量来自某种核反应,那最可能的就是氢核的聚变。30年代末,科学家们证明,依靠氢核聚变成氦核,足以使太阳在今后几十亿年内都像今天一样光芒万丈。

那么,太阳中的核反应是怎样进行的呢?原来,太阳中心高达数千万摄氏度的高温,物质的密度大约是地球上固体的1 000倍。在这样的极端环境下,氢原子中的电子不再受原子核的束缚,只剩下赤裸裸的氢原子核。在猛烈的撞击中,氢核克服了原子核之间的静电斥力,经过中间一系列的反应,最后由四个氢核聚合成一个氦核。在此反应前后,氦核的静止质量比原来的四氢核减少了0.7%,伴随这些质量就有巨大的能量辐射出来。据估计,在太阳中每秒有6.5亿吨的氢聚变成氦,这意味着每秒钟将有460万吨的质量亏损,辐射出的能量将是多么惊人!计算表明,以这样的速率进行的核聚变反应在太阳中足以维持100亿年。因为这种反应需要在极高的温度下才能发生,所以人们又把这种反应称之为热核聚变。

地球上的情况和太阳就很不相同了。氢元素地球上相当丰富,甚至当你想一只升空的气球时,自己动手就能很方便地制取足够的氢气。但要使普通的氢发生聚变,需要有10亿摄氏度以上的高温,这在地球上就不大好办了。于是人们把目光转向了氢的同位素氘和氚。其中氚较容易发生聚变,只需要几百万摄氏度的温度,但它在自然界中的含量微乎其微,要花费巨大的能量以人工的方式来制备,因此用做核燃料的希望不大。氢的另一种同位素氘可以在4亿摄氏度的温度下发生聚变,而且在地球上每6 000个氢原子中就有一个是氘,这也足够了,因为氘可以直接从海水中提取,一升海水中所含的氘的能量就相当于300升石油。海洋中总计含有大约35万亿吨的氘,足以在可预见的未来为人类提供充足的燃料。再加上提取氘所花的代价要比分离铀少得多,因此科学家们首先考虑用氘或氘—氚混合物作为聚变的燃料。

但问题是，要达到热核聚变所需要的温度和高压十分困难，所以科学家们最先想到可以用原子弹爆炸产生的高温和高压来引发氢核的聚变。据此设想，人们在20世纪50年代初制成了比原子弹威力大1 000倍的超级炸弹——氢弹。氢弹的爆炸是人类首次在地球上实现的热核聚变。

氢弹毕竟只能用于战争，要想把聚变释放出来的能量用于和平的目的，就必须设法控制热核聚变反应的速率。在太阳中，由于存在比地球大33万倍的引力场作用，能够把高温的粒子约束在一起，才使聚变反应得以持续、稳定而又缓慢地进行。地球上要实现这种条件则十分困难，所以人们对聚变的认识虽然先于裂变，但至今还没有使可控核聚变达到实用阶段。由于原料丰富，而且核聚变的产生不像核裂变的产物那样具有强烈的放射性，又不存在失控爆炸的危险，所以聚变核电站要比裂变核电站安全可靠得多。所有这一切都表明，受控热核聚变将是人类根本解决能源问题最理想的途径。正因为如此，科学家们投入了大量的人力物力来研究实现受控热核聚变的方法，几十年来已取得了重要的阶段性成果。我们相信，人类最终将一定会实现这一远大目标。

奇妙的量子世界

在前面我们已经介绍了一些发生在原子和原子核中的事情，但也不过是仅仅讲述了一些事实而已。科学家们为了要说明已经知道的事实和预言新的、人们还不知道的事实，需要有一种重要的武器，这就是科学理论。下面，我们就来看看科学家们描述微观世界的理论吧。

自从17世纪英国物理学家牛顿最终完成了经典力学的宏伟大厦之后，人们首次有了一个可以准确地描述宇宙间宏观物体运动的完整的力学理论体系。我们如今把这种理论称为牛顿力学。在此后的一个多世纪中，随着牛顿力学所取得的一次又一次的成功，人们逐渐地相信，它真正为宇宙间的事物建立了严密的秩序。当然，随着研究领域的扩大，物理学的各个分支学科也逐步成熟起来，如光学、热学、电磁学等等。但总的来说，在19世纪末以前，各种物理学理论都是在牛顿力学的理论框架内建立的。在相当长的一段时间中，物理学家们甚至认为，他们已经掌握了说明我们这个宇宙中一切事物的完整理论，剩下的工作只不过是使结果更加精确，在小数点后面多增加几位有效数字而已。

如果我们从科学发展的整个历史来看，就会发现，并没有什么一成不变的科学理论，随着人们对这个世界认识的不断深入，新的理论总会随之出现。对牛顿力学来说，同样没有例外。在物理学家们把探索深入到微观世界的过程中，人们发现，在这个新的领域里，牛顿力学不再适用了。物理学晴朗的天空中飘来了几朵乌云，接着便是一场倾盆大雨。待到雨过天晴之后，我们看到，物理学中已出现了一种崭新的理论，它就是用来描述物质的微观世界的量子力学。

要想准确地介绍量子力学，需要用到比较高深的数学工具。本书并不打算这样做。这里我们将仅仅有选择地介绍一些量子力学中的重要概念，尤其是一些与我们熟悉的日常经验不同的概念，以便使读者对微观世界的特殊性有一初步的了解。

1. “量子”概念的诞生

我们恐怕至少都从电视或电影上看到过炼钢厂的情景，在屏幕上，火红的钢水给人留下深刻的印象。为什么钢水会发射出如此耀眼的光芒呢？原来，这是由于处在熔融状态下的钢水有很高的温度所致。事实上，任何物体在不同的温度下都会辐射出不同颜色的光线，随着温度的不断升高，它们辐射出的光线的颜色将依次从肉眼看不见的红外线变成红色，再变成白色，再变蓝色，如此等等。对于自然界中这一现象的实验观测和理论研究，在19世纪末成了物理学家们关注的一个重要课题。

为了使研究的对象更加纯粹，科学家们选择了人工制造的“绝对黑体”

进行考查。所谓的绝对黑体，是这样一种东西，它大致像一个箱子，内部涂成黑色，外面开有一个小孔。当光线从这个小孔射入箱子后，就在箱子的内壁上不断地被反射，不断地被吸收，再也不会逃逸出箱子。用科学的语言来说，就是它可以把射入的辐射能量全部吸收。因为绝对黑体由于能把入射的光线全部吸收，所以它可以说是最黑的黑色了。但在不同的温度下，绝对黑体自身也将向外以不同的比例发射出各种波长（也就是不同颜色）的辐射。科学家们之所以要选择绝对黑体作为研究对象，是因为它的这种辐射只同它自身的温度有关，而与做成绝对黑体的具体物质材料无关。从这个例子中，我们也可以看到科学家们常用的一种研究方法，即想方设法地排除各种干扰因素，使研究的对象充分“理想化”。

科学家们一方面对绝对黑体在不同温度下的辐射进行实验测量，一方面试图从理论上对它的辐射规律予以描述。物理学家们从经典理论出发，推导出了不同形式的公式，但这些公式却都仅仅在一部分情况下能够比较准确地描述黑体的辐射，在另一部分情况下就完全不对了。因为当时科学家对经典理论抱有坚定的信念，而从经典理论中推导出的公式竟然对黑体辐射不适用，难怪人们感到困惑不解，把这种矛盾称为“灾难”。

此时，有一位名叫普朗克的德国物理学家，也正在研究黑体辐射问题，与别人不同的是，他采取了另一种办法，不是直接从经典理论进行推导，而是在前人工作的基础上，于1899年，根据实验数据拼凑出了一个半经验性的新公式。出人意料之外，这个新的公式在所有的情况下都与实验的结果极为符合。既然如此，人们就不得不去考虑一下这个新公式背后的理论根据了。

普朗克又紧张地工作了两个月之后，终于发现，这个公式与经典理论是不相容的。要想对它做出合理的解释，唯一可能的出路就是做出一个大胆的假定：物质在发射和吸收能量时，能量不是连续变化的，而是一份一份地，以一定数值的整数倍跳跃式地变化的。这就是说，能量并不是连续可分的，而是有一个最小的单元。普朗克把这个最小的单元称为“能量子”或

“量子”。与能量量子密切相关的，是一个叫做“作用量子”的常数 h，它像光速 c 或电荷 e 一样，是一个普适的常数。后来，人们就把这个常数称之为“普朗克常数”。

不仅仅在经典物理学中，就是在常识中，人们也从来没有想到过能量的变化竟然可以是不连续的。以往，科学家们的信念是“自然界无跳跃”，而且谁也没有怀疑过这种信念。普朗克这次提出的假说实在是太惊人了。用他的话讲，简直是“一种孤注一掷的行动”。不仅物理学界最初对普朗克的假说反应淡漠，就连普朗克本人也在很长的时间中痛苦不已，不断地试图在理论中取消量子的概念，回到经典物理的连续性中去。但这些尝试都以失败而告终。相反，随着时间的推移，量子的概念在解释微观世界的物理学理论中越来越大显身手，这才使普朗克放弃了倒退回经典物理学的念头。

普朗克常数 h 的数值是：

$$h = 0.000\ 000\ 000\ 000\ 000\ 000\ 000\ 000\ 000\ 000\ 000\ 662\ 5 \text{ 焦耳·秒}$$

这个数值真可以说是极其微小了，在小数点后面第 34 位才有有效数字，在我们日常的宏观世界中，像这样小的量简直可以忽略不计，但在原子尺度以下的微观世界中，它却扮演了极其重要的角色，甚至可以在宏观的水平上表现出它的影响来。在 20 世纪的第一个年头即将结束的时候，即 1900 年 12 月 14 日，普朗克首次在德国物理学会公开宣布了他这一革命性的假说，这一天可以说是物理学史上划时代的一天，它就是量子概念的诞生日。

量子概念的提出，为科学家们在理论的层次上走进微观世界吹响了进军号！

2. 又是波动又是粒子的光

在 19 世纪末，实验物理学家发现了一种叫做光电效应的现象：当金属电极处在光线的照射下时，金属的表面会发射出电子。但人们感到奇怪的是，金属表面是否能够发射电子，与照射在金属上的光线的强度无关，只同光线的频率（相当于“颜色”）有关。一旦光线的频率小于某个极限值时，不论光线有多么强，金属都不会发射出电子。

很显然，电子之所以能够从金属表面逸出，是因为它从入射的光线中获得了能量，才能够从金属中逃脱出来。但在人们传统的概念中，应该是入射光线的强度越强，光线所带有的能量才越多，从而金属能够接受的能量就越多，逸出的电子也越多。但实验的事实却与此相反。电子在接受光线所给予的能量时，似乎十分挑剔，只肯接受那些频率大于某一极限值的光线的能量。为什么会是这样呢？

这个令物理学家们感到困惑不解的难题最终由伟大的物理学家爱因斯坦给出了答案。当时，爱因斯坦在大学毕业后，还是作为一名默默无闻的职员在瑞士的专利局中工作。但他并未因此而消沉，却抓紧了一切业余时间进行物理学的研究，在1905年提出了几项震惊世界的重要发现。其中就包括众所周知的相对论理论和对于光电效应的解释。

爱因斯坦认为，要解释光电效应，必须利用普朗克的量子假说。在这种观点中，光无非就是一束能量子流，也就是说光是由能量子所组成的。在普朗克的量子假说中，曾提出了一个重要的公式：$E=hv$，其中E代表能量，h代表普朗克常数，v代表频率。爱因斯坦把这个公式也用于光。他把构成光的能量子称为“光量子”，对于频率为v的光，它的一个光量子的能量就等于hv。后来，人们把这种光量子简称为“光子”。

爱因斯坦对光电效应的解释是非常简单的。既然光是由一份份的光量子所组成，金属中的电子要吸收光的能量，也只能一份一份地吸收。对于频率为v的光来说，如果一个光量子的能量hv大于使电子克服金属束缚所需的能量，电子就会逸出金属表面，反之，如果光的频率v不够高，光量子的能量hv不足以让电子克服金属的束缚，光电效应就不会发生。

爱因斯坦的光量子理论很快就得到物理学家们其他实验的有力支持。

顺便可以提到的是，由于爱因斯坦的相对论理论在提出的初期曾引起了不小的争议，所以 1921 年爱因斯坦获得诺贝尔物理学奖的理由，仅仅是说他提出了对光电效应的解释。当然，爱因斯坦的这一工作也是完全够得上获奖标准的。

至此，我们可以简单地回顾一下人们对光的本质的认识过程。多年以来，一直就有两种不同的观点存在，一种认为光是由微粒所构成的，叫做光的微粒说，另一种观点则认为光是一种波动，叫做光的波动说。每一种说法都有自己的拥护者，例如，牛顿就坚持光的微粒说，而与牛顿同时代的荷兰物理学家惠更斯则认为光的波动说正确。两种学说彼此斗争，一会儿是这边占了上风，一会儿又是那边占了上风。最终，在 19 世纪，物理学家们的一系列实验结果以及麦克斯韦把光作为电磁波来处理的电磁理论，使光的波动说取得了似乎是决定性的胜利。

不料，光的波动说无法解释光电效应。在 20 世纪初，由于爱因斯坦的光量子理论，光的微粒说又以一种新的形式“复活”了。那么，光到底是粒子还是波动呢？正像一则描绘当时物理学家矛盾心情的笑话所说的，他们在星期一、三、五必须把光看成波动，在星期二、四、六则必须把光看做是微粒，而在星期日，干脆就只好祈求上天保佑了。物理学家们逐渐地才明白，原来，光既是粒子又是波动!这种说法乍一听似乎不大好理解，但事实就是这样。科学家们如今把光的这种性质叫做光的“波粒二象性”。光在某些情况下只以波动的形式出现，而在另一些情况下则只以粒子的形式出现。波动性和粒子性都只反映了光的本质的不同侧面。下面我们马上就会看到，并不仅仅对于光是如此，实际上，波粒二象性还是整个微观世界最根本的特征之一，从而也是微观物理理论中最基本的概念之一。

3. 物质粒子的波动性

量子概念诞生后，爱因斯坦用它解释了光电效应，玻尔用它建立了原子结构理论，除此之外，物理学家们还用它成功地说明了其他一些过去无法解释的物理现象。一种新的理论出现了。但在初期，这种理论还只是彼此关联不大的假说、原理、定理和计算方法等拼凑而成的，还没有一个在逻辑上一致的理论体系，对一些更复杂的物理问题还无法解决。我们现在把这一阶段的量子理论叫做旧量子论。直到1925年以后，德国的海森伯、奥地利的薛定谔和其他许许多多的物理学家一道，才在旧量子论的基础上发展出完备的系统理论，这就是我们现在所说的量子力学。

在从旧量子论向量子力学的过渡中，一个重要的环节是物质波概念的出现。

1923年，法国物理学家德布罗意提出了一个极为大胆的观点。他把1905年爱因斯坦关于光子的波粒二象性推广到所有的粒子，认为像电子这样的物质粒子也具有波动的性质。这就是物质波的概念。

为了说明物质波的问题，还是让我们先来看看我们通常所讲的“波”是什么意思吧。

俗话说，“一石激起千层浪”，恐怕没有什么人没见过波在水中的传播。当把一块石头扔进平静的水面，我们就会看到以石头的落点为圆心，向外辐射出一圈圈的波动。我们还可以做一个小小的实验。如果把一只小纸船放在水面上的话，就会发现，纸船基本上只是随着水中的波浪上下振动，而并没有被水波带向岸边。这意味着，水只是水放在传播时所利用的一种媒介，它基本上是停留在原地作振动的。当然，我们也都在电视上看到过冲浪这种惊险的运动。冲浪运动员要精确地调整自己的身体，站稳在一个浪头之上，才能随着浪头（也就是波动中的一个波峰）以极快的速度向岸边飞驰。如果他因动作稍有失误而落入波谷的话，就会陷在水中与水这种介质一起上下振动，而不能向岸边飞驰了。此外，我们还知道声音也是一种波动，声波是以空气、水和固体等作为振动媒介而传播的。真空中则是一个万籁无声的世界。我们虽然不能直接看到声波的形状，但借助于仪器，还是可以看到它的波形的。像水波和声波这类波动，我们把它们称为机械波。

机械波的传播需要有振动媒介，但还有另外一类在真空中也能传播的波动，这就是电磁波。在19世纪，物理学家们对电磁波有了比较清楚的认识，而且知道了光也是一种电磁波。但光的波长（即从一个波峰到另一个波峰之间的距离）非常短，肉眼是无法看到它的波动的。人们又如何证明它的确是一种波动呢？原来，在经典物理学中，可以通过波动的一些独特的性质来识别出它们，即波动可以产生衍射效应。所谓衍射，就是说当波动遇到障碍时，它会偏离直线传播的现象。在19世纪，恰恰正是关于光的衍射效应的发现使光的波动理论得以确立。

德布罗意在提出物质波的观点时，预言说电子也会像光一样产生衍射效应。不过这个实验可有点儿难做。因为要观察到可见的衍射效应，障碍物的尺度必须与波长的大小相当才行，而电子的波长却要比光的波长小得多。幸而，自然界提供了理想的障碍物，这就是晶体中的原子。早在1912年，德国物理学家劳厄就曾把一束X光照射在晶体上而获得了理想的衍射图样，这一实验既证明了X射线是一种电磁波动，又证明了晶体内的原子是等间隔排列的。如果电子真有波动性的话，那么，我们在类似的实验中用电子来代替X光，会不会也看到衍射现象呢？1927年，美国科学家戴维孙和他的合作者用这种方法，最先从实验上发现，电子确实可以在晶体中发生衍射效应，并将这种效应用照相底片记录了下来。接着，其他科学家也用实验证实了这一点。

由此，人们不得不承认，电子确实具有波动的性质，从而实现了在认识上的一次大飞跃。在以往已知的机械波和电磁波之外，人们又认识了另一类新的波，这就是物质波。关于物质波的本质，这里不大容易讲得很清楚，但可以指出的是，只有在微观世界中，物质波才表现出它的重要性。为什么呢？既然像电子这样的物质粒子可以具有波动性的话，如果在此基础上再进行大胆的推论，似乎可以说所有的物体也都将具有波动性，但我们为什么以往没有觉察到它呢？原来，按照德布罗意的理论，物质波的波长除了与普朗克常数有关之外，还与物体的质量和运动速度的乘积成反比。可以算出，如果以厘米为单位，对于地球来说，它的波长要在小数点后面第60位以后才出现第一个有效数字，而对于一块重100克，以100厘米每秒的速度运动的石头来说，它的波长也要在小数点后面30个零之后才表现出来。像这样的波长实在是太短了，短到我们无法觉察的程度。但对于电子来说，它的波长就“长”得多了，与X射线的波长不相上下，这样，我们自然无法忽略它的存在了。

一方面，像电子、中子、质子等等微观粒子是实在的粒子，这是没有什么疑问的，而另一方面，它们又都可以表现出波动的性质。在不同的场合，它们表现出不同的性质。所以我们应当说，它们也像光子一样，既是粒子，也是波！这也很有些像“美人鱼”既是人又是鱼一样。所有的微观客体都具有这种“波粒二象性”，这是微观客体与宏观客体不同的最根本特征之一。

4. “‘上帝’掷出的骰子”

在进行某些游戏或打麻将牌的时候，我们要用到一种叫骰子的东西。它是由木头、骨头或塑料等材料制成的小正方体，在六个侧面上分别刻有从一到六的点数。随手一扔，就将会有一个面向上，而且每个面向上的可能性均为1/6。用物理学的语言来说，这种可能性就是几率。关于几率，我们还可以考虑一个更简单些的例子。如果取一枚硬币，也是随手一抛，硬币落下后，有国徽的一面将或是向上，或是向下，向上向下的几率都是1/2。在任何一次抛掷硬币时，我们预先并不能确定有国徽的一面是向上还是向下，但我们却可以说，如果抛掷多次的话，硬币有国徽的一面向上（或向下）的次数就将接近总抛掷次数的1/2，而且抛掷的次数越多，它与1/2的差距就越小。从上述两个例子中，我们可以大致地体会出几率的含义。

在经典物理学中，随着19世纪中期物理学家们对气体性质的研究，几率的问题就已经进入了物理学。因为，即使在不大的体积中，气体中所包含的分子数目也是数以亿亿计的。要想准确地描述气体分子的运动，一种办法当然是写出每一个分子的运动方程并求解它们。但困难的是，仅仅写出这些方程恐怕就需要几百万年的时间，而要求解出它们，恐怕还要再花上几万万万年的时间。就算能够做到这些，那时气体中分子的运动又不知早已变成什么样了。因此，物理学家们采取了另一种办法，利用几率理论，可以求出全部气体分子的平均运动状态，这样，我们同样可以把握气体的各种性质。不过，很多人在心里还是相信，前一种方法“在原则上”总还是行得通的，因为至少每一个气体分子还都要服从牛顿的力学理论。

自从量子力学诞生后，人们知道了像分子这样的微观物体并不完全服从牛顿力学的规律，而是服从量子力学的规律。但量子力学规律的一个特点就是，它即使对于单个粒子行为的描述，也是几率性的。这就是说，根据量子力学，我们只能预言粒子处于某种运动状态的可能性（即几率）是多大，而不能像牛顿力学那样给出绝对精确的描述。为了更好地理解这点，请让我们来看几个例子。

在前面讲物质粒子的波动性时，我们曾提到了电子的衍射实验。在衍射中，根据量子力学，对于单个的电子，我们只能说它将落在底片上某处的几率有多大，而不能说它一定就落在某处。计算可以表明，电子落在某些地方的几率很大，而落在另一些地方的几率却接近于零。因此，当有大量的电子按照这种几率分布落在底片上时，衍射花纹就形成了。

我们在前面讲到原子核时，还曾提到过放射性元素会通过放出某种粒子而衰变成另一种新的元素。实际上，在衰变过程中，几率也同样表现出来。不同的衰变过程发生的速度是不一样的。我们为了说明衰变的速度，要引入一个新的概念，叫做“半衰期”。半衰期是一种时间概念，它的意思是说，对于同时诞生的一批放射性元素的原子的某种衰变过程，当半衰期到来时，将会有一半数目的原子发生衰变。但对于某个特定的原子来说，我们则只知道它发生衰变的几率是多少，而无法确切地预言它一定在什么时刻衰变。

最后，我们还可以谈一件更加不可思议的事情。这就是所谓的隧道效应。我们可以想象有一圈高墙把你围住，如果你有足够大的力气，那么你就可以从墙上翻过去而获得自由，如果你的力气不够，那你就只好待在围墙里面了。你当然不会相信能够出现像小说《聊斋志异》中崂山道士穿墙而过的那种奇迹。但是，在微观世界中，类似的奇迹却完全可能发生。例如，在金属中，存在有自由的电子，但金属离子对自由电子具有某种束缚作用，就像一堵“墙”一样把它们关在金属中。物理学中把这样的“墙”叫做“势垒”。但即使对于那些靠自身的能量不足以克服势垒的限制而冲出金属的电子来说，它们仍有一定的几率逃离金属离子的束缚，出现在金属表面之外。这仿佛就像是它们会临时挖一条隧道（而且随后马上又给堵上，因为“墙”并没有被破坏）一样。量子力学的理论和物理实验都证明了这种现象的存在。这就是微观世界中的隧道效应。目前，在诸如像隧道式扫描显微镜（通过它可以清晰地“看”到原子的图像）、半导体器件和超导器件中，人们都是在利用这种隧道效应。

量子力学在指导人们认识和征服利用微观世界方面，确实取得了很大的成功，但它对微观世界只给出了几率性的描述，有人打比方说，这仿佛就像“上帝”在冥冥之中通过掷骰子来以偶然性控制世界一样。在此问题上，还存在有争议，也有某些物理学家认为，自然界不应该是这个样子，量子力学并不是一种完备的理论，从而努力去寻找能够以非几率的方式来描述微观世界并能取代量子力学的新理论。但到目前为止，科学家们还一直没有发现这样的理论。

5. 不确定的原理

在经典力学中，要准确地确定某个物体在某个时刻的运动状态，只要知道这个物体的位置和动量就可以了。我们似乎不自觉地形成了这样一种信念，认为只要我们足够精心地测量物体的位置和动量，就可以得到任意精度的结果。比如说，当我们想了解一颗行星的运行轨道，我们就可以分别测定这颗行星在一些时刻所处的位置，并把测量的结果在坐标纸上记录下来，最后，把这些点连成一条平滑的曲线，就得出了行星运行的轨道。

如果这样还不放心的话，我们还可以任意地不断增加测量的点，直到绘图的精度无法再区分它们为止。

在旧量子论中，物理学家玻尔在卢瑟福的原子行星模型的基础上，提出过一种原子理论，认为电子在一些特定的轨道上绕原子核旋转。如今，在许多场合，在书籍的插图中，在杂志的封面上，在广告宣传画和雕塑中，我们都常常看到这种原子结构模型的形象，它已被人们当做了科学的象征。其实，严格地讲，在好几十年前，随着量子力学的发展，物理学家们就已经知道了，原子中的实际情况，或至少是我们能够知道的实际情况，并非是如此清晰和一目了然的。

1926年，德国物理学家海森伯提出了一个在量子力学中占据重要地位的公式，它大致地可以写成：

$$\Delta x \cdot \Delta p \approx h$$

这个公式的意思是，对一个粒子的位置 x 的测量值的不确定性（也就是说误差）Δx，同对这个粒子的动量 p 的测量值的不确定性 Δp 的乘积，总是同普朗克常数 h 的大小差不多相当。这个关系式被称为“不确定原理”。

不确定原理意味着，在微观世界中，对一个物体（如粒子）的位置和动量是不可能同时得到准确测量结果的。如果非要准确地测量其中的一个量，就不得不牺牲另一个测量值的准确性。例如，我们对在一个匣子中的电子进行测量，如果要想知道电子在某一时刻极其准确的运动速度，也就是要极其准确地测量出它此刻的动量（因为动量是质量与速度的乘积），那么，我们就无法准确知道这个电子此时处在匣子中的什么位置；反过来也一样，如果极为准确地测量了电子在某一时刻的位置，我们就不可能准确地知道它此时的速度是多少。

为什么会是这样呢？让我们来做一简单的分析。设想我们用“看”这种方法（当然这不一定是指真的用眼睛去看）来对电子的位置进行测量。在黑暗中，是看不见电子的，要想看得见，必须要有光线照明，即光要照到电子上并反射回来才行。但从前面的介绍中可知，光是由光量子所组成的。光量子在照射到电子上时，会同电子碰撞而使电子的运动速度发生改变，改变后的速度就不再是原来要测量的速度了。即使只有一个光量子照在电子上也不行。当一个波长很短的光子与原子中一个能量最大的电子相撞时,后果就像是一辆婴儿车撞上了一列火车差不多,所以不可能同时知道电子的准确位置和速度。不过我们又知道，光量子的能量与光的波长有关,波长越长,光量子的能量就越小,能不能使用波长很长的光去照射电子以便减少光量子对电子运动的干扰？同样不行。因为当光的波长比电子本身的尺度还大时，它就无法照清楚比它的波长还小的电子的细节了,这就像用擦地的拖把无法去画精致的工笔画一样。总之,我们无法抗拒不确定原理的限制。当然,这种情况只发生在微观世界,像在观测行星的运行轨道时，光量子的能量对行星运动干扰就完全小到觉察不出的程度了。

好了,我们在奇妙的量子世界中走马观花式地浏览到此就先告一段落吧。如果读者将来有机会进一步学习微观物理学知识的话,那就一定会发现,在微观世界中,像这样一些我们在宏观世界中不会遇到甚至难以想象的现象,还有很多很多。

粒子家族

世界上的物质是由原子构成的,而原子又可以分解成一些更基本的粒子,在前面,我们已经认识了粒子家族中的几位重要成员:电子、质子、中子和光子。下面,我们再介绍这个家族中的另外几位有趣的成员。

1. 正电子与反物质粒子

在量子力学发展的初期,量子力学理论并不满足相对论的要求,但我们知道,相对论是描述高速运动物体的正确理论,而微观世界中许多粒子的运动速度是很高的。因此，如果量子力学不满足相对论的要求，自然是这种理论的一种缺陷。1928年，英国物理学家狄拉克建立了相对论性的量子力学波动方程，它可以精确地解释氢原子的光谱及电子、中子和质子的其他一些性质。但新的问题又出现了，因为这个方程对电子给出了两种类型的解，一种对应于具有正能量值的电子，而另一种却对应于具有负能量值的电子，而且这两种解是完全对称的，就像2和−2都是4的平方根一样。在经典物理学中，人们从来没有遇到过这样奇怪的事情，能量怎么会有负值？如果枪中能够射出一颗负能的子弹，它岂不是要射向射击者自己了吗？对此，最简单的办法，当然莫过于认为负能解没有意义，把它们舍掉就是了。但在刚刚开始进行研究的微观物理新领域，这样做就不够谨慎了。或许这背后还隐藏着什么更深刻的物理意义呢。

在这个方程中正能解和负能解是对称的，电子具有正能量的状态可以无限向上延伸，具有负能量的状态同样也可以无限地向下延伸。但因为物理状态的能量越低就越稳定，由此一来，所有具有正能量的电子都将不断地放出光子，向越来越深的负能态跳下，就像跳下无穷的深渊一样，现实世界将不再有稳定的电子存在。显然，这不符合实际情况。为了解决这一困难，狄拉克在1930年提出了一种大胆的假设，认为所谓的真空并非空无一物，它实际上是一片被具有负能的电子填满了的“负能电子的海洋”。因为“负能电子海”已被填满，具有正能量的电子便无法再跳下去，这样我们的现实世界就仍将是稳定的。但如果“负能电子海”中的某一电子吸收足够大的电磁辐射能量，它就有可能向上跳到具有正能量的状态，成为正常电子，并在“负能电子海”（也就是真空）中留下一个“空穴”。真空中少了一份负能量，就相当于增加了一份正能量，因此，出现一个“空穴”，就相当于出现了一个具有正能量的粒子。

在狄拉克提出这一理论时，人们已经发现了质子，他最初也试图把“空穴”解释为质子。但随后就在别人的批评中认识到，“空穴”的质量要与电子相同才对，并在1931年提出，“负能电子海”中的“空穴”应是一种与电子质量相同的未知新粒子，这就是“反电子”。

现在，我们再回过头来看看实验方面的情况。在物理学家们初期对粒子进行的实验研究中，宇宙射线是一个重要的研究对象。宇宙射线是一种来自外层空间的射线，最初，科学家们认为它仅仅是一种电磁波，随着研究的不断深入，在20世纪20年代后期，才了解到宇宙射线主要是由粒子所构成的。美国物理学家安德森在30年代初也从事了对宇宙射线的研究。他在前面提到的那种云室外面加上了很强的磁场，并拍摄了宇宙射线中的粒子在穿过云室时留下的径迹。1932年，安德森在已得到的大约3 000张云室照片中，发现了一种陌生粒子的径迹。通过对这种粒子径迹的长度、粗细和它在磁场中的偏转程度的分析，安德森辨认出这是一种新的粒子，它的质量与电子差不多，但却带有与电子相反的正电荷。在把论文寄给了杂志之后，由于许多人当时还不知道狄拉克的理论预言（就连安德森本人也不知道），杂志的编辑根据这种“电子”带正的电荷，给这种新粒子起名为“正电子”。很快地，其他物理学家也在实验中证实了这一重要发现。正电子这一名称也就沿用下来。它就是在几年前由狄拉克预言的“反电子”，不过从前面的叙述中，我们可以看到，其实“反电子”这一名称倒更贴切一些。

“正电子”的发现使人们大开眼界，它不仅使人们认识了粒子家族的一个新成员，更重要的是显示了物质的一种基本的对称性。从狄拉克的理论中，可以推出这样的结论，即每一种微观粒子都有其反粒子，两者既相似又不相似（只有像光子等少数几种中性粒子的反粒子就是它们自身），一方面，它们有严格相同的质量和寿命，但所带的电荷及其他一些性质，却又完全相反。最引人注目的特点是，当粒子和反粒子相遇时，会出现“湮没”的现象。为了说明这点，还是先来考虑一下电子和正电子的例子吧。

上面讲到，粒子和反粒子有相同的寿命，电子是稳定的，所以正电子也应当是稳定的。但尽管如此，正电子却不会在像我们的地球上这样一个世界中永远存在下去。通常，它将首先与物质中的原子进行多次电离碰撞，从而逐步失去动能，变成一个几乎静止的正电子。因为正电子相当于“负能电子海”中的一个“空穴”，如果附近再有普通的电子的话（这在地球是随处可见的），普通电子就将跳下到“负能电子海”里的这个“空穴”中。结果是，原来的普通电子不见了，“空穴”在被填充后，“负能电子海”又满满当当地变成了标准的真空，正电子也消失了，人们只看到两者的能量转化为光子放射出来。这就是湮没过程。

正电子的发现成了大量的其他各种基本粒子发现的开端。在此过程中，各种粒子的反粒子也相继为科学家们所发现，并证明它们在与粒子相遇时都会发生湮没（但像光子这类反粒子就是其自身的粒子，是不会湮没的）。更有意思的是，反粒子同反粒子彼此结合还可以形成反物质，例如在20世纪60年代，美国科学家就在实验室中用反质子和反中子合成了反氘核。由此，我们可不可以设想，如果一个由反粒子构成的反物质星球与地球相遇，我们的地球会不会轰然一声化为乌有，只剩下无数的光子四处飞散呢？幸而，在我们生存的这个宇宙中，正粒子和反粒子的数目并不相等。在地球上，人们只见到极少数来自外层空间的反质子和正电子，因此我们大可不必为地球的安全担心。

为什么宇宙中正粒子和反粒子的数目不相等？在宇宙中的其他地方有没有由反物质构成的天体？这样一些问题已成为有关宇宙起源和宇宙构成研究中有待解决的课题。

再有，狄拉克的理论还提示了另一值得我们深入思考的观点，即真空并不像过去人们习惯认为的那样空无一物。20世纪50年代，在量子力学的基础上，为了描述粒子的产生、湮没和转化，科学家们又建立起了被称为量子场论的理论，把真空看做是量子场能量最低的状态，而把粒子视为量子场的激发效应。这种理论的一些推论已得到了实验的证实。随着物理学的不断发展，目前，关于真空的本质和构成，以及它产生的物理效应，已经成为科学研究的前沿领域之一。

2. 难以捕捉的中微子

早在20世纪初，物理学家们就已确定了从放射性元素的原子核发射出的β射线是由电子构成的。我们把这种放射性衰变过程叫做β衰变。最初这使人们想到原子核中也许有电子存在。直到中子发现后，人们才认识到原子核原来是由质子和中子构成的，其中并没有电子。那么，原子核发射的电子又是从哪里来的呢？后来人们知道了，β衰变的过程，是原子核中的中子在放出了电子后变成了质子的过程。但人们又发现，在此核反应的前后，有一部分能量不知跑到什么地方去了。因为一般来说，在原子核衰变的过程中，反应前后的能量应该是守恒的，唯独β衰变不满足这一要求。究竟是经典物理学最基本的原理之一能量守恒定律出了问题呢，还是有一部分能量失窃了？

面对这一困境，确实有些物理学家怀疑起能量守恒定律来了。但这可是一件非同小可的事。因此，1930年，奥地利物理学家泡利提出了一个大胆的假说，认为在β衰变的过程中，原子核不仅放出电子，而且还放出一种质量极小、穿透力极强的粒子，正是这种隐秘的粒子把一部分能量"偷"走了。泡利最初把这种粒子叫做中子，后来在1932年后，物理学家费米才把它改称为"中微子"。这一假说因为过于新奇，一开始并没有引起人们足够的重视。1933年，费米又在此基础上，提出了系统的β衰变理论，认为在β衰变中，中子衰变为质子、电子和中微子(严格地说应该是反中微子)是一种新型的相互作用，它比电磁相互作用弱得多，被称为弱相互作用。而后来的研究也表明，中微子只参加弱相互作用。

费米的理论与β衰变的实验结果相当符合，这使人们相信中微子应当是存在的。不过，在物理学中，光有理论还不行，还必须有可靠的实验证据才行。但要从实验上发现中微子可不是一件容易的事。因为中微子是中性的，不带电荷，不能用测量带电粒子的方法去记录它的径迹。而且它的个性十分孤僻，轻易不和其他的粒子发生相互作用。在通常的β衰变中放射出来的中微子，大约平均要穿过1000亿个地球才会与其中的一个原子核碰撞一次。相比之下，就连号称穿透力极强的γ光子，在地球中穿过几厘米也就会与原子核发生一次碰撞。我们要观测到一个粒子，至少也得让它与探测器中的物质碰撞一次，才能得到它产生的效应，这意味着，即使做出地球那么大的探测器，平均也只能在有1000亿个中微子通过它时，才能探测到其中的一个。

由于这些困难，直到中微子概念提出20多年后，科学家们才直接探测到在铀裂变过程中产生的反中微子。为了探测到真正的中微子，还需要找一个丰富的中微子来源，于是人们想到了太阳。因为在太阳中，时刻进行着如下的反应：

4个氢原子核→氦原子核+2个正电子+2个中微子这就是产生巨大能量的热核聚变反应。科学家们在美国的一个深矿井中，安置了一个装有380 000升四氯乙烯的巨大容器。矿井上方厚厚的泥土吸收了来自太阳的所有其他粒子，只有中微子才能穿透过来。通过几个月里中微子与容器中的物质的相互作用，1968年，人们终于发现了中微子的踪迹。在几十年的“追捕”之后，β衰变能量失窃案的“主犯”中微子终于被“捉拿归案”了。

但是，探测中微子的实验又带来了新的问题，因为实验中发现的中微子数目要比理论预计的数目少得多。为什么理论与实验不完全相符呢？想不到对旧案的解决又引出了新案——“中微子失踪案”。

在以往的理论中，人们一直把中微子的质量看做是零。但要从实验上完全证明这点却几乎是不可能的。因为任何物理实验都要有一定的误差，不可能确定某个量绝对地为零，而只能在实验的误差范围之内给一个上限。对中微子自然也是如此。现在人们只知道中微子即使有质量的话，也小于电子质量的万分之一，但它是有一个比这还要微小的质量呢，还是质量绝对地为零，我们还无法给出肯定的断言。在解决“中微子失踪案”的种种尝试中，就有人提出，如果中微子有质量，它就会在从太阳飞向地球的过程中衰变掉许多。但像诸如此类的理论解释是否正确，还都有待于进一步更精确的实验加以证实。

3. 核力的传递者

上面介绍的正电子和中微子都是在先有了理论的预言之后，才随后在实验中发现的。人们在理论上作出了正确预言的第三个粒子是介子，它是在探讨核力的过程中提出的。

我们知道，在原子中，原子核和电子都是带电的，它们之所以能够结合在一起，靠的是电磁相互作用。根据电磁场的量子理论，带电粒子之间的电磁相互作用是由于它们彼此间交换光子（也就是电磁波）而引起的。在这里，光子充当了电磁力的传递者。打个不完全贴切的比方，这就像是球场上的运动员通过彼此间的传球而发生联系一样。但在原子核中，不带电的中子是怎样和带电的质子结合起来的呢？又何况带电的质子间还存在有强烈的排斥作用。因此，对导致由质子和中子结合成稳定的原子核的相互作用（即核力）的研究，自然地引起了物理学家的兴趣。

1934年，日本物理学家汤川秀树类比电磁相互作用的理论，提出有一种作为媒介的场，相应于这种场也存在有一种媒介粒子，原子核中的质子和中子就是靠彼此交换这种媒介粒子而结合在一起的。汤川还认为，从原子核的尺度来看，核力的作用范围显然比电磁力要小得多，因此这种未知的媒介粒子应该有相当的质量，而不是像光于那样质量为零。对此我们还可以利用前面的比喻：两个运动员在距离较远时，可以传递不太重的篮球或排球，但在距离很近时，就可以传递较重的铅球了。汤川估算出这种粒子的质量大约应是电子质量的 200 倍左右。因为这一质量介于电子和质子之间，所以它被称为介子。

汤川提出的介子理论最初同样也没有引起人们的特别注意。但在1936年，发现正电子的物理学家安德森和其他人在宇宙射线中发现了一种质量为电子的200倍左右的带电粒子时，汤川的理论又受到了重视。人们先是以为这就是汤川所预言的介子，但通过对实验资料的进一步分析，又发现它比汤川理论所预言的寿命要长许多，而且与原子核的作用非常微弱，不可能是核力的传递者。尽管如此，由于介子理论对解释原子核现象很成功，物理学家们还是宁愿相信有传递核力的介子存在。又经过了十多年不懈的努力寻找，直到1947年，英国物理学家鲍威尔等人才利用更新的探测手段，在宇宙射线中发现了汤川预言的介子。它的质量为电子的273倍，寿命只有2×10^{-8}秒。人们还发现，安德森在1936年发现的“介子”原来是这种粒子衰变的产物，它除了质量较大之外，其他性质与电子更为相近，在衰变中，同时还有中微子出现。为了对这两种介子加以区别，人们把汤川预言的传递核力的介子称为π介子，至于它的衰变产物，即安德森在1936年发现的粒子，因为与核力没有关系，就不再被称做介子，而被称为μ子。

对传递核力的介子的预言以及在实验上发现π介子和μ子的过程，充满了富有戏剧性的曲折，它除了向人们又揭示了两种新的粒子之外，更重要的是使人们对于核力这种新的相互作用有了初步的了解。

4.“粒子粉碎机”

在人类逐步了解微观世界的过程中，每发现一种新的粒子，都使人们的认识更加深入一步。到20世纪50年代末，人们就已发现了30多种粒子。这些粒子中的绝大多数都是在宇宙射线中发现的。可以说，来自外层空间的宇宙射线为人类研究各种粒子提供了一个出色的天然高能实验室。但是，利用宇宙射线来进行研究也有不少的局限性。因为在宇宙射线中能够发现的有趣事例毕竟太少了。而且人们无法控制这种天然的恩赐，难以重复观察某些需要进一步证实的事例。为了更方便、更有效地进行研究工作，科学家们不得不把目光转向有意识地利用粒子的“炮弹”去打碎某些粒子，来在已知粒子的“碎片”中寻找新粒子，或是人为地使高能的粒子相互碰撞，以便进一步了解粒子内部的深层结构。最初，科学家们只能像卢瑟福在首次实现元素的人工嬗变中所做的那样，利用天然放射性元素发射的α粒子作为“炮弹”。但这种天然产生的“炮弹”的能量和数目都较低。为了满足进一步研究的需要，一种叫做粒子加速器的实验装置就应运而生了。

加速器的基本原理是，带电的粒子在通过适当的电场时，会获得一定的能量而大幅度地增加自身的运动速度。最早的加速器是由卢瑟福的学生英国物理学家考克饶夫特和爱尔兰物理学家瓦尔顿在1932年初建造的倍压加速器，他们曾用这台装置在同一年以加速的质子去轰击锂原子核，使之分裂成为两个α粒子，在人类的历史上首次用人工加速的粒子实现了核反应。在这种加速器中，被加速的粒子是沿直线运动的，因此它属于直线加速器。后来，科学家们又发展了其他类型的直线粒子加速器。

直线加速器也有它的局限，因为加速管的长度毕竟是有一定限度的，而且成本也较高。为此，科学家们同时还发展研制了其他种类的加速器。其中最著名的，是由美国科学家劳伦斯设计建造的回旋加速器。劳伦斯的设想是，让被加速的粒子在磁场的作用下沿圆形轨道运动，同时在两个半圆的D形金属盒中间加上交替变化的电场，使粒子每走半圈都受电场推动一次。当粒子的运动速度加快时，它在磁场中的偏转程度就小一些，于是便沿着半径更大的圆形轨迹旋转，但每转一圈所需的时间并不改变。在这种螺旋式的飞行结束后，粒子就被从加速器中引出，射向靶子。也是在1932年，第一台这样的回旋加速器首次问世。

在回旋加速器中，当粒子加速到很快以后，相对论的效应开始起作用，粒子的回旋运动频率就与加速电场的频率不能保持一致了。为了解决这一问题，进一步提高粒子的能量，科学家们想出了两种办法，或是调整加速电压的频率，使它与粒子的回旋频率同步，或是调整磁场的强度，使粒子的回旋频率与加速电场的频率同步。根据这种设计而建造的回旋加速器就叫同步回旋加速器。

在高能粒子同步加速器的基础上发展起来的一种更复杂、更先进的设备是对撞机。我们可以设想，当一辆飞驰的卡车撞向一辆静止不动的卡车时，固然可以产生强烈的撞击效果，但若是两辆飞驰的卡车迎面相撞，撞击的效果就要更加强烈了。在粒子对撞机中，就是使两束以相反方向高速运动的粒子迎面相撞。利用这种原理，可以在不过分加大加速器尺度的前提下取得更好的碰撞效果。近年来，许多国家都建造这种粒子对撞机，我国不久前也建成了自己的对撞机——北京正负电子对撞机。

几十年来，加速器总的发展趋势是越造越大，如1976年在日内瓦的欧洲核子研究中心建造的质子同步加速器，平均直径达2.2千米，跨越瑞士和法国两国的国界，造价高达6.25亿瑞士法郎。为了装备更有效的研究手段，科学家们还在建造更大的加速器，并不断地采用更先进的技术，如超导技术和激光技术等等。半个世纪以来，加速器的发展异常迅速，加速的粒子的能量平均每10年提高16倍。加速器现已成为人类历史上规模最庞大、建造和维护经费都最昂贵的实验装置，也成了现代大科学的突出标志。

5. 粒子的分类

在粒子加速器出现后，新发现的粒子层出不穷，到目前为止，科学家们所发现的粒子已达400多种，其中包括大量寿命极短的所谓"共振态粒子"。本书不可能对这许多的粒子一一予以详细介绍。因为要详细讨论这些粒子的性质及有关的理论，需要用到许多更抽象、更复杂的物理概念，如自旋、宇称、同位旋、奇异数、碰撞截面……。要想比较准确地理解这些概念，需要有更多的物理知识准备，而这在像本书这样有限的篇幅中是难以讲清楚的。

但是，我们还是可以粗略地介绍一下科学家们对这些已知粒子的分类。

在历史上，人们最先是根据粒子的静止质量来进行分类的，按这种分类，把粒子分为如下四类：

光子，质量为零；

轻子，质量比较小；

介子，质量介于轻子和质子之间；

重子，质量等于或大于质子的质量。

随着越来越多的共振态粒子和新粒子的不断发现，再加上考。虑到各种粒子参加的相互作用的不同，目前科学家们采用的分类是：

光子，它自成一个类别，是电磁相互作用的传递者；

轻子，它们不参与强相互作用，只参与弱相互作用，但这已不是历史上那种质量较轻的概念中的粒子了，它们中有的成员质量要比质子质量大得多。

强子，参与强相互作用的粒子，其中又可分为介子和重子两类（但都与历史上的介子和重子分类概念不同），在物理学家们进一步的探讨中，发现强子也是有内部结构的，并在此基础上，提出了强子是由更基本的粒子夸克所组成的理论，对此，目前理论物理学家和实验物理学家们都在努力地加紧研究。

在这个家族中，“人数”最多的是强子。

从这种分类中，读者对粒子家族的概貌就会有一初步的了解了吧。

走向统一

归根结底，在自然界的各种物质之间，科学家们发现只存在四种最基本的相互作用，它们就是引力相互作用、电磁相互作用、弱相互作用和强相互作用。其中引力相互作用表现得最为直观，它主要体现在宏观物体之间，作用也最弱。在微观世界中，引力相互作用的影响通常可以忽略不计，起作用的主要是后三种相互作用。在我们前面的叙述中，已分别涉及了这几种相互作用，如原子核与电子之间的相互作用属于电磁相互作用，在原子核的β衰变过程中起作用的是弱相互作用，而在重子和介子之间起作用的则是强相互作用。这三种相互作用在作用强度、作用时间和作用力程上都各不相同。

当我们回过头来注意科学发展的历史时，就会发现，伴随着人类知识的每一次飞跃，都有一种新的理论出现，这种新理论总是把过去认为彼此无关的领域统一起来。例如，牛顿力学理论把天体的运动规律同地球上物体的运动规律统一起来，安培和法拉第的工作把电学和磁学统一起来，麦克斯韦的电磁理论把电磁学和光学统一起来……如此等等。这样的成功范例是很多的。在微观物理学中，物理学家们同样也在向这样的方向努力。

1961年，美国物理学家格拉肖就提出了一个初步的理论，试图把电磁相互作用同弱相互作用统一起来。1967—1968年间，美国物理学家温伯格和巴基斯坦物理学家萨拉姆又分别独立地提出了更完备的弱电统一理论。1983年，科学家们在新建的高能粒子加速器上，发现了这种理论所预言的传递弱相互作用的粒子（叫中间玻色子），从而对此理论给出了有力的支持。这是一种非常成功的理论。

除此之外，科学家们目前还在努力进一步探索把电磁相互作用、弱相互作用和强相互作用统一起来的大统一理论以及试图把四种基本作用全部统一起来的所谓超统一理论。在这方面，虽然也出现了一线希望的曙光，但还存在着相当多的困难要克服，还有大量的工作需要人们去做。人类对微观世界的认识过程还远远没有完结。

超导史话（节选）

冷与热是如何表示的

定量地衡量冷与热的程度，我们必须要引入温度的概念。温度是一个表示物体冷热程度的物理量，它用温标来表示。在一些国家，如美国，常用的是由德国物理学家华仑海特（G. D. Fahrenheit）在1712年建立的华氏温标（用F来表示）。按照华氏温标的规定，在101 325帕（1个标准大气压）下，水的冰点为32F，沸点为212F。大多数场合，我国一般采用的是摄氏温标（用℃来表示）。摄氏温标是由瑞典天文学家摄尔西斯（A. Celsius）在1742年根据水银的体积随温度变化而变化的特性建立的，按照摄氏温标的规定，在101 325帕（1个标准大气压）下，水的冰点为0℃，沸点为100℃，这就是我们现在所用的摄氏温标。摄氏温度和华氏温度的换算关系是：

$$华氏温度=\frac{9}{5}\times 摄氏温度+32$$

在科学界，人们用得最多的，是由一位名叫汤姆孙（WilliamThomson）的英国科学家（也就是后来的开尔文勋爵）在1848年建立的温标，我们称它为热力学温标（也称开氏温标或绝对温标）。热力学温度通常用K（开）来表示，它与摄氏温度的换算关系是：

摄氏温度=热力学温度−273.15

据此换算关系，我们就可以算出，水的冰点为273.15K，而热力学温度的0K被称为绝对零度（也就是−273.15℃）。20世纪初，科学家们曾提出了一条重要的热力学定律，讲的是绝对零度永远不可能达到，但可以无限地趋近。采用热力学温标在科学研究中非常方便，因为它是以绝对零度作为起点。在本书中，我们也将主要采用热力学温标，只是在特殊的地方，为了使读者有一种感性的体验，才将它换算为摄氏温标。

有了以上关于温度和温标的知识准备，我们就可以更进一步地讨论一下冷与热的问题了。比如说“冷”，我们知道，在自然界中，最冷的地方也许就是南极洲了。据有记录的气象观测，在南极洲最冷时曾达到过−88.3℃的低温（换算成热力学温度是185K左右）。人要是生活在这样冷的环境中实在是太可怕了，然而，与超导物理学相关的“冷”相比，南极洲的“冷”简直算不上什么。实际上，直到十几年前，超导现象只能在绝对零度以上几开，最多也就是二十几开的低温下才能被看到。在地球上，这样低的温度只有在实验室里才能实现。那么，科学家们究竟是怎样在实验室中达到这样低的温度的呢？要回答这个问题，我们就要去追溯历史上科学家们进行的气体液化的研究了。

叩开低温世界的大门

谈到低温，人们最先想到的，也许是像用冰箱来冷冻食品之类。从古代开始，人们就已经在生活中利用某些手段来创造一些比通常的环境更“冷”一些的场所。例如，在我国西周初期，人们就已经在冬季把天然的冰贮存起来，到夏季时好用它来冷藏食物和保存尸体等。不过，我们要讨论的与超导相关的低温，正像前面所讲的那样，要远比这种利用天然冰等手段降温达到的温度“冷”得多。这种低温的达到，是与科学家们研究气体的液化密不可分的。

在我们周围,所见到的物质一般不是固态,就是液态或气态,物质的这几种状态是可以相互转化的。当满足一定的条件时,气体就会变成液体,这一过程叫做气体的液化。改变气体的压力和温度可使气体液化。

18世纪末,一位叫马伦的荷兰科学家为了验证当时已知的波义耳气体定律是否适用于所有的气体,做了一系列实验。当用氨气做实验时,他发现:在不断增加压力时,氨气变成了液体。马伦的实验引起了人们的极大兴趣。于是,科学家们采用不同的气体,试图用增加压力的方式使之液化。但在当时所能达到的压力极限内,有若干种气体始终不能变为液体。转眼间,到了19世纪,法拉第(M. Faraday)的一项实验又给人们带来了新的希望。

1823年,法拉第做了这样一个实验:他把一些氯化物封在一个弯曲的玻璃管中,并对管内的氯化物加热。出人意料的是,在玻璃管的冷端却出现了一些像油滴一样的液体。这些微小的"油滴"就是液化了的氯气。由此,法拉第总结出,加热使氯化物分解出氯气并使氯气的压力增加,从而使氯气液化。而液化了的氯气却只出现在玻璃管的冷端,这表明压力和温度对气体的液化都有重要影响。后来,在担任了英国皇家研究所实验室主任后,在1826—1845年间,法拉第改进了这个实验,将玻璃管的冷端浸泡在更冷的混合物中。利用这种方法,他几乎使绝大多数气体液化,例如,二氧化碳、硫化氢、氯化氢、二氧化硫、氨气等。但是,这还不能使人完全满意,因为仍有几种气体,包括氧气、氮气、氢气、一氧化氮、一氧化碳、甲烷,以及后来才发现的氦气,一直不能被液化。在当时,人们把这些不能被液化的气体称做"永久气体"。

法拉第之后,不论在理论上还是在实验上,科学家们对于气体的性质的研究都逐渐深入。例如,1852年,在热力学研究中做出了重要贡献的英国物理学家焦耳(J. P. Joule)和汤姆孙做了一项重要的实验。他们的设计是:在一根管子的内部放置一个用棉花之类的东西做成的多孔塞,它能够让气体通过,但又带来阻力,再在管子的外面,包上一层像石棉之类的绝热物质。在实验中,用气体压缩机使塞子的一侧维持较高的压力,而由于多孔塞的存在,塞子的另一侧气体的压力较低,于是,气体不断地从高压的一侧经过多孔塞流向低压的另一侧。气体流到低压的一侧,由于压力突然降低,气体的体积也就必然膨胀。当气体在管子内的流动达到稳定状态时,分别测量多孔塞两侧气体的温度,就会发现,大多数流过多孔塞的气体,温度都会降低。这就是焦耳-汤姆孙效应。不过,令人困惑的是,少数像氢气这样的气体,当时在经过多孔塞后,温度反而有所升高。后来,人们认识到,当时的实验是在室温下做的,而各种气体都存在一个转换温度。如果实验的温度再低些,处在转换温度之下,则气体经过多孔塞之后,温度就都会降低。焦耳-汤姆孙效应的发现,使科学家们利用气体来获得低温有了实验的依据。这仍是目前获得低温的最基本的方法之一。

1869年,也是在英国皇家研究所工作的安德鲁斯,从对气体的体积、压强和温度之间关系的研究中,提出气体只有处于一定的温度下才能被液化,这一温度就是“临界温度”。不同气体的临界温度各不相同。因而,要使气体液化,关键在于要使气体处于其临界温度之下。

科学家们不断地向“永久气体”的液化发起新的冲击。1877年,在法国巴黎科学院的一次会议上,宣布了法国矿业工程师凯勒特和瑞士日内瓦的物理学家皮克特分别独立地液化了氧气的消息。其原理仍然是利用了气体膨胀产生的制冷效应。这一发现,打破了“永久气体”不能被液化的神话,第一次向人们表明地球大气中的氧气也可以以液态存在。不过,他们所得到的液氧数量很少,而且不能够收集起来。然而,有了第一步,突破便接踵而至。1883年,波兰科学家弗洛伯勒夫斯基从法国巴黎回到了波兰的克拉科夫,与波兰科学家奥尔舍夫斯基合作,他们一道改进了装置,仅仅用两个月的时间,就于这年的4月份获得并收集了大量的液态氧。他们两人创立了一个新的低温学派——克拉科夫学派。令人遗憾的是,6个月后,他们的合作关系破裂,彼此不再往来。他们试图进一步使氢气液化的努力,终于没有成功。

还应提到的是,伴随着一些"永久气体"的液化,低温技术在工业上的应用也在飞速发展。例如,最初的目标是从大气中提取氧气,以满足大型冶炼工业和其他技术加工业的需要,后来,从空气中分离氮气或从水、煤气中分离氢气也同样是有吸引力的项目。到19世纪末20世纪初,在物理学研究的基础上,液化气体的装备也逐渐地商业化,使人们可以大规模地生产液化气体。反过来,这些发展也为向绝对零度的进军做出了技术装备上的准备。

随着氧气的液化,人们得到了154K左右的低温。人们毫不怀疑,氢气以及1868年发现的因其临界温度更低而一度名列"永久气体"的氦气,也应该能够被液化。对这两种气体的液化,是科学家们向绝对零度进军的征程上非常关键的两步,并引发了低温科学史上一场引人注目的竞赛。

实验天才杜瓦的遗憾

在向绝对零度进军的征程上最关键的两步,是对氢气和氦气的液化。在这场竞争的舞台上,有许多科学家参与,包括前面提到的奥尔舍夫斯基,但其中最引人注目的,是一位英国科学家和一位荷兰科学家。这位英国科学家就是杜瓦(James Dewar)。

提到杜瓦的名字,人们也许并不陌生。如今,我们常用的保温瓶,它的另一个名称就叫杜瓦瓶。我们用保温瓶来装开水,装冷饮,是因为它能够使瓶内的物体尽量少地与外界交换热量,从而较长时间地维持瓶内的温度不变。大约在1892年,正是为了保存液化了的气体,杜瓦发明了这种带有夹层并将夹层抽成真空的"瓶子",来避免瓶内与瓶外出现由空气作为媒介带来的热量交换,后来他又将瓶的内外壁都镀上银,以避免由于辐射带来的热量交换。这样一种装置使保温(在当时更是为了"保冷")成为可能。这种装置是杜瓦对低温物理技术的一大重要贡献，被人们沿用至今。除了目前低温实验室中仍然在使用它之外，我们的日常生活也几乎离不开它。

杜瓦身材不高,但头脑灵活,在实验方面有着不可思议的技能。另一方面,他似乎也具有某种艺术家的气质,而且脾气很大。作为一位纯粹的实验家,他从来没有发表过理论研究的文章,但这并不影响他的地位。其实,他的兴趣是多方面的,例如,他曾担任过政府和工业部门的顾问,是政府炸药委员会的成员，曾和其他人一道在1889年发明了无烟线状发射火药,他的工作涉及物理、化学和生理学等领域。1904年,由于他对科学的贡献,杜瓦被封为爵士。但是,在众多的科学工作中,真正确立了杜瓦在科学史中的杰出地位的,还是他在低温物理学方面的研究。

1877年,杜瓦来到英国皇家研究所后,开始了低温方面的研究。这一年,也正是凯勒特和皮克特首次液化了“永久气体”——氧气的那一年。在凯勒特和皮克特之前,从法拉第开始,几乎所有液化气体的工作都是在英国的皇家研究所完成的。凯勒特和皮克特的领先,促使杜瓦要把皇家研究所研究气体液化的传统继承下去。他在皇家研究所可以不但任讲课的任务.也不受一般大学那些清规戒律的约束,可以自由自在地工作。在听到了凯勒特和皮克特液化氧气的消息后,他立即去巴黎买了一套他们所用的那种设备,几个月之内,他就将设备安装完毕,并能用来公开地进行液化氧气的实验演示。从此之后,杜瓦在皇家研究所养成了一个习惯,每逢星期五的晚上,他都要做一次富有戏剧性的讲演与演示,宣布最新的实验经过和结果。这种习惯他一直保持了30多年。

1884年,在弗洛伯勒夫斯基和奥尔舍夫斯基液化并收集大量液态氧之后,杜瓦也紧追不舍,经过对波兰科学家使用的设备进行改造,一年后,他也能够制造大量的液态空气和液态氧气。杜瓦把下一个目标瞄准了更难液化的氢气。

然而,这却是非常困难的一步。有10多年的时间,杜瓦的工作都不怎么成功。直到 1895 年，他才利用焦耳－汤姆孙效应，达到了更低些的温度。这次，为了进一步的成功，他不得不再花一年多的时间建造一台较大些的空气液化机。1898 年 5 月 10 日这天，杜瓦终于首次获得了大约 20 毫升的液态氢，把温度降低到了 20.5K 左右。一年后，杜瓦将此温度再度降低了 0.5K，使液态氢变成了固态。

杜瓦原来认为，他已经完成了通向绝对零度的最后一步，在液化了氢气的两天后，他在皇家学会宣读的论文的题目就是《关于氢与氦之液化的初步评论》。但是，他很快就发现，原来以为已经液化了的氦只不过是一些杂质，通向绝对零度还有一道关卡。这一次可就没有那么幸运了。因为氦在地球上是很稀少的元素，杜瓦使用的氦气来自一处温泉中的气泡，但不幸的是这种来源的氦气不是很纯，其中含有不少的氖气，而由于在人事上的纠纷和杜瓦的脾气，他与当时一位非常熟悉稀有气体的同事又闹翻了脸，得不到有力的帮助。在实验的冷却过程中，混在氦气中的氖气总是先固化，堵住仪器的管道和阀门，使实验屡屡失败。又过了 10 年，杜瓦在他 1908 年的一篇题为《最低温度及有关问题》的论文的脚注中，不无遗憾地写道："莱顿大学的卡末林－昂内斯教授已经液化了氦气。"至此，一场液化气体的竞赛宣告结束。

正像后来有人在评价杜瓦时所说的那样："杜瓦在实验室中的统治有如埃及的法老一般绝对。他不尊重任何人，唯一的例外，是夜间在教室后面的走廊里偶尔与他相遇的法拉第的鬼魂。"在失去了抢先液化氦气的机会之后，杜瓦的脾气越来越坏，终于脱离了所有朋友，连多年的助手也因口角而离开了他。在杜瓦的身边，只有妻子还一如既往地崇拜他。最后，他本人干脆不再对低温研究感兴趣，而把研究方向转向了液体薄膜，直到去世。杜瓦去世后，英国在低温方面原来一度领先的工作也就随之衰落了，因为杜瓦没有留下任何学派和继承人。

“绝对零度先生”

杜瓦在低温研究方面遥遥领先的时候，在世界上的另一个地方，有人正在为建立一个新的低温研究中心而努力。这个地方，就是荷兰的莱顿大学，而新的低温研究中心的领袖，就是卡末林-昂内斯(H. Kamerlingh-Onnes)这位传奇般的人物。

1853 年，卡末林-昂内斯出生在荷兰的大学名城格罗宁根。他 1870 年考入格罗宁根大学，一年后，就获得了科学学士学位。就在这一年，他还在乌得勒支大学举办的一次竞赛中，以一篇关于蒸气密度方面的论文获得了金质奖，此时，他还不满 18 岁。

大学毕业后，卡末林-昂内斯先是被化学研究所吸引，到德国投师于著名的科学家本生和基尔霍夫门下，并对量热学表现出极大的兴趣。1872 年，他以一篇关于在化学研究中应用量热学方法的论文获得了格罗宁根大学的银质奖。1873 年，卡末林-昂内斯再次回到格罗宁根大学。1879 年，他以题为《地球转动的新证明》的论文获得博士学位。这篇论文表明，他同样也是一位出色的数学家。由于论文异常出色，当时评议委员会一反荷兰的惯例，在答辩结束时，甚至没有要求被试者离开，未经讨论便一致同意授予他博士学位。

1882 年，年仅 29 岁的卡末林-昂内斯被任命为莱顿大学物理学教授和莱顿大学物理实验室的负责人，他担任这两个职务长达 42 年之久。莱顿大学是荷兰的一所具有悠久历史和科学传统的大学。现在学过普通物理学的人都知道，历史上曾有过一种最早的名为“莱顿瓶”的电容器就是在 1746 年由莱顿大学的物理学家麦森布罗克发明的。而且，像洛伦兹、塞曼、范德瓦耳斯等 20 世纪的著名物理学家也都曾在莱顿大学就职。上任后，卡末林-昂内斯卓有远见地将他领导的实验室的主要研究工作定位在低温研究方面。据说，当时著名物理学家洛伦兹曾劝告他不要这样做，认为在低温下不会有什么新奇的发现，但卡末林-昂内斯还是下决心要搞低温研究。最初，他是想利用低温条件来验证范德瓦耳斯的气体理论，但随着工作的展开，这个实验室的研究远远地超出了原定的目标，其成就也远远地超出了卡末林-昂内斯原来的预想。

与杜瓦在皇家研究所以演示为主的小打小闹不同，一开始，卡末林-昂内斯就颇具战略眼光地要建立一个大规模的、具有现代工业水平的实验室。1892—1894 年间，他在莱顿建造了一座大型的液化气体的工厂来液化氧气、氮气和空气。这座工厂的设备相当复杂，到处都是钢管和泵，以至于有人戏称为“啤酒厂”。由于它规模很大，在 30 年后，仍然能够满足莱顿实验室的需要。相比之下，杜瓦的液化装置简直就像是小孩的玩具。

由于措施得当，莱顿实验室的工作进展迅速，1892 年，液化氧气和空气的大型设备制造完毕；又经过努力，在 1906 年，莱顿实验室也终于将氢气液化，虽然比英国的杜瓦晚了整整 8 年，但因为所得到的液氢是大批量的，为进一步液化氦气的研究打下了坚实的基础。有人曾总结说，与过去的科学研究相比，在 20 世纪，科学研究发展的一个特点，是从个人单枪匹马上阵的“小科学”，变成了要靠集体合作和大规模投资的“大科学”。从莱顿实验室的发展来看，在 19 世纪末，那里就已经出现了这种“大科学”的雏形。例如，早在 1901 年，卡末林-昂内斯就已经在其实验室中与社会合办了一所专门培养仪器制造和吹玻璃人员的技工学校，这所学校培养的人才，不仅满足了本实验室的需要，而且在几十年里，在世界上许多的物理实验室中，都有在莱顿训练过的玻璃吹制工人。

液化了氢气之后，卡末林-昂内斯的下一个目标自然也像杜瓦一样，要尽快地抢先液化氦气。除了在设备的规模和其他许多方面与杜瓦不同之外，卡末林-昂内斯在人际关系上也得心应手。他以外交家般的手段，又通过自己兄弟的关系，从阿姆斯特丹商业情报局廉价地购买到从矿井资源中提炼出来的氦气，而且氦气的纯度很高，从而避免了杜瓦曾遇到的因所用的氦气中有杂质导致实验失败的情况。又经过了两年的奋战，在许多助手的大力协助下，1908年7月9日，实验室里生产了至少75升的液化空气作为预冷准备，第二天，也就是1908年7月10日，一个历史性的实验从早上5点30分开始，直到晚上9点30分才结束。在上午，先是准备了20升左右的液氢来预冷，从下午1点30分开始进入液化氦气的程序，著名物理学家范德瓦耳斯也到场观战，终于，在晚上7点多时，人们首次看到了液化的氦。这一次，他们生产了60多立方厘米的液态氦，征服了最后一种"永久气体"，迈出了通向绝对零度最关键的一步。卡末林－昂内斯曾这样回忆说："当第一次看到幻想中的液氦时，我感到有如奇迹降临。"

我们现在知道，在一般情况下，氦气在4.2K左右液化。这也就是说，随着卡末林－昂内斯对氦气的液化，他相应地获得了如此低的温度，这也是人类首次获得这样的低温。随后，卡末林－昂内斯进一步利用减压降温的方法，试图使已经液化了的氦再固化，虽然没有成功（直到他去世后科学家们才做到这一点），但通过这种方法，在1910年时，他已经可以得到1.04K的低温。卡末林－昂内斯的朋友们风趣地赠给他一个头衔——"绝对零度先生"，他自己对这一头衔也颇为得意。

对于发现超导电性来说，这样的低温已经足够了。

卡末林－昂内斯邂逅超导女神

在科学研究中，有一类重要的工作，就是测量各种物质在不同条件下的各种性质。这里所说的不同条件，可以是不同的温度、不同的压力、不同的磁场等。而且，科学家们尤其感兴趣的是，在各种极端条件下进行这种研究，例如，极大的压力、极高的真空或极强的磁场，显然，极低的温度也属于这样的极端条件。那么，物质在极低的温度下会有些什么新的性质呢？

杜瓦在成功地液化了几种重要的"永久气体"后，就曾利用液化气体带来的低温研究了许多金属和合金在新的低温区域内的电磁性质，他曾与其他人合作，收集到了从大约70K到470K之间的温度区域内许多金属和合金的电阻、磁导、热电和介电常数等的准确数据。20世纪初，那位提出绝对零度不可能达到但却可以无限趋近的热力学第三定律的科学家能斯特，就提出过一种猜测：在趋近于绝对零度的过程中，随着温度的不断降低，像铂这样的金属，如果不含杂质的话，其电阻应逐渐地变小，并在绝对零度时消失。其实，在当时也还有与能斯特的猜想相反的理论，这种理论认为，在绝对零度时，导体中的自由电子将会被“冻结”在原子上，不能再传导电流，此时导体将不会再导电，其电阻将变为无穷大。

科学研究的一个特点是，在科学家们最先提出各种理论时，这些理论其实还不能称为严格的理论，而只能被看做是假说，只有当假说被实验所验证后，假说才能上升为理论。对同一件事，有不同的甚至彼此互相矛盾的假说存在时，实验的结论就尤为重要，因为它决定哪种假说被证实，从而上升为理论；同时也决定哪种假说被否定，从而被放弃。关于金属的电阻在低温下随温度的变化问题，就是这样一种典型的情况。

杜瓦发现铂的电阻随着温度的下降而下降，但下降的速度又比预期的更慢些。这既与能斯特的猜测不相符合，也没有为对立的理论提供过硬的证据。形势仍不明朗。

除了液化气体之外，金属电阻的研究也是卡末林－昂内斯的一个重要的研究领域。在杜瓦之后，卡末林－昂内斯继续进行着低温下金属电阻测量的研究。与杜瓦不同的是，他在自己的实验室中成功地液化了氦气，使自己拥有了比杜瓦更低的低温条件这一优势。最初，他倾向于接受随着温度的降低，金属的电阻在经过一个极小值之后，会由于电子凝聚在原子上而使金属的电阻变为无穷大的假说，并把这种假说作为多年来在莱顿实验室中研究金属电阻的准则。在每次随着新的气体的液化及其他如减压降温等手段得到更低的温度时，卡末林－昂内斯都尽快地在新的温度区域测量各种金屑的电阻。在液化了氢气之后，他曾测量了金、汞、银、铋、铅和铂等的电阻,发现纯度是一个很重要的因素:不同纯度的金属在低温下电阻的变化也不相同,金属越纯,随着温度的降低其电阻就变得越小。在已经做过的测量中,金和铂的电阻尤其小。因此,在获得了液氦两年多之后,他在液氦的温度下测量金和铂的电阻时发现:在4.3K以下,铂的电阻既不是趋向于在绝对零度下消失,也不是在经过一个极小值后再增加,而是保持一个不变的常数。由此,他觉得必须放弃以前认为电阻在绝对零度变为无穷大的观点,至于实验中发现的在很低的温度下金属电阻以不变的常数来呈现的现象,他认为是由于金属中的杂质所引起的。如果有绝对纯的铂,那么,在氦的沸点,其电阻就可能会消失。

卡末林-昂内斯在提出了自己的猜想之后,开始安排实验来验证这一假说。问题就在于要选择一种更纯的金属来进行测量。卡末林-昂内斯选择了汞——也就是我们通常说的水银。因为汞这种金属在室温下是液态,可以用连续蒸馏法获得很高的纯度,比其他的金属更容易提纯。当然,在液氦温度这样的低温下,汞早已经是固态了。

1911年初,卡末林-昂内斯设计好了实验,让一位叫霍耳斯特的学生助手在液氦温度下对冻结的汞柱进行电阻测量,并将这一系列的测量结果在1911年以连续三篇的论文进行报道和讨论。现在我们重温这三篇论文,可以看出卡末林-昂内斯对有关发现的一个逐步的认识过程。一开始,他只注意到很纯的汞的电阻在液氦温度下确实为零。当然,这并不令人惊异,因为这似乎证实了卡末林-昂内斯以前的观点,即纯汞的电阻会在绝对零度时(实际上并不是在绝对零度,而是在液氦温度4.2K左右)变为零值。其实,在事后的回顾中,我们可以说,这实际上是人们第一次看到了超导现象,只不过当时没有明确的认识而已。

随后,卡末林-昂内斯很快就又注意到,当进一步降低温度,在3K的温度时,汞的电阻降低到3×10^{-6}欧以下,也就是说,大约是汞在0℃(大约273K)时电阻值的$1/10^7$。而且,更引人注目的是,在4.3K~3K之间,汞的电阻的变化要比他以前所设想的快得多。着眼于这一线索,在1911年年底的第三篇题为《论汞电阻消失速度的突变》的论文中，基于最新的实验测量结果，卡末林-昂内斯得出了在液氦温区汞的电阻随温度而变化的完整曲线（也就是我们现在所说的超导转变曲线）。从这一曲线中，我们可以清楚地看到，汞的电阻在氢的熔点和氦的沸点之间先是逐渐减小，而在从4.21K到4.19K这一窄小的区间则减小得极快，并在4.19K完全消失。这也就是说，随着温度的降低，汞的电阻并不是以逐渐连续减小的方式变为零，而是以突变的方式在4.21K到4.19K之间突然变为零。这种变化方式是完全出人预料的。据说，因为当时汞的电阻是通过测量汞柱两端的电压得到的，而由于汞的电阻是突然变为零的，反映在被测量的电压上，电压也是突然地降到零，以至于实验人员一时竟认为是实验装置出现了短路，直到反复验证后才确信这种突然的变化是真实的实验结果。而卡末林-昂内斯对此还是有所怀疑，直到自己又将这个实验重复多次后才确信。

在随后的1912年，卡末林-昂内斯没有再发表新的论文，但有关的实验研究仍在紧锣密鼓中进行着。这一年的年底，他发现经过超导体的电流越大，超导的临界转变点（也就是其电阻突然变为零的温度）就越低。而且，除了汞之外，金属铅和锡在低温下也有着同样的电阻突然消失的性质，而且其电阻突然消失的方式与汞是一样的。

1913年，卡末林-昂内斯在他的论文中，首次使用了“超导电性”这一术语。但在最初，这个词的使用只是作为一种简洁的表述方式而已，因为就连卡末林-昂内斯本人，此时对究竟什么是超导，认识也还不是很清楚的。当时他更倾向于把超导电性看做是正常导电机制的一种极端情况，而没有马上认识到超导电性与正常导电在本质上的不同。这种情况在科学研究中也是常见的。因为在一般的情况下，人们往往不愿接受某些“反常”的概念，总是力图要把新的发现纳入到已经建立的理论体系中。对于这一“革命性”的发现，还需要逐渐加深。

尽管如此，新的研究还在继续。我们知道，在生产和科学研究中，人们往往需要利用很强的磁场。用普通材料制成的线圈来产生强磁场时，由于普通导体有电阻，在通过较大的电流时，线圈中会产生大量的热量，这是一个在技术上难以解决的问题。超导电性发现之后，在1913年，卡末林－昂内斯想到，如果利用超导体来制作线圈，因为超导体没有电阻，通电时就不会产生热量。1914年，他把这一想法付诸实验，用铅和锡制成了世界上最早的超导磁体，但实验的结果却使人失望。直到几十年后，当科学家们发现了本书谈到的“第二类超导体”以后，卡末林－昂内斯的这一梦想才由他的继承者们实现。

当我们说到超导体时，顾名思义，是指在特定的温度下电阻为零的特殊导体。在物理学的实验中，测量出某一物理量是如何大也许还好办，而要确定某一物理量为零，却并不是一件容易的事。因为实验总是有一定的精确度限制的，不可能测出电阻的绝对零值。例如，当你用一个精度误差为1欧的仪器去测量某种物质的电阻，如果仪器的读数为0，你只能说此物质的电阻不会大于1欧，而不能肯定地说它的电阻是小于1欧的哪个数值。当卡末林－昂内斯讲超导体的电阻为零时，他也遇到了这一问题。为了解决这个问题，卡末林－昂内斯又设计了一个十分巧妙的实验方案。

卡末林－昂内斯用铅线制作出一个闭合的线圈，先把它放在磁场中，再降低温度，当温度降低到一定程度，使铅线圈进入超导态之后，再把外磁场撤掉。此时，由于电磁感应，在这个闭合的线圈中就会激发出感应电流。如果线圈有电阻的话，那么，这个感应电流便会逐渐衰减，电阻越大，感应电流衰减得也就越快。卡末林－昂内斯想要观察的，就是这个感应电流衰减的情况。结果，在他当时的实验中，在用来制冷的液氦完全蒸发掉的两个多小时中，他没有观察到这个电流的衰减。由此，通过计算，他得出结论：该线圈在超导态如果存在电阻的话，这个电阻的值也不会超过该线圈在正常态0℃（273K左右）时的电阻值的$2\times10^{-11}\sim3\times10^{-11}$倍。后来，利用这种思路，实验的精度不断得到提高。现在人们知道，超导体的电阻率的上限要远小于1×10^{-27}欧·米，而在0℃，我们日常生活中常用的良导体铜的电阻率为1.6×10^{-8}欧·米。通过这种比较，我们说超导体的电阻为零，看来是不会有什么问题的。

正当卡末林－昂内斯领导下的莱顿实验室在超导研究方面不断取得重要进展的时候，第一次世界大战爆发了。1914—1922 年，这个实验室再没有发表过一篇关于超导研究的新论文。

幸运的是，在战争爆发之前的 1913 年，卡末林－昂内斯由于对低温下物质性质的研究，特别是液氦的制备，获得了该年度的诺贝尔物理学奖。卡末林－昂内斯是获得诺贝尔物理学奖的第一位低温物理学家。

迈斯纳的贡献

自从卡末林－昂内斯发现了超导电性之后，在很长的一段时间内，人们一直把电阻为零看做是超导体最基本的性质，把超导体作为一种理想导体来看待。这几乎成了一种“迷信”。

所谓理想导体，就是说，它的其他性质都和正常导体一样，所不同的只是电阻为零而已。到超导电性发现时，科学家们关于正常导体的电磁性质的研究已经相当成熟，根据成熟的电磁理论，人们很容易推导出电阻为零的导体的磁性质。

为了说明问题，我们先在头脑中作一个理想化的假定：超导体仅仅是电阻为零的一种理想导体，在其他方面均与正常导体相同。

利用已知的电磁理论，很显然，在理想导体中，电流是用不着外电场来推动就可以永不停息地流动下去的，而且，在理想导体的内部，甚至根本就不应该存在电场。设想一下，假如在理想导体中存在电场，那么，这个电场就会不断地推动电子，推动的结果是使这些电子的流动不断加速，但因为理想导体的电阻是零，其中电子的流动不受任何阻力，所以最终的结果将是电子的流速越来越快，直至趋向于无穷大，这也就是说，通过理想导体的电流将趋向于无穷大。显然，这种情况不会发生，当然在实验时也从未被观察到过，因而，只有一种可能，在理想导体中肯定不存在电场。

根据著名的法拉第电磁感应定律，随时间变化的磁场将在导体中产生感应电流。在普通导体中，电流是靠电场来推动的，这也就是说，在正常导体中，随时间变化的磁场是由于在导体的周围产生了某种电场，而电场又推动电子，才产生了感应电流。但从前面的推理中可知，在理想导体中肯定没有电场存在，综合这些条件，我们就会得出一个有趣的推论：在理想导体内部，不可能有随时间变化的磁场，或者说，在理想导体内部的磁通量不可能发生改变。

那么，超导体是不是理想导体呢？让我们从迈斯纳谈起。

迈斯纳（W. Meissner）是一位德国物理学家，1882 年出生于柏林，是少数几位在量子物理学的创始人、著名德国科学家普朗克那里获得博士学位的学生之一。他在低温研究领域中也以先驱者而著称，他最喜欢、也最有成绩的是低于 20K 的低温领域的工作。比卡末林－昂内斯要晚不少，迈斯纳的低温研究始于 1913 年。当时，在德国的帝国物理－技术研究所建造了一套液化氢气的装置。1922—1925 年，那里又建造了一套液化氦气的装置。除了在荷兰的莱顿和加拿大的多伦多之外，这是世界上建造的第三套液化氦气的装置。1925—1928 年，这里又新建了低温物理实验室。在第一次世界大战后到第二次世界大战前的这段时间里，迈斯纳的实验室是关于超导电性研究成果最多的实验室。

在液氦设备已经商业化了的今天，人们很难想象当年利用液氦进行实验是多么复杂和困难。迈斯纳由于受过机械工程学和物理学的双重教育，因而拥有解决这一困难的优越条件。

迈斯纳先是发现了钽、钍、钛和铌的超导电性，这些发现对于今天制造超导强磁体是非常重要的。后来，他又在一些硫化物、氮化物、碳化物和硅化物中发现了超导电性，其中有些化合物的超导临界转变温度高达 10K。迈斯纳和他的同事们还证实了元素周期表上的 N 族和 V 族中的许多过渡金属都有超导电性。从这里，我们看到材料科学的研究对超导体发现的重要影响。

然而，迈斯纳对于超导物理学最重要的贡献，还是他对于超导体的磁性质的研究。我们刚刚说过，当时认为超导体是一种理想导体，相应地，认为在外磁场中使其进入超导态后，再撤掉外磁场，只要超导体仍处在超导态，磁场就会“冻结”在超导体内。这几乎成了一种迷信。不过到了1933年左右，也就是发现超导电性20多年后，莱顿实验室的一些科学家已经开始怀疑这种迷信了，就在他们准备用实验来检验时，德国的迈斯纳已经领先了一步。

最初，迈斯纳从前人的工作中注意到，在有磁场时，超导体的转变有一种滞后的现象，这种现象使他觉得此时的超导体的磁导率有可能发生了变化。为了检验这一猜测，他和同事奥森费耳德（R. Ochsenield）一起做了实验，并于1933年10月发表了实验的结果。这篇论文不长，只有一页的篇幅，但却是超导物理学史上划时代的文献。他们得出了与以往的习惯看法截然相反的惊人结果：在超导体进入超导态后，超导体会把磁感线排斥出体外，从而使超导体内的磁感应强度永远保持为零。超导体在外磁场中的这种特殊的磁性质，表明它更相当于理想抗磁体。超导体从被看成是一种理想导体，到被看成是一种理想抗磁体，这种观念的转变，是科学家们对于超导体的本质性认识的转变。因为迈斯纳和他的同事最先发现了超导体在外磁场中把磁感线排斥出体外，使其体内始终保持磁感应强度为零的效应，后来，人们就把超导体的这种完全抗磁性称为“迈斯纳效应”。

近年来，当超导研究成为热门之后，人们在媒体上以及学生们在课堂上，经常可以看到这样一个非常有趣而又简单的超导演示实验：把一块磁铁放在一个由超导体制成的盘子中，当超导体进入超导态时，由于超导体的完全抗磁性，磁铁的磁感线会完全被排斥在超导体之外，结果在超导体和磁铁之间产生了足够大的排斥力，与使磁铁下落的重力相平衡，磁铁就会悬浮起来。这种情况就像是在超导盘子下方有一块相同的镜像磁铁存在一样。根据这种原理，可以利用超导体做成无摩擦轴承、高精度的导航用超导陀螺仪等。当近年来新的高温超导体发现后，由于只用可以很方便地得到的液氮就可以实现超导，所以这种超导现象的演示变得非常容易，甚至于可以在课堂上进行。

至此，人们已经认识了超导体的两个最基本的性质：零电阻效应和完全抗磁性（即“迈斯纳效应”）。当然，超导体还有其他的一些重要性质，但对超导体的这两个最基本性质的认识，已经使人们有可能应用某些理论来初步地解释超导现象了。

杜瓦、卡末林–昂内斯和迈斯纳的比较

从发现超导电性到人们认识“迈斯纳效应”，前后长达20多年。当我们回顾这段历史时，对于科学家们的研究风格、研究方法，似乎也可以尝试着作些讨论。

首先，可以比较一下杜瓦和卡末林–昂内斯。他们两人同处于一个时代，工作的内容也大致相同，然而，在液化氦气的竞争中，却由先是处于落后地位的卡末林–昂内斯最后赢得了胜利，并最先发现了超导电性。从我们在前面的叙述中可以看出，卡末林–昂内斯及早地认识到了在液化气体方面大科学的工作方式所具有的优越性，有远见地把自己的实验室建成了一座颇具现代规模的实验室，这是他取得成功的一个决定性因素。此外，他非常善于使用助手这个因素也不可忽略。在他的科学生涯中，有两个重要的人物的名字应该提到，一个叫弗利姆，是实验室的总技师，实际上，正是他负责建造了第一台氦液化器，他还协助了导致超导电性发现的工作；另一个叫开色林，他是卡末林–昂内斯请到的最好的玻璃吹制工。卡末林–昂内斯自己在发表的论文中也经常表达对他们两人的感谢。当然，还有直接负责实验测量、最先发现实验样品电阻消失的助手霍耳斯特。卡末林–昂内斯的成功离不开这些人的贡献。相比之下，杜瓦与同事和助手的关

系却经常搞得很僵。他与当时研究稀有气体的权威拉姆奇闹翻之后，不能得到拉姆奇的帮助来得到纯氦，也是他失败的原因之一。

一步赶不上，步步赶不上。在失去了最先液化氦气的机会之后，杜瓦也失去了最先发现超导电性的机会。我们知道，无论是卡末林-昂内斯还是杜瓦，都不是以液化气体为唯一目的，他们同时也都在研究低温下物质的特殊性质。对于低温下金属电阻的测量研究工作杜瓦也做过，在他测量过的材料中，有几种后来知道就是超导体，但他由于没有液氦，无法达到足够低的温度，因而失去了发现超导电性的机会。

在卡末林-昂内斯的领导下，莱顿实验室将大门向全世界愿意从事低温工作的科学家敞开。莱顿实验室所提供的周到便利的条件，使这个实验室在20多年的时间中，一直在低温研究中独占鳌头。

其次，比较一下卡末林-昂内斯和迈斯纳的研究也是很有意思的。卡末林-昂内斯强调测量对于科学研究的重要性，使得莱顿实验室的研究取得了重要的进展。不过，除了零电阻效应之外，在超导体的另一基本性质——完全抗磁性的发现上，有人曾谈到，在莱顿实验室人们有时也许没有完全遵守卡末林-昂内斯关于“知识来自测量”的格言。从另一方面来说，任何事情都要有一定的限度。在科学研究中，人们当然要去测量，而且是准确地进行测量，但观察也是同样重要的。在知道一种新的性质、新的现象之前，人们无法知道要测量的新内容是什么。在发现新现象方面，迈斯纳或许更为敏感，因而最先认识了超导体的完全抗磁性。

总而言之，在这段时间对于液化气体和发现超导现象的研究中，有许多经验值得我们认真的思考和借鉴。

开索姆的实验

在前面，我们已经介绍了超导电性的发现。对于科学家们来说，在实验中发现奇异现象，这仅仅是研究工作的开始。要真正对所发现的奇异现象有所理解，甚至于有效地应用和作出新的预见，还必须要把认识提高到理论的高度。超导研究中情况也是如此，物理学家们一直试图用各种物理理论来说明超导现象。不过，任何一种科学的理论与已经存在的理论总是密切关联的。在科学理论中，有些是非常基础性的，它们的应用范围非常广，例如，热力学、电动力学、量子力学等。当然，随着新的现象的发现，有可能会给某些基础性的理论带来深刻的变革，甚至发展出全新的理论；但在更多的情况下，科学家们是将已有的基础性的理论应用到具体的问题上，并就具体的问题发展出另一层次的理论。关于超导的理论研究，基本上就是属于后一种情况。

超导现象的发现者卡末林－昂内斯于1926年2月21日在荷兰的莱顿去世，他的去世使低温物理学失去了一位杰出的研究者。

早在1900年，一位叫开索姆（W. H. Keesom）的荷兰物理学家就来到莱顿实验室，成为卡末林－昂内斯的得力助手。1904年，开索姆毕业于阿姆斯特丹大学，获得了博士学位，他也曾在著名物理学家范德瓦耳斯手下学习物理学。1923年，开索姆又回到了莱顿。就在这一年，正好卡末林－昂内斯退休，于是开索姆成为他在莱顿的继任者之一，并继续从事卡末林－昂内斯未竟的研究。1926年，正是开索姆采用加压同时降温的办法，首次实现了氦的固化这一卡末林－昂内斯生前一直追求而没有达到的目标。

早在1924年前后，开索姆就最先尝试把热力学的理论应用于超导体，并得出了一些初步的结果，例如，超导态与正常态的熵差与临界场导数的关系等。但是，这一步迈得有些过于超前了，因为当时人们普遍地把超导现象看做是一种不可逆的现象，而开索姆应用的却是可逆的热力学理论，对此，人们持怀疑态度是很自然的，所以他的这项理论研究虽然发表了，但在很长的时间中一直没有引起更多人的注意。

除了理论研究之外，开索姆似乎更擅长于实验。从20世纪30年代初开始，开索姆的一系列实验研究为超导理论的发展奠定了基础。他先是在液氦比热容的测量中，发现大约在2.19K的地方，液氦的比热容出现一种跃变。由于数据曲线的形状与希腊字母λ很相似，他把这一特殊的点命名为λ点。现在我们更准确地知道，液氦比热容出现跃变的λ点是在2.17K处。又过了几年，在1938年，其他几位科学家又同时而且独立发现，在λ点以下，液氦也具有某种超流动性，这种超流动性是一种与超导电性很相似的奇特现象。

在注意到液氦比热容中有跃变的同时，开索姆也研究了超导体的比热容问题。在1931年，他和同事一起发现，在3.7K附近，锡的比热容曲线上也有一个突然的变化，而且这个温度与锡变成超导态的温度一致，这表明锡的比热容的突变和超导现象之间存在着联系。

根据液氦和超导体在比热容上的不连续性，1933年，荷兰物理学家埃伦菲斯特首次提出了热力学中二级相变的概念。紧接着，埃伦菲斯特的一位叫拉特格斯的学生，就把老师刚刚提出的二级相变理论应用于超导体，找出了在超导转变点比热容的跃变和临界磁场温度导数的联系。开索姆等人进一步的测量表明，这一理论的计算值与实验的数据相当吻合。虽然拉特格斯的工作并不完整，但这种吻合却暗示着把热力学理论应用于超导体是大有希望的。

还应该提到，在20世纪20年代初就有人猜测，当超导体进入超导态后，其晶体的结构可能会发生某种变化。X射线研究是开索姆所擅长的拿手好戏，他利用这一优势，用X射线对铅这种金属在正常温度下和超导温度下进行研究，结果发现，不论是在正常态还是在超导态，铅的晶格结构都是一样的。这一结果，对于人们后来发展超导理论，具有重要的提示作用。

戈特和卡西米尔的"二流体"模型

这里，先介绍两位荷兰物理学家。

一位名叫戈特(C.J. Gorter)。从 1924 年起,他在莱顿大学学习数学和物理学,1927 年又成为莱顿大学卡末林–昂内斯实验室的研究生,导师是埃伦菲斯特。戈特以关于顺磁性研究的论文在 1931 年获得博士学位。研究生毕业后,戈特来到位于莱顿以北大约 32 千米处的泰勒基金会的福克实验室工作。虽然在莱顿当研究生时,戈特是在顺磁性小组工作,但他也很注意超导领域的发展,并积极地参加有关超导的讨论。由于在莱顿的实验室,不能干预别人的工作是一条不成文的规矩,所以只是到了福克实验室后,他才开始了对超导问题的独立研究。到 40 年代中期,戈特又回到莱顿的实验室,不过,这次他是去接替开索姆,成为该实验室的主任,并且长时间地担任这一职务,直到 1973 年退休。

另一位名叫卡西米尔(H. B. G. Casimir)。他也曾在莱顿大学学习物理学,只是比戈特稍晚一些,其导师也是埃伦菲斯特。1936 年,他被任命为莱顿实验室的高级助手,后来又成为莱顿大学的教授。从 40 年代中期开始,他到菲利浦公司的一个实验室工作,直到 1972 年退休。

前面曾讲到,拉特格斯的工作暗示着把热力学这种普遍的物理理论应用于超导体的可能性。但在当时,由于超导体的完全抗磁性还没有被发现,占主导地位的观点,仍是把超导体视为理想导体。从理想导体的观点来看,从超导态向正常态的转变将是一个不可逆过程。这使人们本能地对于把可逆的热力学原理应用于超导体持怀疑态度。尽管如此,拉特格斯的工作还是引起了戈特的注意。当拉特格斯公式提出时,戈特正在莱顿实验室当研究生,受到拉特格斯这一工作的启发,他更加详细地考虑了把热力学原理应用于超导体的问题。为了回避可逆与否的问题,他将自己局限于磁感应强度为零时的超导态,应用一般的热力学理论讨论了超导相变。他指出,尽管超导似乎是一种不可逆的现象,但拉特格斯公式与应用热力学第二定律于超导体是等价的。他甚至建议拉特格斯与他合作,但拉特格斯却认为时机尚不成熟,谢绝了戈特的邀请。

几个月后,超导体的完全抗磁性被发现了。当时,由于在迈斯纳等人的实验结果中还掺杂了一些非理想的复杂情况，所以，迈斯纳和合作者在发表研究成果时，还没有很明确地提出在超导体内磁感应强度为零是普遍的情况。但戈特由于早有思想准备，他以极快的速度，几周后就在《自然》杂志上发表论文指出，在超导态，超导体内部磁感应强度可能永远保持为零，并认为迈斯纳等人的工作澄清了以前在他的热力学处理中悬而未决的问题，“因为磁感应强度不等于零的超导态确实不存在，所以在热力学处理中要求磁感应强度为零的条件具有普遍性”。

实验为理论奠定了坚实的基础，1934年，戈特又与卡西米尔合作，更为详细地讨论超导体的热力学处理。其实，早在超导体的完全抗磁性被发现之前，对超导体的热力学处理的主要内容就已经由戈特完成了。

但是，超导体的热力学理论的发展还没有就此完结。在此基础上的进一步发展，是戈特和卡西米尔提出的“二流体”模型。要想谈清楚这个理论模型，我们还须介绍一点有关的历史背景。

为了说明超导体为什么能够无电阻地输送电流，1932年，曾有一位叫克罗尼希的物理学家提出一种假说，他认为：在绝对零度，超导体内存在一种由电子构成的像晶体中的晶格点阵那样的“格子”，而且这种格子是有一定刚性的，它与超导体本身的晶格彼此独立地存在，在稍高于绝对零度时，也能在一定程度上保持其刚性。这一假说提出后，很快就受到一些物理学家的批评，他们认为其物理图像是不可能存在的。于是，1933年，克罗尼希又把他的假说作了些修改，把原来的三维电子“格子”修改成一维的“电子链”，认为正是这种电子链无阻力地传导了超导电流。在此假说中，可以这样来说明从正常态向超导态和从超导态向正常态的转变：当温度降到超导转变温度之下时，电子链形成，于是出现超导电流；而当温度升高到超导转变温度之上时，由于电子的热运动，电子链被熔化，于是超导电流不再出现，这也就是说，超导转变温度就是电子链的“熔点”。

克罗尼希的假说是存在许多问题的，然而，正是受到这一假说的启发，并在以前热力学超导理论的基础上，戈特和卡西米尔提出了另一种至今仍经常被人们作为简化的超导图像而谈论的“二流体”模型。

首先，戈特和卡西米尔从热力学理论出发，计算了正常相和超导相之间的熵差，结果发现，在超导相，电子的熵几乎为零，而在正常相，电子的熵则正比于温度。这表明，超导相是一个比正常相更为有序的相。由此出发，戈特和卡西米尔设想，超导相实际上是一个两相的系统，其中，有一部分电子被“凝聚”到一个更有序的“晶相”，另一部分电子则处于较无序的“气相”。随着温度进一步降低，“凝聚”到“晶相”的电子越来越多，相应地，处于“气相”的电子越来越少，到绝对零度时，所有的电子都处于有序的“晶相”，这些电子对应于无电阻电流的超导电子，而处于“气相”的正常电子，如果流动的话，则会遇到阻力。

在戈特和卡西米尔最初提出“二流体”模型时，使用了“晶相”和“气相”这样的说法，表明他们设想的有序或无序是在普通空间中的。为了说明这点，我们不妨以水为例来设想。在气相，也就是水蒸气的状态下，每一个水分子都在剧烈地运动，是一种杂乱无章的图景，这当然是非常无序的。当温度降低，水蒸气凝结成液体的水时，水分子的运动就不像在水蒸气中那么剧烈了，在一定的时间间隔中，如果我们注意一个非常小的区域，就会发现在此区域中，水分子的排列似有某种秩序，当然，这只是暂时的，水分子仍在不停地运动中。如果温度进一步降低，液体的水变成固体的冰以后，水分子就变得很有序了，它们很有规则地排列成晶格点阵，最多只能在一个固定的位置附近作些微小的热振动而已。因此，水在从“气相”到“晶相”的转变中，水分子也在普通空间中从无序变为有序。

有序与无序是物理学中的重要概念，但这种概念并不只限于普通空间。我们如果把目光从微观世界转向宏观世界，可以再作这样一种类比：训练有素的仪仗队中，队员们站成横平竖直的方阵，这时，仪仗队的队员们在普通的空间中，位置（也就是在空间坐标上）是非常有秩序的；在公路上，有许多在同一方向上行驶的汽车，它们在空间的位置上，也许不是那么整齐，但可能它们都在以同样的速度行驶。如果我们把空间的概念扩充一下，把空间位置的坐标用速度来代替的话，我们就可以说，在这种速度的空间中，这些汽车也是很有序的。

在超导理论中也是一样。随着认识的深入，人们知道，原来超导电子的“有序”，实际上并不是普通空间中的有序，而是速度空间中的有序。当超导体进入超导态后，一部分电子虽然在空间位置上仍杂乱无章，但却在速度空间中有一种更有序的相。

至此，善于思考的读者可能会提出这样的问题：在超导态，只要不是在绝对零度（这人们永远也不会达到），超导体中不是总有一部分正常相的电子吗？它们为什么不产生有电阻的电流呢？

这个问题并不难回答。只要我们想想前面的分析，在超导态，在直流电的情况下，实际上，全部的电流都是由超导电子输送的。因为超导体中的电场强度必须是零。否则，电场不断地加速电子，电流将随时间变成无穷大，这当然是不可能的。超导电流是一种稳定不变的电流，它根本不需要电场来推动。而正常电子如果在超导体中运动，它们要受到阻力，没有电场的推动就无法前进。但超导体中既然电场强度总是为零，正常电子不会被推动，所以如果有电流的话，也只能是由超导电子构成的超导电流。

戈特和卡西米尔提出的超导热力学理论和“二流体”模型，是初步成功的超导理论，它们能够说明超导体的一些重要性质，如超导体的热性质和临界磁场随温度变化的性质等，同时，也为未来超导理论的发展奠定了重要的基础。要想详细地描述超导体的电磁性质，戈特和卡西米尔的理论还无能为力，必须借助于电动力学的方法。

伦敦兄弟的见解

早在19世纪初，英国物理学家法拉第和法国物理学家安培对电磁现象就进行了很细致的系统研究，法拉第发现了电磁感应定律，提出了“磁感线（他当时用的名称是‘力线’）”和“场”等重要的物理概念。在这些工作的基础上，另一位英国物理学家麦克斯韦（J. C.Maxwell）在1864年发表了一篇划时代的论文，把全部的电磁现象都归纳在一组方程式中，这就是麦克斯韦方程组。从这组方程出发，人们可以对各种电磁现象进行准确的计算和详细的说明。我们把麦克斯韦的这种理论，称为电动力学。不过，仅靠麦克斯韦的理论是不能说明超导现象的，因为它只适用于正常导体。这也并不奇怪，在麦克斯韦时代，人们还不知道有超导这回事呢！

在超导体的完全抗磁性发现之前，科学家们就已经开始尝试着用电动力学的方法来处理超导问题了。例如，1932—1933年，著名物理学家泡利（W. Pauli）就首先提出；在超导体内电场会产生无穷大的电流是不合理的，人们应该考虑电子的惯性，考虑电子在电场中被加速的过程。他第一次提出了电子的“加速方程”。但当时没有人马上接受这一挑战。

很快，迈斯纳等人发现了超导体的完全抗磁性。这使人们认识到，超导体并不是理想导体，因而需要一种新的电动力学理论来解释超导现象。这一任务，是由物理学家伦敦兄弟完成的。

在这兄弟两人中，哥哥弗里茨·伦敦（F. London）于1900年出生，在上大学时，他学习的是哲学，他的博士论文就是关于哲学认识论的。后来，他又去学习物理学，在他作为理论物理学家的一生中，自始至终地贯穿着一种哲学的倾向：不断地追求普遍的原理，并且深入地研究课题的逻辑基础。弟弟海因茨·伦敦（H. London）比他的兄长小7岁，是一位实验物理学家，但对物理学理论也经常涉足。伦敦兄弟出生于德国的犹太人家庭，1933年，在德国纳粹法西斯疯狂地迫害生活在德国的犹太人、推行种族主义政策时，他们不得不逃离德国，来到英国的牛津。此时，正好传来迈斯纳等人发现超导体的完全抗磁性的消息，伦敦兄弟一起合作，开始研究超导体的电动力学理论这一难题。

其实，在稍早一些时候，弟弟海因茨·伦敦就已经在工作中接触到了超导的问题，并独立于戈特和卡西米尔也提出了超导体的热力学理论和“二流体”模型。基于“二流体”模型中认为超导体中存在超导电子的假定，再加上新近知道的超导体的完全抗磁性，他们兄弟两人经过一年多的努力，在1935年，发表文章提出了适用于超导体的两个新的方程，其中一个是电子的加速方程，另一个独立的方程则可以描述超导体的完全抗磁性。把这两个关于超导体的电磁性质的特殊方程与麦克斯韦方程组结合起来，就解释了超导体的各种主要的电磁现象（当然包括零电阻效应）。这两个关于超导体的电磁性质的方程被人们称为“伦敦方程”。

对于一个非常成熟的物理学理论来说，仅仅解释了已知的现象还不够，还应该能够预言一些未知的现象。关于超导体的电磁性质的伦敦理论就做到了这一点。这个理论预言，在超导态，处于外磁场中的超导体内部并不是完全没有磁场。实际上，外磁场可以穿透到超导体表面很薄的一层内，电流和磁场将只存在于超导体表面层大约10^{-7}米的厚度中，而在再深一些的超导体的内部，磁感应强度倒是永远为零。事实上，在直流电的情况下，超导体内没有电场，电流的分布是由外磁场决定的，而且电流的分布恰恰使得超导体内部磁感应强度保持为零。

伦敦理论中关于超导体中存在很薄的磁场穿透层的预言是人们以前没有想到的，但由于超导体的这个穿透层是如此之薄，要从实验上来证实可不那么容易。一种可能的办法，是制造尺寸很小的超导体来进行测量，这也是很难的。直到1937年，才由一位美国留学生庞修斯在牛津利用他自己制得的细铅丝间接地证明了超导体中磁场穿透层的存在。至于直接的证据，则要到1939年，才由英国物理学家休恩伯格利用汞的胶体颗粒的测量在实验中得到，从而验证了伦敦兄弟关于超导体中存在磁场穿透层的预言。这些实验，构成了对伦敦理论的有力支持。

什么是唯象理论

前面讲到的超导热力学理论、"二流体"模型以及伦敦兄弟的超导电动力学理论，在物理学中通常被称做"唯象理论"。什么是唯象理论呢？原来，物理学中的理论可分为两大类：一类是从第一性的基本原理（如量子力学等）出发，直接推导出研究对象的许多具体的性质的；另一类则是预先作了一些工作假定，在这些假定的基础上，再结合其他基本理论来说明某些物理现象的，这后一种理论就是唯象理论。

我们可以分析一下。在"二流体"模型中，预先假定了存在两类电子流体，其中一类是超导电子，另一类是正常电子。至于超导电子为什么会存在，则没有深究下去。但只要假定了在超导体中有这两类电子存在，"二流体"模型就可以说明超导体的一些奇特的性质。在超导电动力学理论中也是一样。因为人们已经知道存在包括零电阻和完全抗磁性在内的超导现象，所以伦敦兄弟假定了可以描述这一现象的新的电磁方程。这些方程是对普通电磁学方程的限定，是一种附加条件，而且根据它们推论出来的超导体的性能与实验的观测一致。

除了前面提到的超导唯象理论之外，也还有其他一些重要的超导唯象理论，如在20世纪50年代提出的皮帕德非局域理论和京茨堡–朗道理论。对于这两个超导唯象理论，我们将在后面介绍。

20世纪30年代是超导唯象理论发展的黄金时代。当时，超导微观理论发展的时机尚不成熟，而作为认识自然的第一步，发展唯象理论也是必要的。例如，提出"二流体"模型的戈特和卡西米尔当时就曾在其文章中讲到："因为从电子理论探讨超导电性看来还有很大困难，在没有完整的电子理论的情况下，试图用唯象的方法来解决这一问题，决不是全然无用的。人们期望，在理论上的探索没有得到令人满意的结果之前，用这种方法可以提高认识,也许还可以在解决问题的方向上得到启发。”

我们将会看到,超导理论后来的发展历史充分证明了戈特和卡西米尔这段话的正确性。

弗烈里希的预言

超导唯象理论仅仅是人们认识超导电性的第一步。有了比较成功的超导唯象理论之后,人们自然要更加深入一步,去探索超导现象的本质,也就是说,要了解超导现象在微观上的机制,试图从第一性的原理出发,从根本上来解释这一奇特的现象。量子力学建立之前,人们不可能提出成功的超导微观理论;超导体的完全抗磁性被发现之前,由于对超导认识得不全面,人们也不可能提出正确的微观理论。尽管如此,科学家们还是很早就开始了这方面的探索。

金属能够导电,这是一个人们熟知的事实。但要从微观上解释这样一种早已知道的事实,却不是一件容易的事。这离不开量子力学这种揭开微观世界奥秘的物理理论。20 世纪 20 年代,量子力学建立起来之后,物理学家们很快就成功地运用这一理论,提出了解释正常金属导电的微观理论。

1928 年,一位曾开玩笑地提出任何超导理论都可以被驳倒的物理学家布洛赫,根据量子力学,在自由电子模型的基础上,成功地发展了正常导体导电的微观理论,即所谓的自由电子模型,就是假定在正常导体中,电子是自由运动的,它们不受其他电子和晶格点阵等的影响。忽略电子与电子以及电子与晶格等的相互作用,这当然是一种近似的说法,但基于这一假定的理论却可以很好地说明正常导体导电的现象。由此,科学家们很自然地会想到,既然超导体不同于正常导体,那么,导致超导现象发生的根本原因,一定是在自由电子模型中被人们忽略了的某种“相互作用”。在固体中,“相互作用”的种类是很多的,如电子的自旋、电子和电子以及电子和晶格点阵之间的相互作用等。因此，要找出真正起作用的“相互作用”，还有大量的工作要做。

从20世纪30年代起，这样的工作就已经开始了。值得一提的是，在1948年，我国一位当时在德国留学的物理学家程开甲，曾和对量子力学的发展有重要贡献的物理学家玻恩合作，提出了一种基于库仑相互作用的超导理论，在当时曾有一定的影响。这也是中国科学家首次在超导领域中做出的较有影响的工作。不过，这个理论后来没有被大多数物理学家所接受。程开甲先生于1993年，在国内又出版了一本名为《超导机理》的专著，进一步发展和论述了他原来的理论。当然，这仍是有争议的。

许多类似的尝试都失败了，直到1950年，一线曙光终于出现。这一年，一位名叫弗烈里希(H. Fröhlich)的英国物理学家在研究超导机制上迈出了关键性的一步。

其实，弗烈里希出生于德国，曾在著名物理学家索末菲的指导下学习，从慕尼黑大学毕业后，在德国的一所大学中担任教师。他的经历与伦敦兄弟非常相似，他于1933年被希特勒政权驱逐，先是流亡到前苏联的列宁格勒工作了一段时间，后又来到英国，此后一直在英国从事研究和教学工作。早在30年代，弗烈里希就已经接触到了超导问题，但他在这一领域中真正有影响的工作，还是在他成为利物浦大学教授的1950年做出的。

弗烈里希提出了一个大胆的设想：在超导体中，电子和晶格点阵之间的相互作用是导致超导现象的真正原因。这种电子同晶格点阵的相互作用又称“电子-声子相互作用”。声子是把量子力学应用于固体物理研究得出的一个重要概念。在晶体中，原子组成了晶格点阵，原子在它们各自的位置上不断地作热振动，但由于组成晶格的原子之间以一定的作用力相互联系着，所以整个晶格点阵是一个整体，其中任何一个原子的振动都会影响到其他原子。整体地看，这种振动在晶体中以声速像波一样地传播。当用量子力学处理固体问题时，科学家们发现：这种以声速在固体中传播的原子振动波的能量是不连续的，也就是说，它是一种量子化的点阵振动。

在数学形式上，这种量子化的点阵振动就像是一种新的粒子一样，因而在进行计算时，可以把它们作为一种叫做“声子”的粒子来对待。弗烈里希通过研究发现，如果电子和声子的相互作用足够强的话，计算表明电子在动量空间中就会出现与正常情况不同的新的分布。他认为，这就是超导态。不过，连他本人在提出这一理论时也没有想到，这个理论中还包含一个重要预言——超导体的同位素效应。

1950年春天，弗烈里希到美国的普渡大学访问，离开那里时，他给权威的物理学杂志《物理评论》寄去了他关于电子-声子相互作用的超导理论的第一篇论文。仅仅两天后，他到了美国的普林斯顿大学。到的当天，弗烈里希就看到在最新出版的一期《物理评论》杂志上刊登了两篇关于超导实验的论文，这两篇论文分别是由美国国家标准局的麦克斯韦和拉特格斯大学的雷诺兹等人撰写的，他们在实验中发现了超导体的同位素效应。

我们都知道，就物质的微观结构来说，构成世界上万事万物的是分子，分子又是由原子构成的，原子还可以再分为原子核和电子。如果再进一步分割，原子核是由不带电的中子和带正电的质子构成，质子数决定某种元素在元素周期表上的位置。同一种元素，还可能有多种同位素，它们的质子数相同，中子数不同，且在元素周期表上占据同一位置，具有相同的核外电子，但由于中子数不同，它们有不同的原子量，具有不同的物理性质。以超导元素铅为例，就有5种天然的稳定同位素，原子量分别为202，204，206，207和208。

当弗烈里希看到了麦克斯韦等人的论文后，马上意识到：在自己的电子-声子相互作用的超导理论中，就已经包含了对同位素效应的预言。第二天，他就给《物理评论》杂志写了一篇短文，指出麦克斯韦等人的实验是对自己理论的直接检验。

同位素效应是微观理论对超导现象的第一次成功的预言。既然超导现象与构成超导体晶格点阵的原子核的质量如此密切相关，那么，电子与声子之间的相互作用显然一定是非常重要的。于是，科学家们开始相信：

电子和声子之间的相互作用很可能就是产生超导的根本原因。这样，为了解释超导现象，人们并不需要对原子的金属基本模型作扩展，而只需考虑被长期遗忘了的电子和声子相互作用就可以了。

还有这样一个有趣的插曲：在关于同位素效应的实验研究报告于1950年5月正式发表之前，在3月由美国国家海军局举办的一次低温物理学会议上，有关的内容曾被宣布，但消息的流传只限于低温物理学界，外界的人士并不知情。5月，同位素效应的发现者之一打电话把这一消息告诉了在贝尔实验室工作的美国著名物理学家巴丁。巴丁在听到这一消息后，马上也意识到它必定同电子和声子的相互作用有关，并在6月也向《物理评论》杂志递交了一篇论文，其结果与弗烈里希的论文非常相似。就在巴丁寄出他的论文大约一周后，弗烈里希正好访问贝尔实验室，并与巴丁进行了学术讨论。在交谈中，当巴丁得知弗烈里希已经先于他提出了电子－声子相互作用的超导理论时，不禁感到异常吃惊。虽然巴丁的理论与弗烈里希的理论很相似，但由于他是在受到同位素效应的启发后提出的，而弗烈里希则在此之前就已完成了自己的理论，并预言了同位素效应，因而当人们后来在谈起超导微观理论的发展时，凡涉及电子－声子相互作用的，总是把弗烈里希放在重要的地位，而巴丁的工作就只能是一段插曲了。

超导体的一个重要特征——能隙

要讲清能隙的概念，还要先讲一点量子力学。

在经典力学中，物质的能量被认为是连续的，然而在量子力学中，则大不相同。以在原子内部的一个电子的能量为例，根据量子力学，这个电子的能量将不能连续地变化，而只能是一些特定的值。当它吸收外来的能量而使自己的能量增加，或放出一部分能量而使自身的能量减少时，它所吸收或放出的能量也只能是一些特定的值。这就是说，它的能量如果要有变化的话，也只能跳跃式地变化，而不能连续地变化。这就是在量子力学中能量的量子化的物理图像。此外，原子中的电子还有另外一个“毛病”：在一种状态中，只能有一个电子。这就是量子物理学中著名的“泡利不相容原理”的内容，说起来，倒有些像“一个坑里只能有一个萝卜”。当然，这里所讲的“状态”，严格地讲，应该称为“量子态”，自然能量是量子态的参数之一，但也还有其他的参数，例如电子的自旋等。我们可以打这样一个比方；由于能量的量子化，电子所被允许的能量，是一系列分立的值，就像一架梯子一样，电子只能站在梯子一级级的横木上，而不能站在一级级横木之间的空当中。如果我们把自旋方向向上的电子用男孩来代表，把自旋方向向下的电子用女孩来代表的话，则每一级横木上只能站一个男孩和一个女孩，而不能站两个男孩或两个女孩。因为某一能量加上男孩这个参数可以被认为是一个量子态，但同一能量再加上女孩这个参数则被认为是另一个量子态，所以是不违反泡利不相容原理的，当原子中所有的电子都处在可能的最低能量状态时，叫做基态；而当原子受到外来的激发，如受到光的照射或其他粒子的碰撞等，电子可以吸收一定的能量，再向“梯子”的上面“爬”（也就是“跃迁”）一级或几级，这时，原子就处于激发态。

固体是由许许多多的原子构成的。在固体中，量子力学的能量量子化效应仍然是存在的，只不过情况更加复杂一些。在许多固体的电子能谱中，能量最低的激发态（即第一激发态）与基态能级的距离是一个有限的值，电子不允许具有在此之间的能量，这个距离就叫能隙。

早在1935年，那两位大名鼎鼎的伦敦兄弟，就已经提出了在超导体的电子能谱中也存在能隙的猜测。他们分析了他们提出的超导电动力学唯象方程，试图用量子力学来推导该方程。后来，在30年代末和40年代初，又有其他一些物理学家也尝试利用能隙的概念来定性地解释超导现象。但是，在这些工作中，超导体的能隙只不过是一种猜测而已，因为当时并没有实验证明超导体电子能谱中存在能隙，在很长一段时间里，大多数物理学家并没有对超导体的能隙给予足够的重视。事实上，要从实验上来证明超导体能隙的存在,在当时的实验条件下是极为困难的。尽管也有一些实验的迹象暗示了能隙的存在,但由于数据太少,结果不可靠,理论上也还存在疑问,所以人们并没有从中得出什么肯定的结论来。

到了50年代,实验技术有了很大的发展,测量的精度大大地提高了,也可以得到更低的温度,再加上第二次世界大战期间出于军事的需要对雷达的研究促进了微波技术的发展,所有这些,都为用实验来证明超导体能隙的存在准备了必要的条件。

1951年,在英国牛津召开的低温物理学会议上,物理学家古德曼首先报告了超导体的热导性质的测量结果,为能隙的存在给出了第一个间接的有力证据。随后,布朗等人在1953年和科拉克等人在1954年的实验结果,表明超导体电子的比热是以指数形式随温度变化的,这一结果明确地支持了能隙的概念。此后,在1957年前后,科学家们还得到了有关能隙存在的其他一些实验证据。

为了更清楚地说明超导能隙的存在,我们这里以超导体对电磁波的吸收实验为例。按照量子力学的观点,电磁波也可以被看做由一粒粒运动的光子构成。而每一个光子的能量$E=hv$(这里,v代表电磁波的频率,h是量子力学中最重要的一个常数,叫普朗克常数)。这个公式表明,不同频率的光子具有不同的能量。那么,我们可以设想一下,若采用不同频率的电磁波来照射处于超导态的超导体,如果其频率足够高,使得光子的能量E比能隙大,则处于超导态的电子就会吸收光子的能量,跃迁为正常电子,即使在温度趋于绝对零度的情况下,也仍然会有对电磁波的吸收。反之,如果照射的电磁波的频率较低,光子的能量正比能隙小,则超导电子就不会吸收来自辐射的能量。

有了超导能隙存在的实验证据,又知道电子-声子相互作用是产生超导的原因,留给理论家们的任务就很明确了:一个成功的超导微观理论,必须能从电子-声子相互作用出发,推导出超导能隙的存在。

皮帕德的测量

皮帕德(A. B. Pippard)是一位英国科学家,出身名门,父亲是著名的工程学教授和皇家学会会员。皮帕德曾在英国的剑桥大学学习,获得过哲学博士和科学博士学位,科学生涯的大部分时光是在剑桥大学度过的。第二次世界大战中,在1941—1945年间,他成为英国军方雷达研究与发展部从事科学工作的官员,并从事了雷达天线的设计工作。他在一份自传中曾提到:第二次世界大战在很大程度上决定了一批科学家的专业选择,而他自己正属于这样的人。还是在童年时,皮帕德就深深地为低温物理学的奇妙所吸引,然而,由于他认为自己缺少出色的数学才能,所以没有足够的信心去从事这种使他感兴趣的工作。于是,他打算当一名化学家,不过,战争却使他转向了物理学。在战争结束后,他回到剑桥大学,开始了低温物理学的研究,在研究中,他在战争期间从事军事科学研究的经历起了很重要的作用。

在超导物理学方面,皮帕德的主要工作是利用微波技术来研究超导体的性质。其实,早在20世纪30年代时,海因茨·伦敦就已经在这一领域中做了开创性的工作。第二次世界大战期间,出于军事的需要而对雷达的研制促进了微波技术的发展,相应地,微波技术作为研究超导体的一种有效的手段也逐渐成熟起来。在多年的工作中,特别是在50年代的研究中,皮帕德积累了关于超导体的大量数据,这些数据比以往人们已知的更为精确,尤其是有关超导电流在金属表面的一个薄层中无阻流动的数据。

我们在前面讲过,30年代由伦敦兄弟提出的超导电动力学唯象理论曾有一个重要的预言:当超导体处于超导态时,外磁场能够穿透到超导体表面的一个薄层中,超导电流在此薄层中流动。

利用当时的微波技术,皮帕德在50年代认真地测量了超导体中磁场的穿透层的厚度，以及这个厚度随样品的纯度和温度的变化情况。他发现，随着掺入超导体内的杂质含量的不同，磁场在超导体中的穿透层的厚度也不同，而这种结果是伦敦兄弟的理论所无法解释的。为了说明理论和实验之间的差异，皮帕德本人提出了一种新的唯象理论，其中一个非常重要的概念，就是“相干长度”。他认为超导体中的电子有一种相干性，也就是说，如果通过适当的扰动来改变超导体在某一点的性质，那么，这种扰动的影响将波及这点周围一定距离的范围，这个距离在纯净的金属中要大于磁场穿透层的厚度。这样，就可以说明为什么掺入杂质会影响到超导体的磁场穿透层的厚度。由此，他引入了“相干长度”这个重要概念。超导体的相干长度大约为10^{-6}米。

皮帕德在1953年提出的新的超导唯象理论修正了伦敦兄弟的理论。在伦敦兄弟的理论中，超导体在某一点的电流只与该点的磁场有关；而在皮帕德的理论中，超导体中某一点的电流则与围绕着这个点周围某个区域内的磁场有关。为此，皮帕德的理论被称为“非局域性”的理论。当相干长度远小于磁场穿透层的厚度时，皮帕德的非局域理论就自然地简化为伦敦兄弟的理论。

皮帕德的理论仍是一种唯象的理论，其中猜测的成分仍然不少，要真正地理解其意义，还要等微观理论的发展。这个理论不但能够比较成功地解释实验的现象，更重要的是，超导体非局域相干的观念又是通向后来的超导微观理论道路上的一块不可缺少的砖石。

巴丁、库珀、施里弗和BCS理论

到了20世纪50年代中期，不论是理论还是实验，都已经为超导微观理论的提出做好了充分的准备。这些准备包括：

超导体最基本的性质：

（1）零电阻效应；

（2）完全抗磁性效应。当然，这两点是任何一种超导理论都必须要解释的。

超导微观理论提出的最基本的前提：

（1）同位素效应和电子–声子相互作用的理论；

（2）能隙的概念；

（3）弗里茨·伦敦的超导思想和皮帕德的相干长度概念。

当然，除此之外，像超导体的晶格点阵在进入超导态前后没有变化，以及超导转变点的二级相变等方面，也必须要考虑。

虽然此时的形势颇有些"万事俱备，只欠东风"的意思，但东风的到来仍然不是件容易的事。最终，将"东风"带到超导理论中来的，是三位美国科学家。

巴丁（J. Bardeen），出生于1908年，在大学中，他先是学习电机工程学，后来又学习物理学，1936年获得博士学位，先后在哈佛大学、明尼苏达大学和美国海军军械实验室工作，1945—1951年，成为贝尔实验室的研究人员，后来又到伊里诺大学任教。他在物理学中最主要的工作领域，是半导体物理学和超导物理学，并在这两个领域中均有非凡的成就。

我们知道，晶体管的出现极大地改变了世界的面貌，甚至在很大的程度上改变了我们目前的生活方式。晶体管的发明可以说是20世纪最伟大的科学成就之一。没有晶体管的发明，也就不会有如今的集成电路，自然也没有如今以集成电路为重要基础的计算机。1945年，巴丁到贝尔实验室工作后，参加了由美国科学家肖克利和布拉顿等人组成的研究小组，从事半导体物理的研究。正由于这个小组的工作，才使得世界上第一只晶体管于1947年问世。也正是由于这些贡献，在1956年，巴丁、布拉顿和肖克利三人分享了诺贝尔物理学奖。

超导物理学是巴丁的另一重要研究领域。在超导现象发现后，无数的物理学家曾试图发展关于超导的微观理论，在这当中，也有许多著名的大物理学家，如果开列名单的话，那将是长长的一串。例如，为量子物理学的发展做出了开创性贡献的玻恩、海森伯，以及弗里茨·伦敦、布洛赫、朗道、费曼等，甚至像爱因斯坦和玻尔这样的超级物理学家也都曾写过有关超导理论的论文。但是，超导微观理论研究的进展却异常地缓慢、艰难。正如巴丁本人曾说过的："有将近 50 年的时间，超导电性不能为人所理解，而且是物理学中悬而未决的难题之一。"甚至有人认为，超导理论的研究是"理论物理学的耻辱与绝望"。巴丁所研究的，就是这样一个令人望而生畏的领域。

巴丁最初接触并了解超导电性是在 20 世纪 30 年代。当时，弗里茨·伦敦的某些观点，例如，超导电性是一种宏观尺度上的量子现象以及对能隙的猜测等，都给他留下了深刻的印象。在 40 年代时，巴丁曾尝试提出一个超导理论，其中能隙的问题是一个关键，但这次尝试并不成功。而且，1941 年巴丁参加了战时的军事研究工作，中断了超导理论的研究。第二次世界大战后，在贝尔实验室，他的工作又是研究半导体。直到 50 年代，巴丁才回过头来重新关注超导问题。正如我们前面所谈到过的，超导体同位素效应的发现促成了巴丁的转向。

在巴丁听到同位素效应发现的消息，并提出了与弗烈里希相似的电子-声子相互作用的超导理论后，由于一些困难尚未解决，于是他又有一段时间暂时放下了超导问题。1955 年，德国出版的《物理手册》邀请巴丁撰写一篇有关超导理论的综述性评论文章，这使巴丁再度恢复了对超导问题的兴趣。此时，人们虽然还没有从微观理论推导出能隙模型，但有关能隙存在的证据不断增加。在这篇综述文章中，巴丁仍是特别关注能隙的问题。紧接着，他又与物理学家派尼斯合作，研究又有了一点点进展。就在此时，他意识到：以前主要是为高能物理学而发展起来的"场论"，对于研究超导理论将是一种有用的工具。但他对场论不够熟悉，于是，便求助于杨振宁教授，问他是否认识既精通场论又愿意从事超导研究的人。杨振宁推荐了当时正在他那里作博士后研究的物理学家库珀。

库珀(L. N. Cooper)比巴丁小20多岁，出生于1930年。他很愉快地接受了巴丁的邀请，来到伊里诺大学进行超导研究。果然，库珀不负巴丁所望，大约一年后，就基于电子–声子相互作用，提出了超导理论中至关重要的概念，即超导体中“电子对”的概念。库珀的工作表明：在超导体中，吸引性的电子–声子相互作用和排斥性的库仑相互作用相抵后，电子间有净的吸引性“相互作用”存在，导致两个电子结成一个“电子对”，形成一种能量较低的束缚态。当来自外界的能量使这个电子对破裂时，需要确定的能量，这正对应于超导体中的能隙。他想：许多这样的电子对的群体，将导致超导现象的出现。

以后的进展涉及另一位年轻人。他叫施里弗(J. R. Schrieffer)，比库珀仅小1岁，当时正在伊里诺大学随巴丁念研究生。关于施里弗的参与，还有一段有趣的故事。当他想要确定自己学位论文的题目时，巴丁给了他10个选择，其中第10项就是超导理论。巴丁建议说：“为什么不考虑考虑做这个？”对于一个初出茅庐的年轻人来说，巴丁的建议实在是有些冒险。虽然此前施里弗曾稍许接触过一些有关超导的工作，但那至多只是用到了唯象理论，要把对超导微观理论的研究这样一个使许多大物理学家都束手无策的难题作为学位论文的题目，其风险自然是显而易见的。

在听到巴丁的建议后，施里弗的确曾犹豫再三。他向另一位他所信任的教授咨询，那位教授先是问他多大了。在知道了他的年龄后说：“你可以浪费生命中一年的时间，看看进展如何。”从这样的回答中，我们也不难想象当时人们对超导理论研究的悲观。

最后，出于对导师巴丁的信任，再加上年轻人的冒险精神，施里弗决定接受巴丁的建议。事后，他曾回忆说：“这是我一生中的一项重大抉择。”他判断，由于巴丁对超导理论的持久努力，与他合作，对自己来说还是存在某种机会的。于是，巴丁、库珀和施里弗展开了对超导微观理论的新攻势。此时，传来的巴丁因晶体管的研究而获诺贝尔物理学奖的消息，对他们更是一种有力的鼓舞。

很快，在1957年初，施里弗在库珀的电子对概念的基础上，找到了超导体的波函数，并导出了能隙方程。这三位科学家再接再厉，终于提出了第一个成功的超导微观理论。同年3月，在美国物理学会的一次特别会议上，他们第一次公开报告了有关的结果，而第一篇完整地阐述其理论的文章，也在同年11月发表在权威刊物《物理评论》上。现在，人们习惯于用这三个人姓氏的第一个字母的组合，称这一理论为BCS理论。

BCS理论从第一性的原理出发，从微观的角度成功地解释了超导现象，对于像完全抗磁性、超导态的比热及临界磁场等均有详细的计算，它不但能定性地说明实验的结果，而且在定量上也与实验基本一致。要想详细地讨论BCS理论，需要用到许多复杂的物理和数学知识，因此，我们在这里，只扼要地予以介绍。

BCS理论的物理图像可以这样来大致地描述：由于电子之间在吸引性的电子–声子相互作用和排斥性的库仑相互作用相抵后，有净的剩余吸引性“相互作用”存在，所以某些在特定能量范围的电子将两两结成束缚电子对，每个电子对中的两个电子彼此自旋和动量的方向都相反。而且，在超导体中，这些电子对有着很大程度的重叠。在相干长度（也是电子对的平均尺寸）的立方大小的体积中，可以有10^7个这样的电子对。在没有电流时，所有的电子对的动量都为零；在有电流时，所有电子对都有共同的动量（这就是弗里茨·伦敦所说的“动量空间中的长程有序”）。电子对中的一个电子可以和晶格碰撞而改变动量的大小和方向，但由于电子对的两个电子之间的关联，此时与它配对的另一个电子的动量也会有所变化，而使电子对的总动量保持不变。这种大量的具有相同总动量的电子对的整体就构成了无阻的超导电流。

有人曾以足球比赛来比喻电子对传导的超导电流。这种比喻不是很准确，但非常形象，有助于读者更直观地理解超导机制：在足球比赛时，如果一人带球前进，很容易被对方阻拦；但如果两人配成对，通过默契的配合，彼此传球躲开对方队员的阻拦，就可以顺利地（无阻地）带球前进了。

在超导现象发现46年之后，BCS理论终于从微观上揭开了超导的奥秘，而且它的意义还远远超出了超导理论本身，对物理学其他分支的发展也产生了影响。这一理论被誉为“自量子论建立以来对理论物理最重要的贡献之一”。为此，巴丁、库珀和施里弗三人在1972年分享了诺贝尔物理学奖。巴丁也成了唯一一位曾两次在同一学科中获诺贝尔奖的科学家。

两类超导体

我们在前面曾讲过，早在1913年，超导现象的发现者卡末林-昂内斯就曾想到，超导体没有电阻，在通过很大的电流时不会由于电阻而产生热损耗，所以可以用来做成线圈，以便产生很强的磁场。但是，这一设想在当时没有实现。因为卡末林-昂内斯发现：当电流和磁场刚一增大时，超导体就突然从超导态变为正常态了。

现在我们知道，卡末林-昂内斯当时的实验之所以不成功，主要是因为所用的材料不合适。实际上，绝大多数真正适合实际应用的材料，主要是现在被人们称为第二类超导体的材料。第二类超导体除了很少几种纯金属（如铌、钒、锝等）之外，主要是超导合金和化合物。不论是第一类还是第二类超导体，当磁场强到一定程度时，都会从超导态变成正常态，这时的磁场就称为临界磁场，它还与温度有关，温度越低，临界磁场就越高。但这种变化又有所不同，对于第一类超导体，情况比较简单；而对于第二类超导体，其临界磁场随温度的变化要复杂一些。第二类超导体实际上有两个临界磁场，分别为下临界磁场和上临界磁场。当磁场小于下临界磁场时，超导体处于完全抗磁性的状态，将磁通全部排斥出体外；当磁场大于下临界磁场但小于上临界磁场时，超导体仍保持着一定的超导性，仍可说是处在超导态，但这时的超导态是一种很特殊的超导态，现在科学家们称它为“混合态”，在混合态，超导体已不能将磁通全部排斥出体外；当磁场大于上临界磁场时，超导体进入正常态。

据此，我们可以通俗地作出分类；只有一个临界磁场和超导态、正常态两种状态的超导体，叫第一类超导体；具有两个临界磁场，并且经历超导态、混合态和正常态三种状态的超导体，叫第二类超导体。这是两类性质很不同的超导体。因为第二类超导体的上临界磁场的值一般都很高，所以它们在许多场合更适合于实际的应用。

要追溯第二类超导体研究的历史，我们可以回溯到20世纪30年代初。当时，超导材料的研究仅限于世界上不多的几个地方，即荷兰的莱顿、英国的牛津、前苏联的哈尔科夫和加拿大的多伦多。在这几个地方，除了研究纯金属元素的超导电性之外，还对一些超导合金的各种性质进行了研究，并且发现了超导合金与纯金属元素超导体在一些性质上很不相同。例如，早在1930年，莱顿实验室的物理学家德·哈斯等人就发现：超导合金的临界磁场可以达到很高的值，他们当时用来测量的铅-铋合金时，其临界磁场高达2特斯拉左右。1934年，牛津的科学家则发现更奇怪的现象：一旦在某些纯金属中掺入另一种元素而形成合金，这些合金的超导态就会出现显著的磁通“冻结”现象。也就是说，当样品在外磁场中冷却而变成超导态时，会有磁通“冻结”在其体内。甚至更奇怪的是：在撤掉外磁场后，被“冻结”的磁通并不消失，这一现象明显地表明了过程的不可逆性。1935年，德·哈斯等人又发现，当外磁场超过某一值后，磁场开始进入合金样品的体内，但此时样品却仍处于超导态，直到外磁场达到另一个更高的临界值(也即前面讲的上临界磁场)时，超导态才消失。与此同时，他们也发现了过程的不可逆性。

从这些实验结果来看，当时在牛津和莱顿的研究工作已经接触到了第二类超导体。但由于冶金加工工艺方面的问题，这些样品多属于“非理想第二类超导体”，所以出现了在撤除外磁场后体内仍有磁通“冻结”这样的不可逆性质。20世纪30年代，更值得注意的是，在前苏联哈尔科夫的乌克兰物理-技术研究所中，以舒布尼可夫为首的一批前苏联科学家对超导合金进行的研究。

舒布尼可夫的悲剧

在某种意义上，舒布尼可夫(L. V. Schubnikov)可以说是苏联低温物理学的奠基人，他出生于1901年。1926年，当他从列宁格勒工业学院毕业后，被派到当时低温物理学的“圣地”——荷兰的莱顿实验室去工作。在1930年以前，他一直在卡末林-昂内斯的继承者之一——德·哈斯的指导下工作。

其实，早在去莱顿之前，舒布尼可夫就已经在科研工作中展示了他的才华。例如，1924年，他曾与同事一起发明了一种制取金属单晶的方法，后来又与德·哈斯一起研究了这种单晶的电阻在磁场中的变化情况，发现了所谓的“舒布尼可夫-德·哈斯效应”。

1930年舒布尼可夫离开荷兰回到苏联，在哈尔科夫的乌克兰物理-技术研究所工作。1931年，他成为该研究所低温实验室负责科研工作的主任。从乌克兰物理-技术研究所的低温实验室组建初期开始，超导电性就是在舒布尼可夫领导下进行的一项基础研究项目。当时，人们对于超导体的磁性质还了解很少，在1933年德国物理学家迈斯纳和奥森费耳德发现了完全抗磁性之后，1934年，舒布尼可夫和他的同事也完成了第一阶段对超导体磁性质的研究，其结果支持了迈斯纳等人的发现。虽然在时间上落后于迈斯纳等人，但舒布尼可夫小组的工作也是独立完成的，而且获得了更为详细的数据。

此后，舒布尼可夫和他的同事一起又对超导合金的磁性质进行研究，因为当时人们已经注意到超导合金与纯金属超导体在一些基本性质上很不相同。舒布尼可夫等人发现了超导合金有两个临界磁场(下临界磁场和上临界磁场)，看到了超导体在这两个临界磁场之间的混合态。由于得到了这些引人入胜的结果，他们决定沿着这个方向深入系统地研究下去。1936 年，舒布尼可夫和另外三位同事发表了进一步实验的详细结果。对于合金样品，他得到了较好的接近于理想第二类超导体的磁化曲线，并且研究了在一种金属中为形成合金而掺入的另一种物质的含量与该样品的磁性质之间的关系。他们还得出结论：在超导转变点，合金样品应表现出一个零磁场的比热跃变，其大小可以与纯金属超导体在零磁场下的比热跃变相比。这一结论远远地超前于当时已有的比热测量。虽然他们仍认为自己的样品中还存在不均匀性，但实际上，应该说他们的样品的均匀性是相当好的，这使得他们得到的磁化曲线非常接近于理想第二类超导体的磁化曲线。在事后的分析中，我们可以说，舒布尼可夫的成功就在于他所用的实验样品制备得非常出色，除了研究所中第一流的冶金专家的帮助之外，舒布尼可夫本人对材料制备的擅长，无疑在其工作中起了举足轻重的作用。

令人遗憾和惋惜的是，正当舒布尼可夫领导的超导研究不断取得重要进展之时，大约从 1936 年起，苏联搞起了“大清洗”运动，这场运动在 1937—1938 年间达到高潮，有几百万人遭到逮捕，50 多万人被处决。对于苏联的科学发展来说，这场运动带来了极坏的影响，舒布尼可夫也未能幸免于难。1937 年 8 月 5 日，他以“反革命托洛茨基集团成员”等罪名被逮捕。舒布尼可夫的这段经历与我国的那场浩劫——“文化大革命”——中许多科学家的命运颇为相似。根据不久前解密的克格勃档案，我们得知，在被逮捕后，舒布尼可夫被多次审讯，被迫“自愿坦白”了强加于他的种种“罪行”，例如，在国外期间被德国招募为间谍，回国后与许多科学家（包括后来获诺贝尔物理学奖的苏联著名科学家朗道在内）一起组成“反革命集团”，从事种种破坏活动等。然而，“自愿坦白”并没有给他带来好运，反而被流放集中营，在长达 10 年的时间中，甚至连与家属通信的权利都没有。他的儿子在父亲被捕一个月后出生，没有机会见到自己的父亲。直到 1946 年，舒布尼可夫的妻子接到书面通知，说她丈夫已于 1946 年秋天在集中营中死于心脏病。

在舒布尼可夫被捕之后，哈尔科夫小组对超导合金的研究不得不中断。就世界范围来说，30年代后期，由于种种原因，在莱顿和牛津等地一些研究超导合金的物理学家纷纷将研究的重点转向了其他课题，另外，第二次世界大战的爆发也阻碍了有关研究的进展，超导合金的研究出现了长达20多年的停顿。

舒布尼可夫的悲剧是他个人的不幸，是苏联科学的不幸，也是超导研究的不幸。

京茨堡和朗道的精确计算

1950年以前，成功的超导微观理论还没有诞生，比较成功地解释了超导现象的，只有戈特和卡西米尔的热力学理论以及伦敦兄弟的电动力学唯象理论。1950年，苏联物理学家京茨堡（V. LGinzburg）和大权威朗道（L. D. Landau）考虑到，已有的那些超导唯象理论还不能令人满意，因为它们不能让人们确定出正常相和超导相之间的界面能，在描述磁场或电流对超导电性的破坏方面也不尽如人意。

朗道，是一位极负盛名的苏联物理学家，他也曾在哈尔科夫的研究所工作，在“大清洗”运动中，他也曾因“德国间谍”的罪名被逮捕，也被认为是包括舒布尼可夫在内的“反革命集团”的成员，并被判处10年的徒刑。但幸运的是，朗道的名声远比舒布尼可夫要大，许多有世界影响的物理学家得知他入狱的消息之后，竭力营救他，包括上书斯大林。一年后，已经奄奄一息的朗道终于无罪获释。此后，他又在物理学中做了大量的工作。在1962年，他因低温物理学中液氦的超流动性的研究，获得了诺贝尔物理学奖。

由于看到传统的超导唯象理论的不足，京茨堡和朗道在1950年合作提出了一个更实用的超导唯象理论，即京茨堡-朗道超导唯象理论。在这个理论中，引入了一个重要的参数κ，虽然当时他们对这个参数的物理意义还不是十分清楚，但却注意到，当$\kappa>1/\sqrt{2}$时，超导体的界面能将变为负值。

这里，我们先来谈谈界面能的概念。所谓界面，用科学的术语来说，通常是指两种均匀相之间有不均匀性的过渡层，它具有一定的能量，称界面能或表面能。俗话说，水往低处流。这就是说，从能量的观点来看，一个物理系统总是倾向于处在其能量最小的状态。以日常生活中极常见的水滴为例，我们知道：当两个或更多个水滴相遇后，总是合并成为一个较大的水滴；而相反的过程，即一个大水滴分裂成两个或更多个小水滴的过程，却不会自动发生。这是因为，水滴的表面张力总是尽量减少表面积以使能量处于最小的状态，而一定体积的液体，在球形时表面积最小。如果单个的水滴要分裂成两个或数个水滴，它们的表面积总和肯定增加，从而需要能量，所以这样的过程不会自动发生。

在超导体中，情况也是类似的。因为在外磁场中，超导体内部可以同时存在超导区域和正常区域，它们的交界处就形成了超导相和正常相的界面。就完全抗磁性来说，在超导体中超导相和正常相之间的界面上，也存在一种正的表面张力，如果增加超导相和正常相之间的分界面，就要增加能量。而为了尽量减少能量，超导体必须将磁感线排斥出去，因而在超导体中，只有在厚度小于穿透层厚度的微小空间内才可能存在磁感线。

由于传统观念的影响，在京茨堡–朗道唯象理论提出时，人们还只知道超导体有正的界面能，包括京茨堡和朗道在内，也都没有想到超导体会有负的界面能的可能性，因此他们认为κ值很大时，并不对应于实际的情况。这不禁使我们联想到：在量子力学的发展中，当年物理学家狄拉克提出了著名的狄拉克方程并求解时，曾得出了具有负能的粒子的解，但囿于负能态没有意义的成见，他没有马上作出反应。过了一段时间，他才将这种对应于负能粒子的解解释为一种当时实验物理学家们还不知道的新粒子，即反粒子。在研究超导唯象理论的过程中，京茨堡和朗道所遇到的情况与当年狄拉克的负能粒子很相似，京茨堡和朗道只是求出了方程在κ比1小很多时的解。

此外，当时由于还没有电子对的概念，在京茨堡-朗道方程中，超导电子的带电量和质量也是单个电荷的电量和单个电子的质量，而不是电子对的电量和质量。此时，有效波函数的确切物理意义也还不是很清楚。但尽管有如此多的不足，在当时的情况下，他们能够不依靠任何超导微观理论而正确地写出能量公式，并导出京茨堡-朗道方程，表现出了他们惊人的物理直觉。后来超导微观理论的提出，证明了他们的直觉的正确。能够具备这种物理直觉，也真正体现出了超级大物理学家和普通匠人式的物理学家的区别。

当然，京茨堡-朗道理论对于超导体的各种性质的实际计算也是具有重要意义的，它的使用范围非常广泛，成为描述强磁场中的超导体、超导薄膜、超导合金等问题的重要基础，甚至还影响到了超导领域之外。

阿布里柯索夫轶事

阿布里柯索夫（A. A. Abrikosov）1928年6月出生于苏联的莫斯科，1948年毕业于莫斯科大学。毕业后，他在苏联科学院物理问题研究所就读研究生，然后在那里从事物理学研究。他的研究领域非常广泛，涉及量子力学、统计物理学、超导物理学、电磁学、天体物理学、等离子体物理学及金属物理学等诸多学科。

在超导领域中，阿布里柯索夫最重要的贡献，是他对理想第二类超导体的研究。要讲清阿布里柯索夫的工作，这里还需要稍讲些相关的背景。

前面曾谈到，京茨堡和朗道的超导唯象理论给出了不同于伦敦兄弟理论的新的预言，当然这是要通过实验来验证的。1952年，一位叫扎瓦里斯基的苏联物理学家做了这样一个实验：在很低的温度下往玻璃底板上镀金属薄膜。现在我们知道，由于底板的温度很低，实际上他得到的是非晶态的第二类超导体，但当时人们对此并不清楚。不过，在科学研究中，有时误打误撞也会得出重要的结果。在实验中，扎瓦里斯基观察到了相变级数随薄膜的厚度的变化，但测量结果却表明，临界场与薄膜的厚度的关系并不像京茨堡和朗道所预言的那样。这时，就轮到阿布里柯索夫登场了。

阿布里柯索夫认为这似乎是一个悖论，因为京茨堡和朗道的理论非常美，除了形式上的美之外，这个理论也确实解释了许多的事实，但现在它却突然失效了。于是，他与扎瓦里斯基一起进行了讨论，并得出了这样的想法：对于低温下的薄膜这样的新物质，也许它们与界面能有关的参数κ并不限于京茨堡和朗道所考虑的比 1 小许多的情况，特别是，人们可以假定它大于$1/\sqrt{2}$。但是，按照京茨堡和朗道的理论，此时在超导相和正常相之间的界面能将是负值。可是，大胆地假定它是负值又有什么关系呢？阿布里柯索夫于是以$\kappa>1/\sqrt{2}$的条件计算了临界场与薄膜的有效厚度之间的关系，解决了理论与实验的矛盾，并且第一次提出：在自然界中，还存在着$\kappa>1/\sqrt{2}$这样一种具有负界面能的超导体，他称之为“第二类超导体”。

此后，阿布里柯索夫便着手研究第二类超导体大块样品的磁性质。他根据计算发现；在极限临界磁场之下，超导体中将出现一个具有磁场、电流和有效波函数的周期性分布的相，也就是说，磁感线会在超导体中形成周期性的“格子”，他将这种状态命名为“混合态”。

接下来的事情就更有意思了，而且还涉及了那位权威的超级物理学家朗道。阿布里柯索夫回忆说：

> 朗道对这项工作相当感兴趣，并要我发表在上临界磁场附近的结果。但是，我想搞清楚，这种新的混合态在整个磁场区域是什么样子。
>
> 正在这时，我生病了，不得不在床上躺了大约三个月。一天，朗道来看我。我们海阔天空地闲谈，但不涉及物理问题，朗道也很高兴地呷着红葡萄酒，完全不像他平常的样子。后来，我告诉他我对混合态的一些想法，这似乎破坏了我们谈话的气氛。当朗

道的目光落到了床边写有伦敦方程的演算稿纸时，他勃然大怒。但想到不该打扰一个病人，于是他控制住自己，说："等你病好了，我们再深入讨论。"于是，他匆匆与我告别。

不过，事情并未就此了结。

他再也没来看我。等我感觉好些了，来到研究所时，我试图与他再谈谈混合态，可他却很机智地诅咒着。当时，我还很年轻，不太了解老师的脾气。我悲观地把计算结果放到了抽屉里，等待着适当的时机。

这个计算结果在抽屉里一放就是几年。后来，阿布里柯索夫和朗道的兴趣又转向了电动力学，几乎把这件事忘在脑后。直到1955年，美国物理学家费曼在液氦理论的研究中，也提到了混合态的概念，并得到了朗道的承认。这时，阿布里柯索夫才把他的计算结果从抽屉里取出来，与朗道重新讨论第二类超导体的问题，并且还找到了将近20年前舒布尼可夫等人的实验结果，作为对其理论的支持。这样，在1957年，阿布里柯索夫关于理想第二类超导体的理论终于得以发表，成为人们认识第二类超导体的基础。在60年代，人们真的从实验中观察到了被阿布里柯索夫预言的磁感线构成的"格子"。

崂山道士与隧道效应

在我国清代，有一位著名的文学家蒲松龄，他写了一部《聊斋志异》，其中，有一则故事叫《崂山道士》。故事的大意是：一个姓王的人拜一个崂山的道士为师，这个道士有多种奇异的法术，他将一种可以穿墙而过的法术传授给姓王的徒弟，徒弟也当场演练无误，只是在回家后，因没有遵守师傅的教诲，向乡人夸耀其神技时，在墙前被撞得头破血流。

蒲松龄写的是一种神怪式的故事，我们对他笔下崂山道士能穿墙而过的法术，大可不必当真。然而，在20世纪，著名物理学家伽莫夫以科学幻想的形式写成科普作品《物理世界奇遇记》这本畅销书，他笔下的主人公汤普金斯先生在与一位物理学教授交谈时，也涉及了类似的情节：他们注意到，当把“量子台球”放入摆放台球用的三角框时，由于“零点运动”，框子里的台球像老虎一样不断地来回猛冲，最后，竟直接穿过三角框的框壁“漏”了出来。接着，他们又谈论起隔壁车库里的汽车是不是也会“钻过”车库的墙壁，教授并不否认这种可能性，只是很快地计算出这种情况发生的概率非常非常小。

与蒲松龄的幻想不同，伽莫夫的科幻小说是有科学基础作为背景的，他不过是用现实生活中的宏观事例作比喻，来说明微观量子领域中的奇特现象而已。根据量子力学，在原子的微观世界中，像这种“穿墙而过”的事就不是什么幻想，而是经常发生的。在微观世界中，一个能量不高的电子就像蒲松龄笔下的崂山道士或伽莫夫的故事中的台球或汽车一样，可以通过“开凿”一条看不见的隧道，而越过能量很高的势垒（相当于汽车所面对的墙壁）。当然，并不是每个电子都能够这样，根据量子力学理论，电子对势垒的这种穿透是有一定的概率的，这种概率随着势垒的厚度和高度的增加而迅速减小。这就是量子力学中著名的“隧道效应”。早在20世纪20年代，科学家们就已经利用隧道效应成功地解释了像原子核的。衰变等许多现象。几十年后，半导体领域中的隧道二极管，利用的也是同样的原理。

贾埃佛的隧道结

1929年4月5日，贾埃佛(I.Giaever)出生在挪威，中学毕业后，他在一家军工厂里工作了一年，后来，在1948年，进入特隆海姆的挪威工业学院。

但当时他对机械工程等一般课程并不是很感兴趣，数学和物理学考试几乎不及格，1952 年只以中等水平毕业，得到了机械工程学士学位。1973 年，在贾埃佛获得诺贝尔物理学奖时，挪威奥斯陆的一家报纸曾以醒目的标题——“物理学几乎不及格的台球和桥牌能手获得诺贝尔奖”——报道贾埃佛在特隆海姆时的学生生活，贾埃佛本人也承认这篇报道是相当准确的。

大学毕业后，贾埃佛先是在挪威陆军服了一年的兵役，随后又在挪威政府的专利局作为专利审查员工作了一年。由于当时挪威住房紧张，1954 年，他和妻子移居加拿大，作为机械工程师在通用电气公司工作。在此期间，他参加了公司三年一期的有关工程和数学方面基础课程的学习。由于认识到这可能是自己最后的学习机会，所以他开始了真正刻苦的学习。1956 年，贾埃佛又移居美国，在修完了通用电气公司的课程后，他受雇于纽约州的通用电气研究实验室，先是接受公司委派的各种应用数学方面的任务，但他发现自己的物理知识太差，认为自己应该去学些物理，于是从 1958 年开始在伦塞勒工业学院物理系的夜校学习。1964 年，他在那里获得博士学位，并成为美国公民。

开始，贾埃佛在实验室中被分配做薄膜方面的工作，而他对薄膜一无所知。幸运的是，他正好与一位名叫费希尔的科学家一起工作。费希尔原来也是机械工程师，后来将注意力转向了理论物理，并想到要用薄膜技术去制作实用的电子器件。于是，贾埃佛开始准备利用被薄膜绝缘层隔开的金属膜去做隧道穿透实验。我们在前面曾讲到，在经典力学中，若两个空间区域被一个势垒分隔开，则只有当一个粒子具有足够大的能量越过势垒时，它才会从一个空间区域进入到另一个空间区域中去。而在量子力学中，由于有隧道效应，粒子要具有足够的能量这不再是一个必要条件，一个能量不大的粒子也可能会以一定的概率“穿过”势垒。在刚开始做隧道穿透实验时，贾埃佛还不知道在他之前日本物理学家江崎有关隧道二极管的研究，但费希尔却是了解江崎的工作的。不过，这时贾埃佛正在伦塞勒工业学院读量子力学，他接触到了隧道效应这个当时对他来说还颇为离奇的概念。

由于费希尔和贾埃佛在实验物理方面都几乎没有什么基础,所以刚开始时他们经历了几次失败。但是,他们两人毕竟都受过机械工程方面的训练,这使他们具备了另一方面的优势。通过几个月的摸索,他们终于找到了正确的方法:用自然生长的氧化层来充当绝缘层(势垒)将蒸发得到的金属膜分隔开。为了实现这一想法,贾埃佛购买了他的第一台实验设备——一台昂贵的真空镀膜机。很快地,他就迷上了这台设备。他们先是在一块玻璃底板上蒸发出一条铝膜,再从真空中取出薄膜快速加热,使其表面氧化,最后,在覆有氧化层的薄膜上再交叉地镀上几条铝膜。利用这种方法,他们一次就可以做出几个隧道结。

大约在1959年4月,贾埃佛和费希尔进行了几次成功的隧道穿透实验,样品的测量数据也与理论相符。这时,贾埃佛对量子力学理论已经不是那么陌生了,他已经多次地求解过量子力学中的薛定谔方程,相信电子也具有波动性,并且不再为隧道效应的"离奇"而困惑了。

但是,在贾埃佛的实验室中,有许多物理学家对贾埃佛的实验提出了疑问:怎样才能证明这些实验结果就是隧道效应,而不是由于其他原因导致的电传导呢?比如说,怎么知道不是绝缘层短路、离子电流或半导体效应之类的结果呢?

正是由于对这一问题的思考,将贾埃佛的研究工作与超导电性联系了起来。我们前面也讲过,在超导体的电子能谱中存在能隙,这是超导体的重要特征之一。不论在实验方面还是在理论方面,对超导体能隙的研究一直吸引着人们的注意力。从20世纪50年代初以来,有关超导体中能隙的实验数据已经相当多了,在1957年提出的BCS超导微观理论中,能隙更是一个关键性的概念。

对于贾埃佛,在当时要做实验验证能隙存在还是相当困难的,当时他甚至不知道超导能隙的大小是什么数量级。不过,通用电气公司的实验室有着它独特的优势。通过请教身边的物理学家,他很容易地知道了超导能隙的大小大约是几个毫电子伏,这使他非常高兴,因为这个区域正好是容易测量的电压范围。而且,在实验室大厅的另一边,本来就有人正在做超导实验。他从那里学会了使用液氦装置。这一次,他将隧道结的一边换成了超导体,即铝-氧化铝-铅结构的隧道结,因为铅在7K左右就会具有超导电性。

最初的两次实验失败了,因为样品的氧化层太厚。当时贾埃佛所用的测量仪器也十分简陋,只有一只标准电压表和一只标准电流表,它们还很难测出通过厚氧化层的弱电流。在第三次实验中,他不是仔细地氧化第一层铝条,而是简单地把它放在空气中暴露几分钟,就放回蒸发台中去镀铅膜。这个办法做的氧化层大约不超过3纳米厚,所以他能够很容易地用已有的设备测量电流-电压特性。这一次却成功了!当铅的温度达到7.2K时,激动人心的是电流-电压发生了显著的变化。

怎样进一步肯定实验结果呢?他从别的同事那里借来了既能控制温度又能控制磁场的实验装置,并再次测量了隧道结的电流-电压特性以及与外磁场的关系。由此,贾埃佛成功地以一种最简单的方式测得了超导体的能隙,在别人的赞扬声中,他第一次感到自己有些像物理学家了。

细心的读者可能会注意到,上面所讲的贾埃佛做的实验只是有关正常金属-绝缘层-超导体的实验。1960年,贾埃佛又重新搞来了一套适于减压降温的实验装置(因为在当时所用的隧道结中。铝要在1.2K的低温下才变为超导体)。这次,贾埃佛又成功地观察到了超导体-绝缘层-超导体的隧道效应。

在以后的几年中,贾埃佛又与其他同事合作,在有关超导隧道效应方面做了一系列的工作。由于这些研究,他成为1973年诺贝尔物理学奖的分享者之一。

一个在物理学中差不多是"现学现卖"的研究者却有了重大的发现,这的确是科学史中不多见的事。在总结自己为什么能取得重大成就时,贾埃佛讲过一段谦虚、客观而又给人以启示的话:"我深信在科学的发现上很少有捷径可循，但也不一定需要了不起的知识。事实上，我相信在某个领域中的新手往往有很大的有利条件。不过，在你需要帮助的时候，能够得到各门学科中专家的建议是很重要的。我之所以成功，最主要的就是我在适当的地点、适当的时间结交了通用电气公司内外的很多朋友，他们无私地帮助了我。”

在这里必须提醒读者的是，贾埃佛所发现的超导隧道效应，实际上只是单电子穿过势垒绝缘层的隧道效应。我们在前面讲过，在超导体中，按照BCS理论，超导电流本是由两两结对的电子对构成的。不过，由超导电子对构成的超导隧道效应的发现，那就是另一个故事了。贾埃佛实际上多次地观察到了电子对的隧道效应，但他却把所有显示了这种效应的样品都认为是出现了短路而扔掉了。

33岁的约瑟夫森荣获诺贝尔奖

前面谈过正常金属－绝缘层－超导体结构的隧道结以及超导体－绝缘层－超导体结构的隧道结，在其中“穿墙而过”的电子都是正常电子，通过绝缘层的隧道电流的流动是有电阻的。此时，绝缘层的厚度通常是在几纳米到几十纳米之间。如果超导体－绝缘层－超导体结构的隧道结中绝缘层的厚度只有1纳米左右，那么，一种新的现象将会出现，这就是超导电子对的隧道效应。

这些现象的发现过程与前面谈的单电子隧道效应的发现过程有许多不同之处，而且是与一位名叫约瑟夫森(B. D. Josephson)的英国年轻物理学家的工作紧密相连的。

1940年1月4日，约瑟夫森出生在英国威尔士的加迪夫，曾在著名的剑桥大学学习，1960年，他获得学士学位。在大学里，他先是学习数学，后来又学习物理学，非常擅长于以数学的方式来表述问题。

从1961年起，约瑟夫森在英国超导物理学家皮帕德的指导下读研究生。在超导物理学界，皮帕德以提出超导相干长度的概念和描述超导体“非局域性”而出名。由于约瑟夫森感到自己对于实际问题的理解不够,因而他想要做实验物理方面的论文,以使自己全面发展。于是,皮帕德建议他研究超导体在磁场中穿透层厚度随磁场的变化。约瑟夫森接受了这个题目,也在实验中得出了结果,完成了一篇令人满意的论文。

1961–1962年间,美国物理学家安德森在剑桥大学讲的一门课给约瑟夫森留下了很深的印象。安德森后来在1977年也成为一位诺贝尔物理学奖获得者，那是因为他对磁性和无序系统中电子结构的基础性研究。当时,安德森在美国的贝尔实验室工作,临时到剑桥大学的蒙德实验室任客座教授,并开了一门关于固体理论的课。约瑟夫森听了这门课。其中,安德森提到了一些物理新概念,正是这些概念引起了约瑟夫森的好奇心。他开始考虑在实验上对此进行观测。

在表述量子力学的波函数中,有一个相位的参量,而这个相位的绝对值是不可观测的。约瑟夫森想:是否在两个分离的超导体中,可以观测到描述它们的波函数的相位差呢？此时,约瑟夫森又看到了一些实验物理学家发表于1960—1961年间的论文，这些论文报道了在实验上已经观察到超导电流可以流过两块超导体之间非常薄的区域。由此,他意识到:这种电流就应该是他所想到的相位差的函数。可是,由于想到进行这样的计算实在太难了,他觉得不值得去尝试。

接着,约瑟夫森又了解到了其他几项有关的工作。一项是贾埃佛的隧道穿透实验,贾埃佛的工作仅仅涉及单电子的隧道效应,当时只有贾埃佛本人提出的一个经验公式,除此之外,还没有任何理论可以正确地计算隧道穿透电流,人们也不能从理论上推导出贾埃佛的经验公式;另一项是,有几位理论物理学家刚刚发表了一篇论文,他们在这篇论文中计算了正常金属–绝缘层–超导体结中的隧道电流,但工作并不完整,没有计算更复杂的绝缘层两边都是超导体的情况。

约瑟夫森在看到了这篇论文后，马上就利用他在数学方面的专长，把别人的计算推广到绝缘层两边都是超导体的情况。但出乎意料的是，计算竟得出了一些“奇怪”的结果。过了几天之后，他才相信自己的计算并没有错误，并把据此而写的一篇论文交给了导师皮帕德去审查。皮帕德在看过约瑟夫森所写的论文后根本就弄不清他所讲的东西，叫他最好去找安德森谈谈。此后，约瑟夫森、皮帕德和安德森三人又进行了几次讨论。安德森的鼓励和帮助使约瑟夫森有了足够的信心，决定把工作继续下去，并发表有关结果。导师皮帕德此时虽然还不太明白，但却不怕自己的学生发表“错误”的文章，也支持约瑟夫森继续去做。

由于发表学术论文要向杂志社交费，而当时在英国要兑换美元比较困难，所以这篇论文没有发表在美国权威的物理刊物上，而是发表在刚创刊不久的欧洲刊物上，题为《在超导隧道中可能的新效应》。

约瑟夫森的论文发表后，很快就引起了人们的注意。当然，与任何新奇大胆的理论和预言一样，在没有可靠的实验证明之前，人们对这些理论计算的结果是持怀疑态度的。那些曾认真地思考过超导电子对的隧道效应的人，就更是如此。例如，约瑟夫森的导师皮帕德就曾认为，由于构成电子对的两个电子同时出现隧道效应的概率太小，因而是不会观测出什么结果来的。另一个突出的例子是，BCS 超导微观理论的创始人之一的巴丁，在一开始也没有理解约瑟夫森理论中相位的含义。约瑟夫森的论文发表后不久，在英国伦敦的玛丽女王学院举办的一次低温物理学会议上，巴丁遇见了约瑟夫森，对他的理论表示了怀疑。约瑟夫森在作出这些重要的理论预言时，年仅 22 岁！而 11 年后，当他因此而荣获诺贝尔物理学奖时，也不过 33 岁。

在约瑟夫森作出了预言后，导师皮帕德建议他自己尝试用实验来进行验证。但他的实验却不像理论那么成功，毕竟实验不是他最擅长的。现在回顾起来，约瑟夫森在他的实验中使用了高电阻的隧道结，是导致他失败的一个重要原因。

好消息也不断传来。1963年，也就是在预言作出的第二年，有人从实验上观察到了零电压直流约瑟夫森电流的存在。此后，人们又观察到超导隧道电流随外磁场的变化同光学中单缝衍射图十分相似，并证明了交流约瑟夫森效应。大量的有关工作在世界各地的实验室中相继进行，人们进一步研究了约瑟夫森效应的其他方面及应用。在此基础上，一门新的学科——超导电子学——诞生了。目前，对约瑟夫森效应的应用已经成了超导应用的两大分支之一。约瑟夫森效应被广泛地应用于许多领域，像生物磁性和地球磁场等微弱磁场的测量、电压基准、物理常数的测量等，甚至被用于研制开发新一代的超导计算机。基于约瑟夫森效应而设计的超导量子干涉仪的应用更是引人注目，可以说是引起了一场新的革命。

DIERBU

第二部

科学家

KEXUEJIA

卡皮查：奇特的经历与杰出的成就①

1978年10月17日，瑞典皇家科学院从斯德哥尔摩致电苏联莫斯科物理问题研究所，电文中讲到："亲爱的卡皮查院士：瑞典皇家科学院今天决定将1978年的诺贝尔物理学奖分成两部分，其中一部分颁发给您，以表彰您在低温物理学领域中根本性的发现和发明。"此时，卡皮查已84岁的高龄了。而他为之获奖的工作，却是在将近40年前做出的。到目前为止，在诺贝尔奖颁发的历史上，以此高龄获奖的还只有卡皮查一个人，这也可以算是诺贝尔奖颁发史上的一项"极端"的"记录"吧。有趣的是，卡皮查一生中最重要的科学工作也大多与极端条件的创造和对极端条件下物质性质的研究相关。在这些研究中，他将科学家的才能和工程师的素质在自己身上奇迹般地融为一体。在生活中，他那时而一帆风顺、时而遭遇坎坷的经历更给他蒙上了一层传奇色彩。卡皮查曾说过："人可以分成三类。一些人站在前列，把他们的能力用于推进科学、文化和人类的发展——他们是进取者；另一些人占绝大多数，他们在一旁与进步同行，没有干预也没有帮助进步；最后一类人则站在后面，踌躇不前，保守、怯懦而且没有想象力。"毫无疑问，在这种分类中，卡皮查当之无愧地属于第一类人中的佼佼者。

① 原载《自然辩证法通讯》1990年第3期。

早年生涯

1894年7月9日,彼得·利奥尼多维奇·卡皮查(Piotr Leonidovich Kapitza)出生在俄国圣彼得堡附近科特林岛上的喀琅施塔得。卡皮查继承了波兰贵族的血统,也继承了俄国知识分子的优秀素质。他的父亲利奥尼德·彼德罗维奇(Leonid Petrovich)是一位才华出众的军事工程师,曾为发展俄罗斯的武装力量作出过重要贡献。他的外祖父伊罗尼姆·伊万诺维奇·斯特布尼兹斯基(Ieronim lvanovich Stebnitsky)是位杰出的数学家、天文学家和享有国际声誉的地理学家,帝国科学院的通信院士。卡皮查的母亲奥尔加·伊罗尼莫芙娜是一位儿童文学和民间文学方面的专家,在俄罗斯文化史上也占有一席之地。但在对卡皮查的培养中,学习数学和科学的姨母亚历山德拉(Alexandra)所起的作用似乎更大一些。正是她首先发现卡皮查能很快就掌握几何学的知识。从中学时代起,卡皮查就养成了一种爱好,喜欢修理钟表,他将它们拆开,再自己组装上。这种工艺方面的技能在他以后的科学生涯中发挥了很大的作用。在其他方面,特别是语言方面,卡皮查却并不出众,甚至有些迟钝。他曾进入喀琅施塔得一所注重人文学科教育的文科中学学习,但一年之后就不得不离开那里,转入另一所理科中学。具有讽刺意味的是,1970年后,当他第二次获得苏联社会主义劳动英雄的称号时,他的半身塑像在喀琅施塔得市公共广场落成,却正好面对着当年赶他出来的那所文科中学。

由于理科中学并不开设拉丁语和希腊语的课程,使得卡皮查中学毕业后无法进入当时最有名望的圣彼得堡大学,因此,1912年他只好选择了圣彼得堡工学院。两年后,第一次世界大战爆发,学业被迫中断,他应征入伍,成了波兰前线一个医疗队的司机。1916年退役后,才又回到学校继续学习。他在圣彼得堡工学院很幸运地遇到了苏联著名物理学家约飞(A.F.

Joffe)。当时,约飞是彼得格勒(甚至俄国)物理学界的带头人物,正致力于发展有别于俄国传统的现代物理学派。他将卡皮查吸收到自己领导的物理实验室中。

1916年,卡皮查一篇题为《渥拉斯顿纤维的制备》的论文发表在《俄国物理和化学学会会刊》(物理卷)上。一反传统,他采用电解的方法,对制备工艺进行了改进。这项工作首次展示了卡皮查在工艺方面的出众才华。除此之外,他还采用了一种异常简单的方法来制造很细的石英纤维:用一张弓把蘸了熔化了的石英的箭射到一块天鹅绒上,拉出来石英纤维就随之在空气中凝固。对此技艺,他自己非常得意,在后来经常对学生们津津乐道。

1918年,卡皮查大学毕业,留在彼得堡工学院物理和力学系任讲师,同时也成了约飞在彼得格勒建立的物理技术研究所的研究人员。他与约飞的关系也愈发密切了。此时,国内的经济日益困难。到秋天时,每日配给的面包只有50克,根本填不饱肚子。冬季也几乎没有燃料取暖。一部分教授和讲师纷纷移居国外。就是在这样的情况下,约飞仍设法留住了包括卡皮查在内的一批优秀弟子,并组织和主持了一个研讨班。在研讨班上,他们讨论各种物理问题,大家可以毫无拘束地交流各种观点,并经常持续到深夜。其中,弗伦克耳曾详尽地介绍了英国物理学家卢瑟福(E.Rutherford)在原子核研究方面的惊人发现。此时的卡皮查绝没有想到未来自己会与这个伟人结下不解之缘。

1919年,卡皮查提出了一个设想,可以用弯曲的晶体来使X光光束聚焦。直到10多年后,才又有人在似乎不知道卡皮查(以俄文发表的)论文的情况下,描述了同样的想法,并使之实现。1920年,卡皮查和他的同事谢苗诺夫(N. N. Semenov,1956年诺贝尔化学奖获得者)一道又提出了一个用实验方法来测量原子磁矩的设想:在原子束通过一个很强的非均匀磁场时,观察原子束的离散。这篇文章直到1922年才发表,但在从文章送交到发表之间的这段时间里,德国物理学家斯特恩(O. Stern)和格拉赫(W. Gerlach)也提出了本质基本相同的方法,并将其付诸于实验。由于这一实验为空间的量子化提供了证明,1943年,斯特恩获得了诺贝尔物理学奖。尽管卡皮查的这些想法是领先和独创性的,但由于当时俄国国内物资极度缺乏,不仅没有必要的实验工具和仪器,甚至连普通的裸线都很难弄到,因此,卡皮查未能及时地把这些想法变成现实也就不足为怪了。当然,这是很令人遗憾的。

就在此时,一场灾难落到了卡皮查头上。在内战的动乱中,传染病流行,先是他的儿子患猩红热去世,紧接着,他的妻子和女儿又双双死于在彼得格勒肆虐的西班牙流感。大约与此同时,他的父亲也死于流感。这一串的打击使卡皮查悲痛得不知所措,无法再继续他的研究工作,也彻底地改变了他后来生活的道路。

1920年11月,约飞成为俄国科学院院士。在他的努力下,一个名为"苏联科学院恢复与其他国家联系委员会"的机构成立了。委员会的另一位重要成员是著名的航海工程师和应用数学家克里洛夫(A. N. Krylov)院士,他后来成了卡皮查的第二个岳父。这个机构可以自由地用外币在国外购买科学仪器,并得到了据列宁专门指示而拨出的一笔专款。不过,此机构另一项不公开的任务是向国外的学者们解释在新制度下苏联的科学政策。约飞和克里洛夫都相当了解和珍惜卡皮查的科学天赋,所以他们让卡皮查也加入进来,希望到海外旅行能帮助他摆脱痛苦。但是,当时德国、法国和荷兰等国都不愿冒险接受一个或许是共产主义鼓动者的年轻人,所以,1921年3月,约飞只好先行到了柏林。在那里,经过一番疏通,约飞为卡皮查搞到了去英国的签证。同年5月,卡皮查终于乘船到达了他的第二故乡英国。

剑桥岁月

1921年6月初,卡皮查等到了从汉堡乘船前来伦敦的约飞,他们一同开始了在英国的科学访问。6月12日,他们访问在剑桥工作的物理学家卢瑟福时,受到了热烈的欢迎。卢瑟福是一个声望卓著的物理学家。在他所取得的成就中,最重要的三项是:提出放射性元素衰变理论、提出原子有核结构模型、用。粒子轰击某些元素而实现人工核嬗变。当时,在卢瑟福领导下的剑桥卡文迪什实验室是世界上实验放射性研究、原子物理学和原子核物理学研究的中心。卡皮查自然希望能有机会在此继续深造,并一层身手。约飞对此也没有意见。关于卡皮查向卢瑟福提出这一申请,有一段广泛流传、脍炙人口的故事。当时卢瑟福说,实验室已经过分拥挤,无法再接受卡皮查的申请了。让卢瑟福惊讶的是,卡皮查却机智地问了一个似乎不相干的问题:“在您的实验中误差通常是多少?”卢瑟福回答说:“大约2%~3%。”卡皮查马上指出,卡文迪什现有大约30个研究人员,再多一个人也不会被注意到,因为这是在误差范围之内!就这样,卡皮查终于说服卢瑟福将自己留了下来。一年后,当卡皮查再次问卢瑟福为什么接纳他时,卢瑟福爽朗地大笑道:“我也不知道当时为什么同意,但我很高兴这样做了。”

新来卡文迪什实验室工作的人,通常要在查德威克(J. Chadwich)的指导下进行一两个月的工作实践,以熟悉各种有关的技能,由于卡皮查的刻苦勤奋和技能超群,只用了两个星期,查德威克就很满意地让他通过了课程。当然,在卡文迪什实验室。对卡皮查影响最大的,还是卢瑟福本人。这一点在他从剑桥寄给母亲的信中清楚地表达了出来。1921年8月,他写道:“……昨天我初次就一个科学研究课题和卢瑟福教授谈了话。他很和蔼,把我带到了他的房间,并给我看他的仪器。尽管他有时暴躁,但他肯定有某种引人之处。”

在10月份,卡皮查写到:

……卢瑟福对我越来越亲切。他见到我时,便向我点头致意,并询问我的生活情况,但我有点害怕他。我正好在他的书房隔壁工作。这很不妙，因为我吸烟必须要小心，如果他看到我嘴里叼着烟斗，那可就糟了。不过感谢上帝，他走路脚步很重，我可以从脚步中区分是他还是别人。

卡皮查在听卢瑟福和查德威克等人讲课的同时，在卢瑟福的建议下，于8月初就开始了对α粒子能量变化的研究。这典型地属于卢瑟福本人感兴趣的研究课题。以前人们通过对α粒子穿过磁场时的偏转来进行测量，但无法测量低能粒子。卡皮查的办法是：采用灵敏的博伊斯（Boys）辐射微热计，通过测量α粒子穿越物质时产生的热效应来研究其能量损耗。这个方案惊人迅速地获得了成功的结果。在实验室中，由于辐射微热计极其灵敏，甚至可以探测到大约2千米外一支蜡烛的火焰，对百万分之一度的升温能有所反应，所以它要求使用者有超乎寻常的技能。而卡皮查却巧妙地避免了任何会淹没实验结果的偏离效应。9个月后，他完成了一篇论文，经卢瑟福审阅，很快就发表在《皇家学会会刊》上。此时，卡皮查可以说真正地成了卢瑟福学派中的一员。这篇论文的开头标明这是第一部分，然而，后来却再没有什么第二部分问世了。因为卡皮查的头脑已完全为另一个新想法所占据了。这就是，通过测量α粒子在磁场中轨迹曲率的变化来研究其速度沿轨道各点的变化。问题在于，α粒子质量较大，现有的磁场不足以使其轨道充分弯曲。在用螺线管产生强磁场时，由于电磁产生的热效应，当电流超过一定强度，就会将螺线管烧毁，即使采用冷却的方法，技术上也有无法克服的困难。卡皮查对解决这一困难的新奇想法是，在百分之几秒时间内给螺线管通很大的电流，产生强脉冲磁场。由于通电时间短，电流所产生的热不会破坏线圈。卢瑟福当即对此想法产生了兴趣，并认为它会成功。于是，卡皮查用一个低容量的蓄电池作为电源，通过让其和一个螺线管短路来获得脉冲磁场。在花去了卢瑟福150镑的费用后，在1922年11月，他取得了令人满意的成果。一张有三条曲线的照片摆在面前，这三条曲线就是α粒子在磁场中的轨迹。卢瑟福对这三条曲线异常欣喜，实验室的许多其他人也来参观照片，并赞不绝口。由于这项出色的工作，卡皮查在剑桥的地位得到巩固。1923年1月，他被正式认可为攻读博士的研究生，时间从1921年10月算起。考虑到他在俄国的工作，又减免了一年的学习期限。这样，在1923年6月14日，卡皮查以题为《α粒子在物质中的穿越和产生磁场的方法》的论文获得了博士学位。不过，这也是他做的最后一项在卢瑟福个人专长的原子核物理学领域中的研究工作了。他在写给母亲的信中讲："遇到卢瑟福时，我问道：'卢瑟福教授，你不认为我看上去更聪明些了吗？'这一有些不同寻常的问话引起了卢瑟福的兴趣：'为什么你应该看上去更聪明些了呢？'我回答道：'我刚刚变成了博士。'卢瑟福立即向我祝贺，并说：'是的，你的确显得更聪明了，加上你又理了发。'随即大笑起来。"卡文迪什实验室，敢于对卢瑟福如此放肆的也许只有卡皮查一个人。但卢瑟福非但毫不介意，反而接着又推荐他，使他获得了为期3年的麦克斯韦奖学金，尽管他已取得了博士学位。

接下来，卡皮查又对他的装置作了进一步的改进，用一台特殊设计的发电机代替了蓄电池。用此装置，可以在2立方厘米的体积中获得高达32万奥斯特脉冲强磁场，磁场强度远远高于普通磁体所能达到的场强（后来，回到莫斯科后，他又用这台设备将记录提高到50万奥斯特）。虽然脉冲磁场只能持续大约百分之一秒，但这段时间对于研究α粒子已绰绰有余了。卡皮查自己喜欢讲两个与此有关的小笑话。一个笑话是说，如果知道怎样利用，百分之一秒就是很长的时间。另一个笑话是说，他是科学界被付给最高薪水的人，因为他一年总共只工作几秒钟。

致力于产生强磁场装置的工作，标志着卡皮查科学生涯中的一个重要转折点。同时也是剑桥的物理学研究从设备简单的实验走向利用大型、复杂的现代设备的一个重要转折点。卡皮查随后将他的研究方向转向了固体物理。利用这套装置，他测量了各种金属在磁场中电阻的变化。他发现，金属的电阻率随磁场的增大呈线性增加。这一现象被称为"卡皮查线性定律"。直到20世纪60年代，随着金属理论的发展，才对此现象有了较好的理论解释。

照理说，用此装置可以用替换材料的方法把实验无限地做下去，不断地出成果。但卡皮查却不是这样的人。他后来在给卢瑟福的一封信中，在评价苏联物理学家瓦维洛夫（S. I. Vavilov）时，就曾这样批评瓦维洛夫，说瓦维洛夫一生就靠一套装置，只变换实验材料和实验条件，却满足于自己在做科学工作。卡皮查为了进一步研究金属在低温下的性质，大约在20世纪30年代初，他已把注意力转向了另一个极端的领域——低温技术。

第一步是建造氢液化器。为了克服在不纯的氢气中冷却时杂质会堵塞管道的困难，他聪明地采取了这样一种措施：只在一封闭的循环系统中使用少量极纯的氢气，用它来冷却大量的商品氢，并让杂质沉淀到热交换器底部，以避免堵塞。这台氢液化器只需要20分钟就可以启动。

接下来，是建造氦液化器。当时，在世界上别处不多几家能液化氦的实验室中，在液化氦的过程中都是采用液氢进行预冷。但氢气易于爆炸，很不安全，而且用这种方法液化氦程序复杂，很费时间。人们虽然早就知道，可以利用焦耳-汤姆孙效应，采用绝热膨胀的办法直接液化氦，但因为在很低的温度下，所有的润滑剂都将凝固，活塞的润滑问题一直无法得到解决。面对这一难题，卡皮查又一次独出心裁地从没有办法的地方想出了办法：既然润滑剂不行，干脆就不用润滑剂！他只是简单地让活塞周围留下百分之几毫米的缝隙，当压缩活塞时，从缝隙中逸出的氦气自身便起了润滑作用。在卡皮查的努力下，1934年，第一台依据这种想法制造的氦液化器终于在剑桥诞生了。这台液化器一直使用了10多年。后来，人们称这种类型的液化器为卡皮查液化器。它为美国人柯林斯（S. C. Collins）在1947年设计商用氦液化器奠定了重要的基础。膨胀机在氦液化器中的应用也从此得以开始。

多年后，卡皮查在一篇纪念爱因斯坦的文章中说，对于爱因斯坦，他最为赞赏的是其有关光电效应的工作，因为它给出了射出的电子的能量与普朗克常数之间极其简单的关系。卡皮查也喜欢乌克兰哲学家斯考活罗达(G. Skovoroda)的一句名言:"我们必须感谢上帝,因为他以这样的方式创造世界,使每一件简单事物都是真的,而每一件复杂的事物都是假的。"在卡皮查自己的工作中,不论是在工程工艺方面,还是在纯科学方面,也同样体现了他这种对简单性的追求。当然,在他每一项简单而又有独创性的想法中,都闪耀着智慧的火花。

由于在科研方面硕果累累,卡皮查在剑桥的地位越来越高。1924 年,他成为卡文迪什实验室的磁学研究助理主任,1925 年,成为剑桥大学三一学院的研究员。1929 年,卡皮查当选为英国皇家学会的会员。这在当时对一个外国人来说,是很少能获得的殊荣。1930 年,卢瑟福说服皇家学会,从蒙德(L. Mond)的遗赠中拿取了 1.5 万英镑,专门为卡皮查建造一所从事高场和低温研究的实验室,取名为蒙德实验室,由卡皮查担任实验室主任。实际上,早在 1922 年,卢瑟福就对卡皮查讲过:"如果我有可能为你建立一个专门的实验室,让你可以和你自己的学生在里面工作的话,我将非常高兴。"当蒙德实验室在 1932 年正式落成时,人们看到,门口的墙上有一幅鳄鱼的浮雕,实验室里面又有一幅卢瑟福的浮雕。这是卡皮查在以他独特的方式向卢瑟福表示敬意。其实,卡皮查早就在他给母亲的信中把卢瑟福称为"鳄鱼"了。至于为什么起了这样一个绰号,有过种种不同的说法,其中最有道理的也许还是卡皮查自己的解释:"在俄国,鳄鱼是一家之父的象征,令人赞赏和敬畏,因为它有直挺挺的脖子,无法回头。它只是张着嘴,一往直前——就像科学、就像卢瑟福一样。"

在剑桥,卡皮查经常在一些讲座中介绍自己的研究工作。这些讲座也是独具特色的。例如,他在黑板上写的内容往往与口中讲的不一样。有一次,休恩伯格(D. Shoenberg)在课后请他澄清一下自己听到的与笔记中的矛盾之处,卡皮查却说:"如果我把一切都讲清楚,没有任何矛盾,那就没有留给你去思考的东西了。"在一次有关通俗性的演讲中,他曾这样讲:"我将试图这样来表述,让 95%的人听懂 5%的内容,让 5%的人听懂 95%的内容!"

卡皮查还把俄国的传统带到了剑桥,成功地组织了一个讨论班,人称"卡皮查俱乐部"。卡皮查自然是永久的主席。他对自己在剑桥留下的这个印迹十分自豪。讨论班从1922年10月17日开始第一次会议,参加者缺席两次便被除名,而且只有在参加者自己作了报告之后,才能成为永久成员。"卡皮查俱乐部"对推动剑桥物理学的发展起了不小的作用。像玻尔、埃伦菲斯特、弗兰克、海森伯、考克罗夫特等人,都曾是讨论班中作报告的主角。当然有时讨论的内容也会超出于物理学之外。1934年8月21日,举行了卡皮查在任的最后一次会议——第377次会议!卡皮查离去后,讨论班由考克罗夫特继续负责主持,又坚持了许多年。

也是在剑桥期间,卡皮查可以经常去法国、德国、比利时与荷兰等国参加各种物理学会议,其中包括两次出席在布鲁塞尔召开的索尔未会议。1927年4月,他在巴黎结识了克里洛夫(前面提到的与约飞一同帮助卡皮查出国的那位院士)的女儿安娜·阿列克谢耶芙娜(Anna Alexeevna),两人当即坠入情网,很快就回剑桥结了婚。1929年,他们的第一个儿子谢尔盖(Sergei)出生了,他后来成了一个出色的物理学家和苏联电视台通俗科学节目的主持人;1931年,小儿子安德烈出生,他后来成为一个地理学家,曾数次参加南极考察工作,并当选为苏联科学院通讯院士,成了这个家族中的第四代院士。这是一个幸福的家庭,尤其是安娜。一位友人曾评价安娜说:"有些女人生来是妻子,有些女人生来是母亲,而安娜既是母亲,更是妻子。"

这一切似乎还不够,卡皮查追求的还要更多。1931年卢瑟福被封以贵族爵位,这件事给卡皮查留下了很深的印象。他甚至曾向一位朋友询问:"一个外国人可以成为上议院的议员吗?"

卡皮查正值春风得意之时,他多么希望这种一帆风顺的生活永远继续下去!但就在这时,命运突然和他开了一个不小的玩笑。

回国风波

当卡皮查初到剑桥时，他只打算呆过冬季，然而，一转眼，13年过去了。不过他始终保留着苏联的国籍。就在1929年他当选为英国皇家学会会员时，苏联也把他选为苏联科学院通信院士。从1926年起，卡皮查几乎每年夏天都要回国一次，看望母亲、讲学以及在高加索山或克里木半岛度假。他成了一位具有特殊身份的苏联公民，可以自由地来往于英国和苏联之间。从1926年到1931年，几次邀请分别来自托洛茨基（L.Trosky）、加米涅夫（L. Kamenev）和布哈林（N. Bukharin）。1929年，加米涅夫曾请他担任在哈尔科夫建造的乌克兰物理技术研究所的顾问，卡皮查虽对此建议有兴趣，但他对加米涅夫讲，苏联的条件不适合他工作，他在国外工作会对苏联更有贡献，他可以在夏季回国访问期间对研究所的工作提出建议。于是，在苏联政府认可之下，卡皮查继续保持了他特殊的身份。

1934年8月，卡皮查像往常一样偕夫人回国，先是在列宁格勒参加了门捷列夫大会，又在哈尔科夫讲学。10月初，当他与安娜要返回剑桥时，却被苏联政府告知说，以往的特许不再有效，卡皮查必须留在苏联。几天后，安娜得到允许，一人回到英国去照看孩子们，并将这一消息带到了英国。

关于卡皮查被强行留下的原因，人们众说纷纭。卢瑟福认为是由于卡皮查曾向朋友夸下海口，说他能改变这个时代电子工业的整个面貌，而苏联人对纯科学与应用技术的关系并不十分了解，想留下他为发展苏联的工业而工作。休恩伯格提出了另外两个可能的原因，一是苏联理论物理学家伽莫夫（G. Gamov）出访西方时没有回国，因此苏联采取了这一针锋相对的举动；另一原因是苏联的第二个五年计划要迅速发展科学，需要有大量出色的科学家在国内参加工作。美国科学史家贝达什（L. Badash）还谈到。更可信的是因为苏联人怀疑卡皮查在为英国政府进行军事研究，从而宁愿他回国工作。事实上，有文献证据表明（尽管不是广为人知），他的确曾从事过这种工作。

卡皮查被扣的消息传来后，在英国这一方，卢瑟福马上开始了频繁地多方活动，试图帮助卡皮查重返剑桥。为了保全苏联政府的面子和不引起政府纠纷，一开始活动是在私下进行的。卢瑟福曾写信给苏联大使麦斯基（I.Maisky），希望苏联政府改变这一决定，但麦斯基回绝了他。卢瑟福也曾写信给英国首相鲍德温（S. Baldwin），写信给他从前的学生玻尔（N. Bohr）。法国物理学家朗之万（P. Langevin）等人也介入了。他们甚至试图发起一次联名请愿。但是在科学的国际主义与苏联本国利益的这场冲突中，这些方法都未能奏效。于是，在 1935 年 4 月底，消息终于见诸报端，并掀起一场轩然大波。苏联大使也在英国的报纸上反击："无疑剑桥愿意在它的实验室中拥有全世界最伟大的科学家，同样，苏联也愿意你们的卢瑟福勋爵和其他伟大的物理学家到她的实验室来。"

卡皮查留在苏联，相当长一段时间无事可做，情绪极度沮丧。他在给妻子的许多信中，不止一次地讲"我一生中从未像现在这样孤独"，"有时我觉得我要发疯了"。他甚至产生了放弃物理，想和巴甫洛夫（I.Pavlov）从事生理学研究的念头。1934 年 12 月 28 日，苏联官方颁布了建立物理问题研究所的政令，并任命卡皮查为所长。当卡皮查从报纸上读到对自己的任命时，却只感到震惊。正如他在给安娜的信中所讲的："对任何事情，最好是让做它的人认为他是在按自己的意愿去做，而不是按照命令去做，甚至自我欺骗地这样认为。只有士兵才需要命令。"在苏联有这样一则传说，卡皮查问莫洛托夫："你难道不知道鸟在笼子里不会唱歌？"莫洛托夫则回答道："这只鸟会唱的。"

卡皮查强调没有剑桥的设备他无法工作，卢瑟福那方也意识到让卡皮查回剑桥已经无望，于是改变了帮助他的方式。经谈判，苏联政府最后同意以 3 万英镑向英国购买卡皮查在剑桥蒙德实验室的设备。在卢瑟福和考克罗夫特的大力帮助下，设备运抵苏联。卡皮查也只能接受现实。他在

1935 年 10 月给卢瑟福的信中感叹:“我们毕竟只不过是在河流漂浮的物质微粒。我们称此河流为命运。我们可以控制的一切只不过是稍许偏转一下轨迹和保持不沉下去。河流支配着我们。”新的物理问题研究所的基建工程于 1935 年初开始,虽然进展缓慢,但到 1936 年年底,一切终于安顿下来。卡皮查虽仍有不满,但毕竟可以继续他的科学工作了。

低温研究

在新的物理技术研究所中,卡皮查很快又完成了一系列出色的工作。最初,他仍用从蒙德实验室买来的强磁场装置作了一些研究,如对曼塞效应的研究等,但他很快就把主要的精力投入到低温的研究中去,其中最突出的是他对液氦性质的研究。

自从 1908 年荷兰物理学家卡末林-昂内斯(H. Kamerlingh Onnes)首次成功地液化了氦气后,液氦的种种奇特性质吸引了许许多多物理学家,并不断有新的发现。例如,液氦在 2.19K 的λ点处发生相变等。1936 年,荷兰物理学家开索姆(W. Keesom)等人又发现,在λ点之下,液氦有极高的导热性。这一发现引起了卡皮查的注意。但他却认为,这种热传递也许是由于液氦极低的黏滞性所导致的对流所造成的。为了证实自己的观点,卡皮查在 1937 年设计了一个简单的实验。他使用两块很光滑的玻璃片,其间留有极窄的缝隙,以观察液氦在缝隙中的流动。实验的结果表明,在λ点之下的液氦Ⅱ的黏滞性至少要比在λ点上的液氦小 1 500 倍。为此,他类比金属的超导电性,把在λ点之下处于特殊状态的液氦称为“超流体”。这就是液氦超流动性的发现。事实上,这个巧妙的实验构思正好可以用他后来的一段话作为注释:“我根据长期从事实验工作获得的经验了解到,正确估计初学者的能力的最好方法同估价一个成熟的科学家的能力一样,都可根据他发现一个解决问题的简单方法的天然倾向和能力来做出。”

与此同时，在剑桥蒙德实验室工作的英国物理学家艾伦（I. F. Allen）和米森纳（A. D. Misener）也用毛细管的方法独立地得到了相同的实验结果。最后，这两篇重要论文一起发表在1938年的同一期《自然》杂志上。

在液氦的超流动性被发现后，各国物理学家在对液氦Ⅱ的认识和了解方面纷纷取得进一步进展。在这些进展中，最重要者就包括由卡皮查随后进行的一系列实验：在液氦Ⅱ中热量的流动伴随着液体的机械流动。在此基础上，苏联理论物理学家朗道（L.D. Landau）提出了他关于液氦二流体理论，并预言了在液氦中“第二声”（一种温度波）的存在。为此朗道获得了1962年的诺贝尔物理学奖。

此外，卡皮查1941年还在实验中发现，当热量从固体流向液氦Ⅱ时，在界面处存在有温度的不连续，这种现象被称为“卡皮查界面效应”或“卡皮查热阻”。它成了人们在以后低温研究中多年关注的课题。顺便可以提到，卡皮查为了培养人才，每年要从莫斯科大学挑一个优秀的毕业生来物理问题研究所从事研究并完成毕业论文。我国低温物理学家管惟炎1956年曾被卡皮查挑中在物理问题研究所工作，对这一课题进行了深入的研究，并发现了“反向卡皮查热阻”。

除了纯科学的研究之外，卡皮查在低温领域的另一类工作更侧重工程技术，主要是发展了新的、可以用于工业的大规模廉价简易液化空气的方法。1939年他设计并建成了第一台液化空气用的膨胀透平机，用这种机器可以生产大量的商用氧气。这给低温技术带来了重大的变革。

1941年，纳粹入侵苏联，迫使物理问题研究所迁至喀山。在这段期间，卡皮查的工作也有了相应的变化。当时，在苏联部长会议的领导下成立了一个负责液氧生产的机构，叫氧委员会，卡皮查成为这一机构的负责人。这也是他第一次兼任政府部门的工作。他在战争期间研制出世界上功率最大的生产液氧用的透平机，为苏联的工业提供了急需的大量氧气。直到1943年物理问题研究所迁回莫斯科时，他还在负责一所生产氧气的工厂。为这些工作他还获得了许多专利。

由于卡皮查的出色成果,他在1939年成为苏联科学院正式院士。1941年和1943年,他两次获得斯大林奖,1943年和1944年获列宁勋章。为了表彰他在制氧方面的成果,1945年卡皮查被授予列宁勋章、"斧头镰刀"金质奖章和社会主义劳动英雄称号。1964年、1971年、1974年卡皮查又三次获得列宁勋章,1974年再次获社会主义劳动英雄称号和"斧头镰刀"金质奖章,并多次获得苏联和国外的多种荣誉奖励。特别是1944年,由于在磁学和低温领域中的贡献,卡皮查获得了美国费城富兰克林学院授予的富兰克林奖章。卡皮查是第一个获得此荣誉的苏联科学家。在授奖仪式上,卡皮查讲道:"在我荣幸地接受的这枚奖章上,铸有本杰明·富兰克林的形象。他是自由与民主的伟大斗士,是他那个国家的公仆。从他生活和工作的时代至今,已过去大约200年了。这些年中,我们的生活方式、国家体制、科学和我们的关系都发生了巨大的变化。但是,对于我们来说,富兰克林为之服务的伟大人道主义理想是依然不可动摇的。对我们来说,他依然是坚持民主和自由伟大理想的榜样……因此,我把这枚镌有伟大的科学家和民主战士的奖章看成是苏美两国科学家在战时和即将到来的和平时期进一步努力合作的象征。"

正直无畏

有这样两件卡皮查在剑桥的轶事。一件是,当卡皮查刚到卡文迪什实验室时,卢瑟福曾向他宣布了一条"禁令":在任何情况下都不允许在实验室里进行共产主义宣传。后来当卡皮查的第一项研究成果发表时,他在送给卢瑟福的一份油印本上题词说,此文可证明他到该实验室是来搞科学研究而不是进行共产主义宣传的。卢瑟福见到后大怒,咒骂着将油印本退给卡皮查。卡皮查早已料到会这样,马上把另一份早准备好的、已写上很得体题词的油印本送上。卢瑟福显然很赏识他这种先见之明,于是争吵就平息了。另一件轶事是，当蒙德实验室落成时，英国首相鲍德温前来祝贺。卡皮查向他介绍了实验室的各种设施以及为预防爆炸事故而特别设计的屋顶。鲍德温向卡皮查问到："是这样吗？"卡皮查回答道："噢，是的，你可以相信我。因为我不是政治家。"

然而，卡皮查并非消极地回避一切与政治有关的事。在他的一生中，他多次在重大关头表现出正直与无畏的精神。例如，1938年，在苏联的大清洗中，物理学家朗道莫须有地被指控为"德国间谍"而遭到逮捕，卡皮查在几次拯救无效后，直接上书斯大林和莫洛托夫，说没有朗道他的工作就无法继续下去，要么无罪释放朗道，要么他自己就辞职离开研究所。1940年春，朗道在关押了近一年后终于被无罪释放。在这当中卡皮查的作用也许是关键性的。多年后，在卡皮查70寿辰时，朗道曾这样讲："……今天看来，这样的控告似乎十分可笑，但在那时这可不是笑话。我在狱中度过了一年，但显然无法再支持半年——我简直要死了。……用不着渲染什么，在那些年月，卡皮查的举动需要大勇、大德和水晶般纯洁的人格。"

像这样的事例并不是唯一的。他曾公开站出来反对反犹太主义：曾为"持不同政见"的遗传学家麦德维杰夫（Z. A. Medvedev）辩护；当李森科（T. Lysenko）在苏联科学界占统治地位，排斥摩尔根遗传学，对持不同观点的科学家横加迫害时，他曾在物理问题研究所的讨论班上公开抨击李森科的观点；1966年在苏共第23次党代会之前，卡皮查与苏联物理学家萨哈罗夫（A. D. Sakharov）、塔姆（I. Y. Tamm）及其他各界24位知名人士签署了一份请愿书，呼吁党不要恢复斯大林的名誉，因为"那将是一场灾难"；而在1973年，当萨哈罗夫因在苏联捍卫人权而受官方迫害时，5位出席普格瓦什会议的苏联科学院院士里有4位联名签署了一份谴责萨哈罗夫的宣言，唯独卡皮查没有签名。他强烈反对要把萨哈罗夫驱逐出苏联科学院的做法，并提醒说，除了纳粹曾把爱因斯坦赶出普鲁士科学院之外，再没有人这样做过。卡皮查还曾对那些不懂装懂的哲学家在自然科学领域里的工作提出尖锐的批评，认为"哲学家本来是应预见到自然科学的发展，而不是死守住已经过去的阶段”，“在自然科学领域中运用辩证法要有对实验事实及其理论概括的十分深刻的知识。没有这个，辩证法本身不能给出问题的答案。”为此，他受到苏联哲学界一些人的指责。然而，在所有这些言行中，对卡皮查自身影响最大的还是他拒绝在贝利亚(L. Beria)的领导下为苏联研制原子弹而工作。对此，赫鲁晓夫曾在他的回忆录《最后的遗言》中这样写到：“我们要卡皮查真正去做资产阶级报纸说他曾做过的事：我们要他为我们的核弹计划工作……问题在于，他拒绝接触任何军事科研工作。他甚至要说服我，说他出于某种道德信念，不能从事军事科研工作。”

也许正是由于这一点，1946 年夏天，卡皮查被解除了物理问题研究所所长的职务，而当时官方的说法却是因为他“对苏联和国外制氧技术傲慢的态度”和“未能按计划日期使冶金工业采用新的装置”(尽管这与他因对制氧技术的贡献而获得种种荣誉相矛盾)。在此情况下，卡皮查不得不离开研究所，到他在尼科利纳山的“别墅”隐居起来。在隐居生活中，卡皮查仍然没有停止科研工作。他一方面进行了一些纯理论性的研究，例如像“论风对海浪形成之作用的问题”、“悬挂点振动的摆的动态稳定性”、“贝塞尔函数根负偶次幂的和的估计值”等等，这些工作显示出他在理论方面的素养，既抓住了问题的本质，又机智地简化了数学的分析。另一方面，他开始在小木屋中装备自己的实验室，自己动手去做一切必要的实验装置。他对球形闪电提出了自己独特的见解，并付诸实验。在此方面，卡皮查开始了在另一个新方向——“大功率电子学”——的研究。特别是，他设计并制成了一种线性的磁控管——“尼科管”，这是以尼科利纳山来命名的。它可以产生和聚集几千瓦分米波段的电磁辐射，这在几秒钟内就可以使石英熔化。随后，卡皮查将尼科管用于研究热核过程，开始了在等离子体方面的实验。简陋的条件并没能完全将卡皮查束缚，相反，却在另一个极端的领域中激发了他的灵感。

晚年活动

直到 1954 年，卡皮查的隐居生活才告结束。他把亲手建成的家庭实验室移交给了物理问题研究所。1955 年，卡皮查被重新任命为物理问题研究所所长。此后，在科学工作上，卡皮查主要从事等离子体方面的研究，这是从他被贬职时开始出现的转向。他相信这方面的研究也许会为未来能源问题的解决找到出路。1969 年发表的消息表明，他已观察到在束状高频高压放电中形成的高温等离子体。进一步地，卡皮查继续努力在更大的规模上进行等离子体实验。

在晚年，卡皮查发表的科学论文逐渐地少了下来，但他在另外一些领域中却更加活跃。从 1965 年起，在苏联定居了 30 多年后，随着赫鲁晓夫的下台，卡皮查终于又获得了出国的许可。他先后到了丹麦、英国、南斯拉夫、波兰、荷兰、印度、加拿大、美国、瑞士和意大利等国，有时是接受各种荣誉称号和奖章，有时是进行访问、讲学和出席学术会议。与此同时，他不断地撰写文章，进行演讲，讨论科学组织工作、杰出科学家在科学中的作用、科学思想及教育等等诸方面的问题，卡皮查尤其关注的是全球性问题。他明确地指出："在我们这个世纪，对许多问题的解决已超出了任何单一国家的能力范围，而只有靠全球规模的努力才能达到。在原子弹和核战争的威胁面前，人们才首次觉醒，认识到人与自然之间的关系所具有的全球性特征。人们已普遍接受的看法是，在世界任何一处爆发这种战争，都会在几个小时内污染整个地球，并把人类推向末日。着眼于这种威胁，人类必须放弃使用核武器。"卡皮查认为，全球性问题的三个主要方面是：①技术与经济方面，这涉及自然资源的枯竭；②生态方面，指人类和人类赖以生存的自然之间的平衡问题；③社会经济方面。卡皮查认为与这些问题相关过程的动力学可以用指数函数来描述——其进程最终会导致爆发式的突变。

因此，“在国际范围内解决全球性问题的需要将促进人类努力走向和平共存和裁军。……人们将感到自己是近邻。面对着全球性危机这个迫在眉睫的共同敌人，这种危机将使人们齐心协力去共同奋斗。”

如此等等，卡皮查在纯科学之外的许多论述引起了人们相当的注意。1980年，著名的美国波士顿科学哲学研究丛书专为卡皮查出版了一本文集——《实验、理论、实践》。这也是首位苏联科学家在此套丛书中系统地阐述自己的观点。最近，在为反映25年来波士顿科学哲学讨论会情况而出版的《二十五年的素描》一书中，共收集有19篇论文，其中就包括卡皮查的《复杂的科学问题》一文。

1984年，当人们正准备为卡皮查庆祝90大寿之际，在3月底，卡皮查因患严重的中风住进了医院，4月8日就溘然与世长辞。此时，距他90岁的生日只差3个月的时间。在走过如此奇特的生命旅程，为科学的发展做出如此众多的重要贡献后，卡皮查可以说是死而无憾了。他的名字将载入科学史册。

玻色：第三世界科学家的彗星现象①

引　言

在科学社会学中，人们多以发达国家中的科学家和科学共同体作为研究对象。实际上，第三世界国家中科学家的工作条件、社会背景和思想文化背景与发达国家相当不同。因此，对第三世界国家中科学家工作特点的考察，就成为了一个十分重要而且颇有意义的课题，并值得人们进行深入广泛的、乃至个案的研究。

印度物理学家沙提恩德拉·纳思·玻色(Satyendra Nath Bose)就是现代物理学史中一位非常独特的人物。一方面，作为一位土生土长的第三世界物理学家，他提出了一种量子统计方法，在量子统计力学的发展中迈出了重要的一步；而另一方面，与许多西方著名科学家不同，在他一生中只有这一项似乎是"独立"和"偶然"的工作真正具有重要的意义。玻色在完成了这项工作后，虽曾游学欧洲，而且回到印度后又发表了一些科学论文，但正如多年后他自己也承认的那样，他的其他论文并不怎么重要。"回到印

① 原载《二十一世纪》(香港)1991年第5期。

度后……我再也不属于科学界了。我就像一颗彗星那样，来了一次就再也没有回来。”实际上，这种情况在第三世界的科学家中是有一定代表性的。他们中许多人的确曾在科学领域中作出过重大贡献，但却仅仅是昙花一现而已，随后便再无建树。对于这种现象我们不妨借用玻色的话，称之为“彗星现象”。

本文将在国外学者工作的基础上，以个案研究的形式，对玻色的经历与工作的独特之处及所谓“彗星现象”发生在玻色身上的各种原因作一初步的分析。

玻色的早年经历与知识背景

1894 年 1 月 1 日，玻色出生在印度的加尔各答（Calcutta)。1909 年从中学毕业后，他进入了加尔各答的管辖区学院(Presidency College)。这所学院的科学系拥有不少优秀的教师，学生的素质也很好。在玻色的同学中，有一大批人后来成了印度著名的科学家。1913 年，玻色通过了该校混合数学(与应用数学相近，涉及天文学、动力学、流体力学和某些纯数学的内容)的科学硕士考试。在两次考试中玻色均名列榜首。

在当时的印度，像玻色这样有才华的年轻人走到这一步以后，出路通常有两条，或是去政府机构中任职，或是继续研究科学。但后一条路更为坎坷。当时，欧洲的物理学(尤其是相对论和量子论)正在蓬勃发展，但在印度却连最基本科学文献都很难找到。幸而，先后有几个难得的机遇改变了玻色的处境。

这些机遇是，1914 年，在一些私人捐赠的基础上，高等法院法官兼加尔各答大学名誉校长阿苏托什·穆克尔吉爵士(Sir Asutosh Mookerji)创立了加尔各答大学和专为帮助印度学者的基金会。这是一项重要的改革，因为在此之前，印度的大学深受英国影，其中的职位充其量不过为第三流的苏格兰学者所占据。再者，该学院也是印度第一所提供高等科学研究的学院。1915年，玻色从穆克尔吉那里申请到了奖学金，并获准使用穆克尔吉个人在物理及数学方面的大量藏书。此外，玻色还从一位外籍教师和一位刚从国外回来的学者那里借到了一些最新的物理学文献。凭借了这些信息来源，玻色才接触到当时物理学的前沿。实际上，第三世界的青年学者在这种艰难的经历中所遇到的巨大困难，往往是那些发达国家的学者们想象不到或难以想象的。

开量子统计力学之先河

1921年，为了寻求更自由地进行研究工作机会，玻色离开了加尔各答，前往达卡大学任高级讲师。在达卡大学工作期间，他继续深入思考理论物理学的问题，特别是批判地学习像普朗克、爱因斯坦和玻尔这样一些大师们的著作。由此，他注意到了前人在推导普朗克的著名的黑体辐射公式时所用到的量子条件和经典理论的不自洽性。玻色后来曾这样回忆说，"作为一个必须把这些东西向学生们讲清楚的教师，我是清楚这些冲突并且考虑过它们的。我要弄清楚怎样用我自己的方式来设法解决困难。并不是某位老师要我去解决这些个小小的问题，而是我想要知道。于是这就引导我应用了统计学。"经过紧张地思考和研究，1924年6月初，玻色完成了他题为《普朗克定律与光量子假说》的重要论文。由于玻色对此问题的处理事实上完成了爱因斯坦多年追求的目标。6月4日，玻色把论文的手稿寄给了爱因斯坦，并附上了一封诚恳的信，信中写到：

尊贵的阁下：

不揣冒昧，寄上文稿请赐审阅和指正。我渴望知道您对此文的看法。您将看到，我已试着独立于经典电动力学而只假设相空间中的终极基元域为h^3来推导了普朗克公式中的系数$8\pi v^3/c^3$。我的德文水平不足以翻译此文。如果您认为此文值得发表并安排它在《物理学期刊》(*Zeitschrift furphysik*)上发表,我将是十分感激的。尽管我对您来说是一个完全陌生的人,我还是不迟疑地向您提出了这一请求。因为我们都是您的学生,尽管只是通过您的著作而受到您的教诲……

玻色这篇论文原来的目的只是想在逻辑上自洽地推导出普朗克定律,但在此过程中,他无意中迈出了关键的两步:(1)遵循普朗克把相空间划分成体积为h(h为普朗克常数)的相格;(2)在计算光量子在这些相格中可能的分配方式数时,暗中假定了光量子彼此间是不可区分的(尽管他对此未作出明确讨论)!而这正是超出了经典统计力学的重大飞跃。

爱因斯坦马上发现了玻色论文的重要意义,他在接到信和手稿大约一个星期后,就把这篇论文翻译成德文寄出。论文于1924年7月2日寄到《物理学期刊》,同年发表在该杂志的8月号上。在论文后面,爱因斯坦还附上了简要的译者按:"在我看来,玻色对普朗克公式的推导意味着一个重要的进展。这里用的方法也得出我要在别处阐述的关于理想气体的量子理论"。

随后在1924年7月到1925年1月间,爱因斯坦在连续三篇论文中,把玻色的方法推广到处理静止质量不为零的物质粒子上。至此,通过玻色和爱因斯坦的工作,一种新的不同于经典玻耳兹曼统计法的量子统计法诞生了。这就是现在所称的"玻色–爱因斯坦统计法"。

除了开创量子统计力学这一功绩之外,玻色的这篇论文在整个从量子论到量子力学的发展中,也有其独特的重要意义。美国物理学家和科学史家派斯(A. Pais)甚至认为:"玻色的论文是旧量子论中的第四篇,也是最后一篇革命性的论文。"

玻色的工作之所以能迅速引起人们的重视和得到承认,除了其自身的价值之外，爱因斯坦对之的推荐、赞誉和随后亲自参与的推广也起了重要的作用。然而对于生活和工作在第三世界的科学家们来说，这种情况出现的几率毕竟太小了。在这一点上，玻色是幸运的，但这种“幸运”也表明了在玻色成功背后的偶然性。

失缘与爱因斯坦合作

在玻色向爱因斯坦寄出了他关于推导普朗克定律的论文仅仅11天后，1924年6月15日，他又再次写信给爱因斯坦，并寄上了另一篇题为《存在物质时辐射场中的热平衡》的论文。他依然是征求爱因斯坦的看法，并且请求爱因斯坦再将此论文译成德文和安排发表。爱因斯坦又一次满足玻色的要求，但在这篇论文后面所附的评论中，爱因斯坦表示他不同意玻色这次的结果。而玻色这次的工作也确实是错误的。玻色在1925年1月7日写给爱因斯坦的信中，提到他又写了第三篇论文来回答爱因斯坦的批评，但这第三篇论文从未发表过。玻色对量子统计力学的开创性工作也到此为止了。

早在1924年初，玻色曾向达卡大学校方申请出国学习两年。直到6月份，他的申请仍未得到确切的答复。正在这时，爱因斯坦寄给了玻色一张明信片，上面谈到他认为玻色的第二篇论文是一项重要贡献，他将设法使之发表。在关键时刻，这张明信片帮了玻色的大忙。在将它出示给评议委员会后，玻色的申请很快就被批准，并且得到了充裕的经费。

玻色因为觉得自己的德语还不够好，他没有先去柏林，而是在9月初前往法国巴黎。但他在10月份写给爱因斯坦的信中，提到希望能获准在爱因斯坦的指导下工作，并说这是他“梦寐已久”的愿望。但这一打算一直耽搁下来。在巴黎，他经人介绍拜访了居里夫人，希望在她的实验室中学习放射性研究的实验技能。在会面的英语交谈中，居里夫人劝告玻色先集中精力学好法语，玻色终因未及时打断谈话和告诉居里夫人说他已充分掌握了法语而使这一打算落了空。后来，他在一所私人实验室中找到了工作，主要学习X射线光谱学和晶相学方面的实验技能。

在巴黎呆了大约一年后，玻色终于来到柏林。于1925年底见到了他仰慕已久的爱因斯坦。爱因斯坦对待玻色极其亲切、友好。然而，将近一年前，爱因斯坦便完成了在玻色工作的基础上发展的量子统计力学的第三篇（也是他在此领域中的最后一篇）论文，此时早已把注意力转向了其他领域。玻色终于失去了与爱因斯坦合作发展量子统计理论的机会。那么，为什么在有了一个良好的开端后，玻色没有能像爱因斯坦那样继续推广和发展其理论，或与爱因斯坦合作完成这一工作呢？

对此问题可以从几个方面来考虑。首先，玻色对自己工作的重要性并不十分了解，他当时并未发现自己的论文竟然推翻了经典逻辑。多年后，玻色回忆说："我没有意识到我所做的工作实际上是新奇的，就真正了解我正在做一些确实不同于玻耳兹曼已经做过的、不同于玻耳兹曼统计学的工作这种意义上，我不是一个统计学家……我认识到在普朗克和爱因斯坦的尝试中的矛盾，并以我自己的方式来应用统计学，但我没有想到它不同于玻耳兹曼统计学。"而爱因斯坦在得知玻色的工作后的反应，却是仅仅在7个月中就完成了对其方法的推广。相比之下，我们自然可以看到玻色与爱因斯坦在科学眼光和对本质问题的理解上存在的巨大差距。

其次，玻色未能有意识地将自己真正置身于物理学发展的主流之中。虽然他希望能在爱因斯坦的指导下工作，但却径直去了法国巴黎。推说德语不好而没去德国，这并非是十分充足的理由。何况到了巴黎之后，玻色反而把兴趣转向学习在他回国后可能会派上用场的实验物理技能，一再推迟去德行期，以至彻底失去了与爱因斯坦合作发展量子统计理论的机会。玻色这样做固然有他自己的道理（如对回国后工作的考虑），但这也说明了他从未像爱因斯坦那样的大师一般，能真正将自己置身于物理学发展的主流之中，而仅仅是似乎在无意中完成了一项连自己也未能充分理解其意义的重要工作后，就再也跟不上物理学迅速前进的步伐了。这一点也正是像玻色这样的第三世界物理学家的局限所在。

再次，更深层的原因，即社会文化背景对玻色的科学工作的可能影响也应引起注意。美国学者布兰皮德（W. A. Blanpied）曾指出："即便在40年后，人们仍有年轻的玻色被大多数欧洲人给吓坏了的印象。"最说明问题的也许是，玻色曾说过弗兰克（J. Franck）是他最喜欢的德国物理学家，而这竟是因为弗兰克深暗的肤色！"当人们回忆起玻色成长的环境时，不难理解为什么他有如此感受。不论是不是一项有意义的政策，20世纪初英国人对印度的统治实际上使其属民相信，他们过去确实是次等的人。在学术界尤其如此。"虽然玻色幸运地赶上了阿苏托什爵士的某些改革，"但在学术界英国人仍继续强有力地占据优势地位，即使有世界上最伟大的科学家对其工作的肯定，也不足以从像玻色这样一个敏感、腼腆的人的头脑中抹去他不如任何一位欧洲科学家的印象。"美国科学社会学家科尔兄弟在其著作中谈到美国黑人的情况时曾指出："在进入科学界之前，即使是天赋最高的美国黑人也显然面临着一系列难以克服的社会和心理的障碍。"而玻色的情况正好相似。40多年后，当布兰皮德在1971年访问玻色时，问到"是什么导致了你独特不可区分性假设"这一问题时，玻色的第一句回答是：印度人也可以有出色的观点，然后，他才讲及具体背景。从这自豪的话语背后，人们不难体味到某种依然潜在的自卑感。

玻色的后期活动与"彗星现象"

1926年夏，玻色带着一封爱因斯坦的推荐信回到达卡，在1927年被任命为达卡大学的物理学教授兼物理负责人。后来，随着量子力学发展成熟，人们愈发认识到玻色工作的重要性，玻色又曾获得多种荣誉，其中包括在1949年当选为印度国立科学研究院主席，1958年当选为英国皇家学会会员，1959年被任命为印度的国家教授等。但是，在科学工作方面，他再未达到昔日的水准。用美籍印度裔科学史家梅拉的话来说，对普朗克公式新颖的推导及对爱因斯坦的激动“是玻色对物理学第一项也是唯一的重要贡献”。相反，人们更愿提出的，却是他后期在推动用孟加拉语普及教育方面的一系列努力。对于科学界来说，这颗曾经发出过耀眼光彩的彗星已经离去了。

通过上面对玻色的生平和工作的追述与若干分析，我们可以看到“彗星现象”发生在玻色身上的某种必然性。他在一个条件并不理想的环境中成长和接受科学教育，凭借若干偶然的机遇（当然不排除他的才能的作用）才在物理学中作出了“一次性”贡献，但最终却由于种种原因（尤其是社会环境在他身上留下的烙印）未能真正加入到国际科学共同体的“无形学院”之中，并因远离国际科学共同体而在科学界消失。

玻色能够在那种条件下作出过第一流的科学贡献，这确实是一件了不起的事，而且也的确给他本人乃至印度带来了荣誉。遗憾的是，彗星虽然格外引人注目，但毕竟转瞬即逝，不若夜夜繁星灿烂。“彗星现象”提示我们，尽管一两个天才可以在某种偶然的情况下作出天才的科学发现，但对于科学真正健康顺利的发展来说，所要求的却不仅仅是个别的天才，而更多的是要适宜的社会条件。在某种意义上，对第三世界国家而言，对于科学土壤的改良，其重要性要远远胜过一两项具体的、甚至震惊世界的重大科学发现。然而，对于最后这一问题的深入讨论，已不是本文的篇幅所能允许的了。

舒布尼可夫：被清洗的物理学家①

引　言

列夫·瓦西列维奇·舒布尼可夫是苏联低温物理学奠基人。在凝聚态物理学史中，特别是在超导物理学史中，都不可能不提及他的名字。然而，在以往发表的著作和文章中，对于他的身世，尤其是对于他在1937年以后的经历，却大多语焉不详。例如，在一部于1989年出版的低温物理学史中，只是在注释中提到："在1936年和1937年，舒布尼可夫发现了一类新的超导体，他称之为第二类超导体。"在一部于1992年出版的超导物理学史中，虽然舒布尼可夫的名字多次出现，他的工作也被详细地讨论过，但关于他后来的遭遇，也只是简单的提到："人们知道，在哈尔科夫，他与另一个青年科学家的研究小组（包括他的妻子）至少继续工作到1936年初。不过，在那一年，舒布尼可夫和他的同事们没有能够在海牙举行的第六届国际低温物理学大会上露面，尽管他们向组织者表示他们想要出席。现在我们从1966年巴拉伯严（O. Balabekyan）的一篇悼文中得知，舒布尼可夫在

① 原载《自然辩证法通讯》1999年第4期（与张明雯合作）。

1937年的清洗中被逮捕，并被判处10年监禁。他死于1946年。1957年4月，他在死后被苏联最高法院军事委员会宣布无罪。”甚至于，在苏联1982年出版刊物《苏联物理学成就》上发表的纪念舒布尼可夫诞辰80周年的文章中，除了对其早年生平和科学工作的简要回顾之外，根本就没有提到他的被捕和去世。上述情况，如果说在苏联可能还是由于一些禁忌所造成，在西方，则完全是由于有关资料的不可得才导致如此的。笔者在前些年研究超导物理学史的过程中，也深深地感到有关舒布尼可夫的资料的缺少。

在苏联发生剧变之后，随着一些秘密档案的解禁，使得人们可以更多地了解到20世纪30年代苏联“大清洗”运动的一些情况以及舒布尼可夫的后期遭遇。有关舒布尼可夫案件的一些档案材料也为美国物理学会下属的尼耳斯·玻尔图书馆收藏。在这里，本文将主要根据笔者从尼耳斯·玻尔图书馆得到的有关档案材料，对这段历史首次进行整理和较系统地回顾。但在此之前，作为一篇相对完整的人物传记，我们还是先来简要地回顾一下舒布尼可夫早年的经历和他的科学工作。

早年经历和科学工作

1901年9月29日，舒布尼可夫出生于列宁格勒市。其父瓦西里·瓦西里耶维奇（Василий васильевич）是一位会计，其母亲柳博芙·谢尔盖耶芙娜（Любовъ Сергеевна）是一位家庭妇女，他还有一个弟弟和一个妹妹。舒布尼可夫的大学是在列宁格勒工业学院上的。在他的学生时代，1920—1922年间，他曾作为晶体物理学权威奥伯雷莫夫（I. V. Obreimow）的助手在国家光学研究所工作，后来，又到列宁格勒的物理技术研究所担任实验助手。1925年，舒布尼可夫与同是物理学家的特拉佩兹尼科娃·奥莉加·尼古拉耶芙娜（Трапезникова Ольга Николаевна）结婚。1926年11月，当舒布尼可夫从列宁格勒工业学院毕业后，被国家教育委员会派往荷兰，他去了由最初成功地液化氦并发现超导电性的荷兰物理学家卡末林-昂内斯(Kamerlingh-Onnes)创立的莱顿实验室,并与妻子一道在卡末林-昂内斯的继承者德哈斯(W.J. DeHass)的指导下工作,直至1930年底回国。

舒布尼可夫很早就显示出天才的科研才能。在去荷兰之前,1924年,舒布尼可夫就曾与他当时为之工作的老师奥伯雷莫夫(Обрсимов)一起,发展了一种生产金属单晶的方法。这种方法沿用至今,现仍被称为奥伯雷莫夫-舒布尼可夫法。此后,他又与奥伯雷莫夫合作,从事晶体弹性形变的研究。到了莱顿之后,德哈斯交给舒布尼可夫的第一项工作,就是制备理想的铋单晶,以便用于在外场和低温下进行电阻的测量。这项工作一开始遇到了些困难,后来,他在借鉴了苏联物理学家卡皮查(П.Л.Капица)的一些方法后,终于解决了这个难题。他采用了卡皮查所用过的剖面模的方法。首先,通过化学提纯和反复结晶,获得了很纯净的铋,然后再以此物质为基础,成功地制成了具有非常高纯度的铋单晶,其中只含有极少量的杂质和缺陷。

在获得了理想的单晶样品后,在妻子和其他一些人的帮助下,舒布尼可夫和德哈斯就铋在磁场中和低温下的电阻问题进行了一系列重要的研究,其中尤其值得提及的是,他们发现了铋的电阻随磁场的倒数呈现明显周期性变化的现象,也即著名的"舒布尼可夫-德哈斯效应"。他们的这一结果发表在1930年10月份的《自然杂志》上。同一年,苏联物理学家朗道提出了在磁场中固体电子能级量子化的理论,即朗道能级理论,而舒布尼可夫-德哈斯效应的发现实际上就是这个著名理论的第一个验证。在某种意义上讲,这一效应的发现标志着正常金属量子物理学的开端。目前,人们已在大多数的金属和许多半导体中观察到了这种效应。由于这种效应易于观察,对实验的条件要求不高,而提供的有关电子结构的信息却十分丰富,所以它已成为人们研究金属和半导体的电子结构的一种十分重要的方法。

1930年,舒布尼可夫离开莱顿回国后,来到设在哈尔科夫的乌克兰物理技术研究所。当时,他原来的导师奥伯雷莫夫正在那里筹建一个低温物理实验室。1931 年,舒布尼可夫成为这个低温物理实验室负责科学工作的主任。他将极大的热情投入到工作中。在舒布尼可夫的领导下,低温实验室在很短的时间内就解决了许多相关的技术性问题,建造了液化空气和氢气的装置。1933 年,苏联的国家重工业委员会委托乌克兰物理技术研究所组建一个低温实验站,舒布尼可夫又成了这项任务的负责人。在他的努力之下,很快就集合起一支高水平的研究队伍,在短期内便攻克了许多重要的技术难题。例如,他们测量了建筑材料的热导和力学性质,研究了二元系和三元系的液-气平衡问题,装备了半工业化的设备来分离焦化气。这些工作对于苏联低温技术的发展产生了重要的影响。

早在 1933 年,舒布尼可夫的实验室就拥有了液化氦,并利用相应的低温条件,在他的领导下,该实验室在液氦温区对当时正是热门课题的超导体的磁性质进行了深入的研究。当时,人们对于超导体的磁性质的了解非常片面,一般是将超导体作为一种理想导体来看待。按照经典电磁理论,理想导体的磁性性质与它在磁场中的"历史经历"有关。由于理想导体内的磁场应保持不变,所以用这种观点来看,如果先将超导体降温使之处于超导态,然后再加上外磁场,结果超导体内的磁场就应为零;但如果将次序换一下,先加上外磁场,然后再降温使之处于超导态,则超导体内最后就会"冻结"住磁场。也就是说,对于理想导体,经历不同的过程,虽然最后的条件相同,但所得到的却是不同的状态。1933 年,德国科学家迈斯纳等人发现了超导体的一种基本性质——"迈斯纳效应",也即完全抗磁性效应。它表明超导体并非是理想导体,因为它只要处于超导态,其内部的磁感应强度就应永远保持为零。1934 年,舒布尼可夫就与同事里亚比宁(Ж.Н.Рябинин)合作,以更为详细的实验结果验证了迈斯纳等人的重要发现。实验结果表明,只要外磁场接近临界值,不论磁场增加还是减小,超导体内的磁感应强度都会发生急剧地变化。这一结果支持了迈斯纳等人的发现。在实验中,他们既使用了多晶样品,也使用了在自己的实验室制成的单晶样品。

虽然舒布尼可夫这一工作在时间上略晚于迈斯纳等人最早的结果,但他们的工作也是独立地完成的,并且获得了更为详细的数据。

在此之后,舒布尼可夫与其同事对合金超导体的磁性质又进行了一系列的重要研究。尤其是1935年,他和里亚比宁发现,合金超导体中存在有两个临界磁场,在两个临界磁场中间,存在所谓的"舒布尼可夫相",即对应于现代术语中第二类超导体的混合态。在这些成果的鼓舞下,他与更多的同事再度合作进行了对合金超导体磁性质的深入研究。根据他们在1936年发表的实验结果可以看出,对于合金样品,他们已经得到了较好的接近于理想第二类超导体的磁化曲线,并研究了在一种金属中为形成合金而掺入另一种物质的含量与该样品磁性质的关系。他们还很有预见地指出,磁化曲线下的面积应等于正常相和超导相的自由能之差。他们得出结论:在超导转变点,合金样品应表现出一个零场的比热跃变,其大小可以与在纯金属超导体中的零场比热跃变相比。这一结论远远超前于当时已有的比热测量。当然。舒布尼可夫等人当时对合金超导体特有的磁化曲线的解释,与后来标准的看法有所不同。但无论如何,到20世纪50年代中期,在苏联物理学家阿布里柯索夫(А.А.Абрикосов)提出其关于理想第二类超导体的理论时,对舒布尼可夫等人在将近20年前的实验结果起到了重要的支持作用。而我们知道,目前能够得到实际应用的超导材料,主要就是第二类超导体。舒布尼可夫等人的成功,就在于他们所用的样品制备得很出色。因此,英国著名超导物理学家门德尔孙后来甚至推测说,在哈尔科夫的小组,显然有第一流的冶金学家在帮他们。但舒布尼可夫本人对于材料制备的擅长,在这项工作中无疑也起了重要的作用。

除了超导合金的磁性质之外,舒布尼可夫和他的同事们一道还研究了金属和合金的超导电性被电流破坏的问题,他们发现当电流破坏超导电性时,就会出现中间态。

在物理学的其他方面,舒布尼可夫也有许多出色的研究。例如,他曾与人合作在研究液氦磁化率的同时,测定了质子的磁矩的大小,也测定了在磁场中的核自旋的取向时间。他也曾与人一起研究了过渡金属的无水氯化物的比热，测量了无水氯化物的磁性，揭示了这些氯化物从顺磁态向一个新态的转变。这个新态就是1933年朗道在理论上研究了的反铁磁态。

正当舒布尼可夫既作为科学工作的组织者也作为研究者在低温物理学领域和其他物理学领域中不断得出重要成果之际，苏联一场被称为“大清洗”（或者说“大恐怖”）的运动开始了，舒布尼可夫本人的命运也随之相应地进入了悲剧阶段。

被 捕

按照一位苏联著名遗传学家的说法：“大恐怖始于1936年，到1937年和1938年达到高潮。在历史和俄国历史上都堪称独一无二的这一事件中，有好几百万人被捕入狱，50多万人被处决……被捕的科学家和技术专家达几千人。因为抓人通常会引起连锁反应。”另有文献谈到：“在1936年底，内务人民委员部彻底发疯了。看到同事们死去的普通工作人员确信，要想保全自己，就得努力工作。他们太努力了，甚至逮捕了儿童间谍。他们在与间谍活动最没有关系的职业中，也要寻找托洛茨基的间谍。例如，在列宁格勒逮捕了所有著名的天文学家，普尔科沃天文台几乎没有人了。”以往，在科学史界，对于在这场大清洗中蒙受不白之冤的科学家，通常人们谈论最多的，可能是苏联著名物理学家朗道（Л.Д.Ландау）。1938年冬，朗道被逮捕，并以“德国间谍”的罪名被判处10年徒刑。由于朗道的巨大声望，在众多国外著名科学家的声援下，以及在回国不久且正担任莫斯科物理问题研究所所长的科学家卡皮查（П.Л.Капица）直接上书斯大林等人，提出若不无罪释放朗道自己便辞职的压力下，朗道终于在1940年春获释。也正是在此之后，他才有机会因对液氦等问题的研究而获得诺贝尔物理学奖。与朗道相比，舒布尼可夫的知名度要小些，而他的命运也更为悲惨，尽管从一开始,对他所定的罪名也与朗道有关。

1937年7月24日晨,一份紧急电报从基辅发到哈尔科夫内务人民委员部(НКВД),命令拘捕舒布尼可夫和另外两人。这份电报是某侦察处长拍发的。从时间上看,这是有关舒布尼可夫案件最早的材料之一。而从一份注明日期是8月5日的备忘录中,我们可以看出事件的某种起因。即在4月份,舒布尼可夫的同事,"反革命集团成员"罗森克维奇(Л. В. Розенкевич)被秘密审讯。在口供中,他"证实"从1930年起,在乌克兰物理技术研究所就有了一个由朗道领导的反革命集团,他自己和舒布尼可夫都是这个集团的成员,而且这个集团在舒布尼可夫和朗道的住宅曾举行过秘密会议。(而且,根据在1937年5月17至18日对该研究所的科研人员格伊(Гей)的审讯记录,格伊也供认了舒布尼可夫是反革命破坏集团的成员之一)后来,虽然罗森克维奇又否认了自己的口供,但备忘录的作者认为,显然他是按照朗道和舒布尼可夫的指示放弃了自己的供词,因此,在列举了这个集团和舒布尼可夫及朗道的一系列"罪行"之后,乌克兰国家安全委员会三处一科代主任、国家安全部少尉列兹尼科夫(Резников)提出:"考虑到乌克兰物理技术研究所反革命集团的存在是毫无疑问的事情,我们认为,为了避免事态的发展,应该逮捕舒布尼可夫。"他的上司国家安全部大尉、克格勃三处副主任托尔努耶夫和内务人民委员部防化局代主任舒姆斯基上校在备忘录上签署了同意和批准意见,州检察长也在上面批示说批准逮捕舒布尼可夫。

此外,还有一份同样标明8月5日由国家安全局内务人民委员部防化局三处侦查员魏斯班德(Вайсбанд)中士起草的呈报州检察长的"命令",也提出对舒布尼可夫"应采取强制手段以制止其摆脱法庭判决和侦察",托尔努耶夫和舒姆斯基也同样签署了同意和批准的意见。同日,乌克兰内务人民委员部哈尔科夫地区管理局签发了逮捕舒布尼可夫并对其住宅进行搜查的传票。

逮捕行动很快就在第二天(8月6日)进行。同时,在搜查中,还没收了舒布尼可夫的证件、各种照片、记事簿、私人通信等物品。尤其是,没收的物品中包括柏林市和莱顿市的地图各一幅。

供　词

对舒布尼可夫的审讯在他被捕后的第二天就开始了。根据被告人供词的记录,在8月7日的最初的审讯中,舒布尼可夫明确地否认对他参与暗藏的反革命间谍特务组织这一罪行的指控。但这种坚持显然没有持续多久。就在同一天他写给哈尔科夫地区内务人民委员部机关侦察员斯克拉里韦茨基(Скраливецкий)的一份申诉中,便承认了自己在苏维埃政权面前有罪,承认了自己是在乌克兰物理技术研究所中托洛茨基破坏集团的成员。

面对“清洗”运动的强大力量,个体几乎是无法与之对抗的。当打击和压力超出了一般个体的忍受阈值时,显然会造成个体心理和行为的畸变,甚至人格的分裂。舒布尼可夫也不例外,他在初审的第二天就出现了这种现象:他在一份由他手书的供词中,开始为自己及他人编造罪行。他招认说,乌克兰物理技术研究所反革命集团的活动分为两个时期:从1932年到1934年是“沉寂”时期,从1934年到他被捕则是积极确立组织的时期。而且,他还供认这个托洛茨基集团的成员有包括他自己、朗道和罗森克维奇等人在内的8个人,其中有两人是集团的领导,而他自己和朗道则是集团思想的积极传播者。同时,他还供认了在研究所中还存在着另一个由德国工程师魏斯贝格(Вайсберг)领导的、成员多为外国人的反革命集团。

显然是在此之后,在一份日期不详但长达上万字的供词中,舒布尼可夫进一步地供出了更多的集团成员和集团更多的罪行。这一次,他交代出的集团成员已经多达13人,而且包括了他从前的导师奥伯雷莫夫。他极详尽地叙述了这些集团成员的工作情况以及每个人具体在哪些方面进行了反革命活动。关于他自己，有这样一些自述性文字："舒布尼可夫反对乌克兰物理技术研究所进行技术和国防研究，宣传科学研究与应用研究不相容的观点。迫害、反对从事国防研究的工作人员，他把主持国防研究，从事飞机发动机燃料——液态氧应用研究的里亚比宁从低温物理实验室开除。关于斯卢茨基实验室的工作，他发表意见，说他们不称职，是不懂专业的物理学家，以达到破坏的目的。""因为有反苏情绪，我把具有远景意义的纯科学发展认为是物理学的目的，在我所领导的实验室中发展的正是这样的研究，而不是进行具有技术和国防意义的研究。并且把深冷试验站的建立当做是使低温实验室摆脱进行必要的技术和国防研究的方式……由于我在低温实验室的反革命活动，使得一系列对国民经济和国防具有深远意义的科学发现一样也没有做出来。""在政治方面对于党、政府、上级机关的决议，以及在对马克思主义哲学与物理学之间的相互关系上，赞同反革命集团的观点。他是1936年底反对哈尔科夫大学开除朗道以及组织罢课抗议的积极参与者。"

关于反革命集团实际的"破坏活动"，舒布尼可夫也进行了详尽的总结，其中包括：①在乌克兰物理技术研究所的科学研究人员中间形成一种斤斤计较私利的争吵和相互不信任的氛围；②使应用方面的实验室停办；③故意拖延研究所的应用成果；④破坏干部的培养，特别是在深冷试验站；⑤在报道锂核分裂的著名电报中表现出大范围的对党和政府的欺骗。此外，他还提到了反革命集团的招募："魏斯贝格……通知我，吸收外国人参加并指示他们反对所长，同时对研究所的科学研究人员进行分化瓦解，阻止扩大技术和国防项目……在1935年反对原所长达维多维奇(Давидович)时，由我吸收朗道参加反革命活动……朗道积极参与反对原所长达维多维奇，反对研究所的技术和国防研究，而且后来仍继续反对。除此之外，在1936年底，我吸收戈尔斯基(горский)和布里连托夫(Ърллиантов)参加了反革命组织。我通知他们组织的目的，也就是说必须反对技术和国防工作。他们表示同意参加哈尔科夫大学集体罢课的……从朗道口中我知道，为了反革命工作他们吸收科列茨（Корец）参与，以便反对研究所的技术和国防工作。科列茨的行动使我知道，他们积极地完成了这个任务。”他还叙述了在前面提到的那份备忘录中提及的另一件事的经过，即在1921年，他还是列宁格勒大学的学生时，由于“反对苏维埃制度的立场”，与一些朋友以游拉多加湖的名义乘快艇叛逃到芬兰，后又辗转柏林，并于两年后回国的经历。如此等等，这时，舒布尼可夫所供认的罪行已经远远超出了前面提到的那份备忘录中预先设想的范围。

但是，事情并未就此了结。在一份标明日期为8月13至14日用打字机打字的审讯记录中，舒布尼可夫面对讯问更明确地“坦白”了他成为外国间谍的经过：“我从1932年成为反革命组织的成员，吸收我参加组织的是从国外来的专家、奥地利人魏斯贝格……鉴于国外托洛茨基集团的存在，他认为对于进行反革命组织活动来说研究所的基础是有充分准备的，他建议我参加建立托洛茨基反革命组织的工作。当时魏斯贝格告诉我，他是德国情报机关在乌克兰的代表。他命令我与他们共同完成德国情报机关的破坏和间谍任务。对于魏斯贝格让我参加建立托洛茨基组织和完成德国情报机关的破坏和间谍任务的命令，我毫不犹豫地接受了，因为1922年在柏林时我便已经被招募为德国破坏特务，关于我所有的情况都已通报给了魏斯贝格。”

这里提到的舒布尼可夫1922年在柏林，指的就是那次“叛逃”中的经历。据说一位名叫杰斯列尔（Десслер）的大学生曾与他一起“叛逃”，后来，又曾对他在柏林的研究工作提供资助。再往后，“他在确认我坚决要回苏联的打算后，表示赞同。他利用原来给我提供过帮助以及了解到我的反苏情绪，让我为了德国的利益参加间谍活动，他就是情报机关的间谍。我接受了杰斯列尔的要求，同意回到苏联后完成他交给的任务。在离开柏林之前，我从他那里直接接受任务，并通过他的德国情报机关，提供关于物理领域重要发现的情报，其中包括我当时在列宁格勒开始的对石英的研究。”仅此还不够，因为，“有一个叫杜宾斯基（Дубинский）的德国人，十月革命后迁居国外，是柏林一个银行的股东，在我返回苏联后，他也让我为德国的利益做间谍活动。因为杰斯列尔已经吸收了我，所以我拒绝了杜宾斯基的建议”。“杰斯列尔答应让他在苏联委托的一个人通知我，我应该通过与这个人联系进行间谍活动。但是，在1926年之前……没有一个人从杰斯列尔那儿到我这里来。所以，在1926年我从列宁格勒物理技术研究所得到去荷兰出差国外的机会后，途中经过柏林时，我与杰斯列尔取得联系，并报告给他许多我掌握的关于苏联的情报。我报告给杰斯列尔的情报是关于列宁格勒物理技术研究所正在进行的工作以及在工业和国防方面有实际应用的研究。”

在接下来的供词中，面对“您从魏斯贝格那里得到过什么任务”的讯问，舒布尼可夫回答说，任务就是“吸引乌克兰物理技术研究所中对苏维埃政权有敌对情绪的人参加我们的反革命组织，并且在我工作的专门领域——低温物理领域——实现破坏活动。与此同时，魏斯贝格还命令我收集并向他传递关于物理学领域具有工业和国防意义的研究情报……在我参加反革命组织期间，一直到我被捕为止，魏斯贝格指派的任务我都完成了”。面对“以什么方式招聘组织成员”的问题，舒布尼可夫的回答是：“由魏斯贝格、我和朗道以招聘工作人员的方式吸收组织成员。在招聘之前，预先接近拟定要招聘的人，最后把他们精心地培训成合乎反革命特征要求的人。”在这次审讯中，舒布尼可夫再一次地供认出了参加反革命组织成员的名单，只是人数又变成了12人。而且，除这些直接参加者之外，他还提到了研究所中另外3个人的名字，他们是属于“有反革命情绪的人”，因为在与他的交谈中曾流露出自己的反苏维埃思想以及对党和政府的政策的不满。

实际上，在前面提到的这几份审讯记录和供词中，舒布尼可夫承认的罪行还要多得多。看来，他为了顺应审讯者的意图，甚至毫不顾及自己虚构的故事在细节上的不一致和逻辑上的不合理，将自己描述成了一个罪行累累的人，也把更多的同事牵涉了进来。

结　局

在舒布尼可夫的供词中所牵累的同事中，有一位叫戈尔斯基的物理学家。其实，早在1937年4月26日对沙夫拉的审讯中，沙夫拉就已经非常详细地揭发了戈尔斯基的种种反苏维埃的言论和“罪行”。但与舒布尼可夫不同，戈尔斯基坚决不承认自己是托洛茨基破坏集团的成员。为此，在9月23日，审讯者曾让舒布尼可夫与戈尔斯基当面对质。在对质中，舒布尼可夫讲到，“在完全确认我顺利地通过了对戈尔斯基的引导之后，在1936年12月上旬，我和他单独在我的办公室，我建议他参加我们反革命组织的破坏活动。戈尔斯基同意了我的建议，并实际参加和完成了破坏活动。关于吸收戈尔斯基加入组织的事我通知了魏斯贝格。”但是，戈尔斯基则坚决否认这样的指控。9月24日，在对戈尔斯基的单独审讯中，戈尔斯基再次明确指出：“关于在乌克兰物理技术研究所存在反革命组织，我一点也不知道。没有任何人发展我加入该组织，我从来也没有从事过破坏活动，在此我不承认这个罪名。”9月25日，那位最先咬出舒布尼可夫的罗森克维奇又与戈尔斯基进行了对质。面对罗森克维奇的揭发，戈尔斯基的回答还是：“我没有加入反革命托洛茨基组织，我也不知道它的存在。”9月26日，戈尔斯基正式被捕，在更大的压力下，他承认了被舒布尼可夫拉进了对研究所的科研工作进行破坏的活动，但仍不承认自己是反革命组织的成员。

虽然戈尔斯基一直到最后也不承认自己加入了反革命组织，但他并未因此而得救。从舒布尼可夫档案材料的整理者那里，我们可以知道他的结局：“舒布尼可夫和罗森克维奇承认了自己有罪，而戈尔斯基不承认自己有罪。他们无论怎样，是按照审讯者的要求提供证词，还是不按要求交代问题，得到的都是死亡的命运。”

当然，对于为自己编造罪行来说，“当时大家又都这么做了，就是那些曾经蹲过条件恶劣的沙皇监狱的托洛茨基分子、布哈林分子们，在这时也没能挺住，更何况舒布尼可夫和罗森克维奇这样纯粹的知识分子呢？”

在近来出版的由一位苏联作家根据最新解密档案写成的斯大林的传记中，我们看到当时对类似“罪犯”的处理情况：“自1937年7月起，三人领导小组开始在内务人民委员部下属各大单位办公。三人领导小组的成员包括：当地内务人民委员部的领导人、当地党的领导人、当地苏维埃政权领导人或检察长。三人领导小组有权在不考虑诉讼程序准则的情况下作出死刑判决。被告在他们判决时都不在场。”而且，按照规定，三人领导小组的判决是终审判决。

舒布尼可夫虽然按照审讯者的意愿供认了一切，但他并未因“坦白交代”而得到从宽处理。在笔者见到的档案材料中，没有关于他后来经历的直接记录。不过，从他妻子在20世纪50年代所写的申诉材料中，我们可以知道，他最终还是被三人领导小组定罪，被流放到集中营，在10年中甚至没有通信的权利。在1946年以前，他的妻子也再未了解到他的任何消息。1946年秋天，列宁格勒市内务部机关以口头的方式通知舒布尼可夫的妻子，说她的丈夫在集中营里死于心脏病。没有书面的死亡通知。

舒布尼可夫的儿子在他父亲被捕不到一个月后出生。这个从来没有见到过自己父亲的孩子也因父亲的被捕和判刑而被打上了在押犯的儿子的痛苦烙印。

1954年9月，舒布尼可夫的妻子特拉佩兹尼科娃写信给苏联国家检察院检察长，陈述了舒布尼可夫案件的基本情况，指出“不论是在逮捕时，还是在搜查时，不论是在家里，还是在实验室里，都没有查到说明他有罪的任何东西”，她认为她丈夫绝不会做出任何损害自己祖国的事。尤其是，为了儿子不再为此而付出代价，她请求重新审理她丈夫的案子，为其恢复名誉。同年11月22日，苏联检察院局检察长复函说，收到了申诉书，检察院正在审查中，审查结果将另行通知。在等待了一年多之后，特拉佩兹尼科娃又于1956年3月26日写信给苏共中央监察委员会主席，再次请求给她丈夫恢复名誉。

终于，1957年6月，苏联最高法院军事委员会签发了为舒布尼可夫平反的证明："1957年6月11日苏联最高法院军事委员会重新审理该案。撤销苏联内务人民委员部在1937年10月28日关于舒布尼可夫的决定，由于犯人缺席案件终止。为舒布尼可夫在死后恢复名誉。"

余　论

从前面的叙述可以看出，当时，舒布尼可夫为了顺从审查者们的意愿，几乎是将一切可能想到的荒唐罪行都加到自己头上，编造出一个个天方夜谭式的故事，而且还毫不留情地揭发了其他同事。为什么会是这样？

从目前得到的材料，我们还不知道当时舒布尼可夫及其他科学家在被逮捕和受审讯期间受到了什么样的压力以及是否被用了刑。作为可参考的旁证，在一部主要论述当时在同一场运动中政治家们的遭遇的著作中，我们可以看到这样的记述："在外省许多州的秘密保险柜中找到了如下一份有斯大林签字的电报：'联共(布)中央说明，经中央批准，自1937年起允许内务人民委员部搞体罚……众所周知，所有的资产阶级情报机关都对无产阶级代表进行体罚。试问：为什么社会主义情报机关就应该对工人阶级不共戴天的敌人仁慈一些呢？'"相应地，审讯的场面就不难想象了："在列宁格勒内务人民委员部的刑讯室里，囚犯被按在水泥地板上，然后用四面布满钉子的木箱把他们罩上……此时任何供词都能迅速得到签字。""毒打和鞭笞只是刑讯的开始和进入地狱的前奏。后来搞起了著名的车轮战术——侦查员不断换班，而囚犯则日夜不能睡眠。与此同时，对囚犯还是又踹，又打，又侮辱……囚犯会因失眠而变得神志不清，并愿意签署任何东西。这样便让他在侦查员编造的供词上签了字。"

在舒布尼可夫的案例中，因没有直接证据，无法确定他是否曾受过刑讯。但另一方面，他心理受到的压力则是显而易见的。此外，包括舒布尼可夫在内的被逮捕受审的许多人之所以随意编造自己的“罪行”和乱咬他人，或许是因为还有着另外一种渺茫的幻想，希望能通过“坦白交代”而得到宽恕。从舒布尼可夫在被捕的第二天有其亲笔签名的一份申诉中可以清楚地看到这点：“在我的这个申述中我承认自己在苏维埃政权面前有罪，我想今后如果能让我有可能将功赎罪的话，我将诚心诚意地去做。受激于这样一种企望，我声明，我是在乌克兰物理技术研究所里工作着的托洛茨基破坏集团的成员。我答应向侦查员提供关于我的活动的真实的、详细的供词，而且也包括其他人活动的情况。我希望，我的自愿的坦白即使减轻痛苦的惩罚不多，但会使我有可能回到劳动之中。劳动在我们国家是一个高尚的、让人引以为自豪和作为英雄行为的事业。”更何况，在当时告密行为已成了公民觉悟的同义词。但即便如此，舒布尼可夫仍然没有逃脱被定罪、判刑和流放的命运。

通常，对于苏联历史上的大清洗，人们关注的多为一些更知名的政界人物在这场运动中的遭遇。但如前所述，许许多多的科学家也没有能够逃过这场浩劫。因而，对于科学史来说，这场运动也同样应是学者们关注和研究的课题。具体地讲，就低温超导物理学史来说，由于舒布尼可夫的消失，当时在世界上非常领先并有着辉煌前景的涉及第二类超导体研究也随之暂时中断。不论对于苏联的超导研究，还是对于世界范围的超导研究来说，这都是巨大的损失。

关于当时的这场大清洗运动，其荒谬和悲剧性在这里本不必多谈。从物理学家朗道的事例，从舒布尼可夫本人后来被恢复名誉，以及从诸多其他有关这场运动的记述中，人们不难得出结论：对于这场运动的否定已是无须更多讨论的问题。虽然本文只涉及舒布尼可夫个人在大清洗中的经历，但舒布尼可夫的悲剧经历似乎可以说是许多科学家在这场运动中的命运的一个缩影。显然，在今天，通过对这段并不遥远的历史的回顾，可以带给我们许多的联想、思考和教益。其实，世界上发生过的许多事情，往往并不就是“史无前例”的。

萨顿与科学史①

谈到科学史这门学科的发展历程，人们不能不回想起乔治·萨顿(George Sarton，1884—1956年)这位对科学史学科作出了重要贡献的奠基者。今年(1996年)，也正值这位伟大的学者逝世40周年，我们是不应忘记了对他的纪念的。

萨顿于1884年8月31日出生在比利时佛兰德省的根特。他出身于一个富裕的家庭，早期的教育使他对于文学、艺术和哲学都有很浓厚的兴趣。中学毕业后，萨顿进入根特大学学习。最初，他学习的专业是哲学，但很快他就对哲学这门学科产生了厌恶。经过一年时间的自学和思考后，萨顿又回到根特大学，先后学习了化学、结晶学和数学，并曾获得根特大学等4所高等学校授予的化学金质奖章。1911年5月，他完成了题为《牛顿力学原理》的论文，并获得了博士学位。

早在学生时代，萨顿就对科学史表现出浓厚兴趣。1910年，他在日记中写到："几乎可以肯定，我要将我一生大部分时间献身于'自然哲学'的研究。在这个方向上，还有大量的工作有待完成。而且，从这种观点来看，物理科学和数学科学活生生的历史、热情洋溢的历史正有待写出。"可以说，萨顿的一生正是把这种信念转化为现实的一生。

1912年，萨顿迈出了大胆的一步。他创办了一份科学史杂志，并用古

---

① 原载《百科知识》1996年第9期。

代神话中专司生育与治病的女神“爱雪斯”(Isis)的名字作为刊名。他创办这份刊物的宗旨,就是要把方法论的、社会学的、哲学的观点和纯粹历史的观点系统而且全面地联系起来。这一宗旨也恰好反映了萨顿一贯对于与分科史相对的综合性科学史的重要性的强调。自从1913年《爱雪斯》正式出版后,它现已成为目前国际上最权威的科学史刊物之一。1924年,美国历史协会为了鼓励和支持萨顿的努力,成立了科学史协会。两年后,《爱雪斯》成了该学会的机关刊物。直到1951年为止,萨顿一直担任《爱雪斯》的主编,长达40年之久,并时常以自己和夫人的经济收入来补贴杂志的亏损。从1936年起,萨顿又主持出版了《爱雪斯》的姊妹刊物——专门刊登长篇研究论文的专刊《俄赛里斯》(*Osiris*)。俄赛里斯也是传说中古埃及的主神之一,负责掌管已故之人,并使万物自阴间复生。

1914年,由于德国的入侵,萨顿离开了比利时,并于1915年来到美国。在美国,萨顿主要是作为哈佛大学的科学史教师和卡内基研究院的研究人员,继续为科学史事业奋斗,并终其一生。他在科学史领域中做了大量的工作,一生中,共写出了15部专著、300多篇论文和札记,编辑了79份详尽的科学史重要研究文献目录。其中,具有经典地位的包括他原来计划要完成的多卷《科学史导论》,虽然最终他只写完了3卷,而且在内容上也仅仅才写到了1400年,但这部著作成了科学史研究者们重要的参考资料。为了更好地进行研究,他掌握了广博的历史知识以及包括汉语和阿拉伯语在内的14种语言。有人称在他生命的最后20多年的时间里,他可能是世界上最渊博的学者,同时,他也是一个罕见的人文学者与科学家结合的典范。他坚信科学史是唯一可以反映出人类进步的历史。他最高的目标就是要建立一种以科学为基础的新人文主义,即科学的人文主义。他的学术活动就是为了要实现“全部知识的综合”,使科学史成为联系自然科学和人文科学的桥梁。正如萨顿自己所总结的那样,在他的著作中,有四条指导思想一直贯穿始终。这四条指导思想就是;统一性的思想、科学的人性、东方思想的巨大价值以及对宽容和仁爱的极度需要。

在萨顿之前，科学史自身虽然已有很长的发展历程，但却还没有作为一门独立的、职业化的学科为世人所普遍接受。而没有这种职业上的独立性，科学史这一学术领域的发展就会受到极大的限制。20世纪初，在美国专门从事科学史教学与科研的职位还为数极少的情况下，萨顿幸运地得到了这样一个职位。但这并不是最重要的。萨顿曾这样说过："一个人有个好的位置是件幸事，但当他被一个抱负不凡的目标所激励，例如当一种宏伟的设想捉住他并占领了他的整个身心时，那就是更大得多的幸福了。此时，就不再是两个人找到了一个工作，而是一种伟大的工作找到了一个可敬的人。"这段话用在萨顿自己身上也是非常贴切的，我们完全可以说，正是科学史这样一种伟大的工作找到了像萨顿这样一个可敬的人。除了个人的研究工作之外，萨顿的重要意义在于，他一生都致力于扮演科学史学科宣传家的角色。他以自己的行动为科学史这门学科来提供工具、技术、方法论及理论的方向。他的主要目标是要使人们对科学史这门新学科有统一的认识。1952年，萨顿撰写的《科学史指南》出版，这本书最早详尽地介绍了科学史这门学科的目的、意义、内容、书目、刊物、研究人员和研究组织。就连他自己的研究，也可以说是为这门新学科的学术性规范提供了样板。

萨顿对于使科学史成为一门独立学科所作的另一重大贡献，是他致力于建立科学史的教学体系。从1920年起，他开始在美国哈佛大学开设系统的科学史课程，他不但为科学史课程的建设和科学史学位研究生的培养作出了开创性的贡献，而且也对科学史教学的意义和目的以及科学教学的许多具体技术性问题都作了大量的论述。他曾严厉地批评了在20世纪初所存在的那种轻视科学史教学的重要性，认为科学史教学是一种留给二流或三流学者的任务的观点，并对科学史教师的资格提出了极高的要求。

由此可见，萨顿最重要的业绩在于他奠定了科学史学科的基础：他创办了重要的科学史刊物；他确立了这个学术领域的独立性；他建立了以学科为基础的学会；他查清已有的少量人力、物力资源，并努力调动这些资源为学术的目的服务；他为科学史领域提供必要的参考资料、一般性的综述、高级的专著以及教学手册。正如萨顿的学生所言，萨顿的不朽功绩在于“他创造了一门学科的工具、标准以及批判的自觉性”，“现在科学史已是一个稳定的学术领域。乍一看来显不出萨顿影响的痕迹，然而他不仅通过英雄般的劳动业绩创造并收集了必要的建筑材料，而且他也把自己看成将科学史建成一个独立的和有条有理的学科的第一个深思熟虑的建筑师。他的确是科学史的第一位建筑师。”

1956年3月22日，萨顿去世于美国马萨诸塞州的坎布里奇。令人欣慰的是，在生前，萨顿的成就便已得到了人们的承认，他曾获得过许多荣誉和奖励，其中尤为值得提及的是，国际科学史界最高的荣誉——以萨顿的名字命名的萨顿奖章——的第一位获得者就是他本人。

就萨顿来说，他的科学史观基本上是一种实证主义的科学史观。近几十年来，持这种带有浓厚的实证主义和理想主义色彩的科学史观的科学史家已为数很少了，而且西方目前较新的关于科学史的有关看法也与萨顿在几十年前的看法不尽相同了，新兴的观点和流派层出不穷。但是，由萨顿所奠基的科学史学科却处在迅速的发展中，科学史领域中后来的研究者们正在沿着萨顿所开辟的道路前进。正如萨顿本人曾经说过的那样：“对于每一个时期，对于每一门科学或科学分支，对于每一个国家或文化集团，都有大量的工作留给世世代代的学者们去做。只要我们心里明白我们的知识还不是完美无缺的；我们的接班人还有更多的工作可做，这也意味着他们将有更多的快乐。”

派斯：从物理学家到物理学史家①

亚伯拉罕·派斯，1918年出生于荷兰的一个犹太人家庭。他的祖先早在18世纪以前就定居于荷兰。1938年，派斯毕业于荷兰的乌特勒支大学，获得学士学位。随即，他又在那里随比利时物理学家罗森费耳德攻读物理学的博士学位。当时正值第二次世界大战期间，在荷兰的犹太人也难逃被德国纳粹迫害和残杀的命运。1941年6月14日是德国当局限定的在荷兰可以让犹太人获得博士学位的最后期限。为了赶上这趟末班车，派斯不得不废寝忘食地工作，为了抓紧撰写学位论文，他每天从早到晚一直写到再也写不出一个字时为止，终于在6月9日通过答辩得到了博士学位，并留校任教。随着纳粹对犹太人迫害的升级，1940年12月，荷兰所有在大学中任职的犹太人都被解职，作为助教的派斯自然也未能幸免。接着，又传来了要把犹太人送进集中营的消息。为了免遭迫害，派斯开始了东躲西藏的生活，但在1945年3月，他还是被盖世太保抓了起来，并被关进监狱。一直到战争结束后，他才从监狱被放出来。

就在这一年，他接到丹麦物理学家、量子力学哥本哈根学派的领袖尼耳斯·玻尔的邀请，到哥本哈根理论物理研究所工作。他成为了玻尔的助手，从此真正开始了作为一名物理学家的生涯。第二年，他又来到美国，在

① 原载《中华读书报》1998年7月8日。

普林斯顿高级研究所从事研究，后来，成为该研究所的教授，并结识了同在那里工作的著名物理学家爱因斯坦。1954 年，派斯成为美国公民。1963 年，他到纽约的洛克菲勒大学任教授。从 1981 年到现在，派斯一直是该大学的 DetlevW. Bronk 退休荣誉教授。1962 年，派斯当选为美国国家科学院院士，他也是荷兰皇家科学院院士和美国文学与科学院院士。1979 年，他获得奥本海默奖，1993 年，获得丹麦皇家科学院科学奖章。

在物理学中，派斯曾作出重要的贡献，是当今世界上带头的理论物理学家，被誉为粒子物理学的创始人之一。他的研究领域主要是基本粒子过程、强与弱相互作用的对称性以及量子场论的研究。他曾提出支配奇异粒子特性的缔合产生原理，对于涉及物理学对称性原理SU(6)理论做出了重要贡献。他也是“粒子混合”思想的发现者之一，这一思想对理解中性复合 K 粒子具有重要的作用。

有一些科学家在老年时离开了科学的前沿领域，从事一些科学史方面的工作。派斯也是这样。大约从 1978 年开始，他主要致力于物理学史的研究，但不同的是他比其他科学家在这方面做得更加出色。1982 年，派斯撰写的第一部重要科学史著作——爱因斯坦的传记——《上帝是不可捉摸的：爱因斯坦的科学与生平》。为了撰写这本传记，他像科学史家一样，多年在爱因斯坦档案馆里进行研究。在爱因斯坦的私人秘书杜卡斯女士的帮助下，查阅了大量的原始文献。此书出版后，一炮打响，并于第二年获得美国国家图书奖。这是世界上第一部详尽而且颇具特色地论述爱因斯坦的科学工作的传记，据说销量多达 50 万册。我国于 1988 年也曾由科学技术文献出版社出版了中译本（但在译文中错误很多并且当时的印数只有可怜的 3 500 册）。除了扎实的文献工作之外，派斯作为一名杰出的物理学家的功底以及他在普林斯顿长期与爱因斯坦接触和交谈的背景，也使得此传记别具特色。尤其在物理学家们当中，此传记有良好的口碑。对此，笔者可以提供一个个人的旁证：大约在 20 世纪 80 年代中期，被誉为继爱因斯坦之后最杰出的理论物理学家、在中国亦是声名显赫的《时间简史》一书的作者、全身瘫痪的霍金曾从英国来中国访问，当他在北京师范大学作关于天体物理学方面的演讲时，笔者曾有幸聆听，并看到，在霍金打开的手提箱中，唯一的一本书，就是派斯写的这本爱因斯坦的科学传记。

继此书出版后，派斯并未休止，而是一本又一本地连续出版物理学史方面大部头的著作，几乎成了一个丰产的科学史作家。1988 年，他出版了关于粒子物理学史的著作《势不可挡的深入：论物理世界中的物质和力》(*Inward Bound*: *Of Matter and Forcesin the Physical World*)，论述从 X 射线的发现开始到 20 世纪粒子物理学的历史（据悉国内也已经有出版社正在组织翻译该书）。1991 年，派斯出版了 20 世纪另一位伟大物理学家的传记——《物理学、哲学和政治中的尼耳斯·玻尔的时代》，这是一本至今为止篇幅最大的玻尔传，关于物理上的事实叙述得比较多，在物理史实方面没有一般人常出的错误。为了写这本书，他花了三四年时间，大致是一半时间在纽约，一半时间在哥本哈根（在丹麦的尼耳斯·玻尔文献馆中至今还一直专门为他设有一间办公室）。由于他精通丹麦文，能够查阅各种官方和私人的丹麦文资料，这是许多其他物理学史家所无法企及的。例如，他通过查阅哥本哈根市政府的卷宗和有关教堂中的记录，把玻尔的父系家谱和母系家谱都追溯到了四五代以上，给出了玻尔的高曾祖父等人的全名，并且考证出玻尔在大学时参加的学生团体“黄道社”的 12 个成员中 10 人的姓名和后来的职务等。可以说，这是目前人们写出的最重要的一本正式的玻尔传记。

派斯在 1982 年出版的那本题为《上帝是不可捉摸的：爱因斯坦的科学与生平》的爱因斯坦传记影响良好，其最鲜明的特色是对爱因斯坦的科学地、详尽准确地叙述，但也正是由于其科学内容的缘故，对于一般读者，该传记还是显得有些艰深。1994 年，他出版的《爱因斯坦当年寓此》一书，则在很大的程度上弥补了这一不足。《爱因斯坦当年寓此》这本写给普通人的爱因斯坦传记可以说是《上帝是不可捉摸的：爱因斯坦的科学与生平》一书的姊妹篇。

派斯自己和别的一些人都说他是最后一个既熟悉玻尔又熟悉爱因斯坦的人,他与这两位物理学史上的伟人都有过比较密切的私人接触,而且在某种意义上可说算是与他们进行过某种合作。的确,在仍在世的20世纪物理学家中,派斯是最后一个有这样的机会的人。而且,他兴趣也广泛,喜欢听音乐、登山,有众多的爱好,还很会讲故事。这些都是优势。因而,他在1997年最新出版的自传《双洲记:在动乱的世界中一个物理学家的生活》,既具有在物理学史方面的意义,也是一本很能引起读者兴趣的著作。此书的书名套用自狄更斯的小说《双城记》。

对于经典文学的熟悉和了解也使他的著作另具特色。对此,笔者这里还可以再补充一个例证。1986年,笔者曾翻译了一篇派斯所写的关于物理学家狄拉克的传记文章。其中讲到有关狄拉克的一个故事:"一次,狄拉克和福斯特在剑桥的一次宴会上相遇。他们之间交流的故事常常被人们完整地讲述。狄拉克:'在洞里发生了什么?'福斯特:'我不知道。'然而,这种说法是不足凭信的。派尔斯曾告诉我,他问过狄拉克到底说了什么,并得到这样一个回答。狄拉克:'在那洞里有第三者吗?'福斯特:'没有。"'当笔者在没有更多的上下文的情况下译到此段时,实在有些莫名其妙。正好在同一年,派斯来中国访问。乘陪同之机,向他提出此问题。派斯便讲到了英国小说家福斯特和他1924年的名作《印度之旅》,由此联想到国内曾上演过的据此小说改编的电影中的情节,笔者才终于明白了那段话的含义。

1998年,派斯还与他人一道编辑出版了纪念狄拉克的文集《保罗·狄拉克:其人与其工作》。

当然,作为一位在晚年从物理学领域转向物理学史的学者,也有人认为与真正职业的科学史家相比,派斯在史学意识和哲学洞见方面尚有不足之处。但与更多的在晚年将科学史作为一种业余消遣的科学家们相比,派斯由于他特殊的经历和不懈努力以及他独具特色的科学史著作,显然是科学家出身的科学史家中的佼佼者,在科学史界极有影响。今年(1998年)5

月 27 至 29 日，联合国教科文组织和尼耳斯·玻尔研究所在巴黎举行了一次纪念玻尔的学术会议，题目为“尼耳斯·玻尔和 20 世纪科学的演进”。会议邀请了十几位世界上第一流的科学家发表演讲，邀请名单包括一些诺贝尔奖得主，但其中排在第一位的就是派斯，由他来介绍玻尔。由此我们也可看出派斯在学界的影响和地位。

1998 年，派斯在丹麦的家中度过了 80 岁的生日，70 多位丹麦名流参加了庆祝茶会。对于他未来将再写出什么科学史的著作，人们将拭目以待。看来派斯还不会停下来。正如他在《势不可挡的深入：论物理世界中的物质和力》一书结尾处讲的那个故事所预示的：一位到华盛顿市的参观者坐出租车经过宾夕法尼亚大道时，注意到在国家档案馆的后面有一座雕塑——一个坐着的妇女在膝上放着一本打开的书。雕塑的底座上有一段铭文：“过去的事情就是开端。”这使他感到困惑，便问出租车司机那是什么意思。出租车司机回答道：“那意思就是你还什么都他妈没听到呢。”

费曼：超级科学明星①

诺贝尔奖获得者、美国康奈尔大学的理论物理学家贝特曾转用一位数学家的话，说世界上有两种天才：普通的天才完成伟大的工作，但让其他的科学家觉得，如果他们足够努力的话，那样的工作他们也能完成；而另一种天才则像表演魔术一般，"一个魔术师所做的事任何别的人都无法完成，而且似乎完全无法想象。"费曼就是这样的一个魔术师。

理查德·费曼，可以说是一位典型的美国物理学家。1918年，他出生于纽约的一个犹太人家庭中，1935年进入麻省理工学院学习，毕业后，又到普林斯顿大学念研究生，于1942年获得博士学位。从1943年起，在美国的原子弹研制基地洛斯阿拉莫斯工作。战争结束后，1946年，他成为康奈尔大学的教授。后来，从20世纪50年代起，在加州理工学院任教，先是当普通教授，后于1959年成为图尔曼理论物理学教授。除了曾短期到巴西讲学之外，他一直在加州理工学院工作，直到1988年2月15日，因患癌症而在洛杉矶去世。

费曼的科学工作涉及许多的领域。其中最重要的是，他以路径积分的形式重新写出了整个量子电动力学，使之具有相对论协变的形式，并且通过重整化的方法避开了发散的困难，解决了电子的自能问题。利用这样的理论，就可以相当精确地计算出兰姆位移和电子的反常磁矩等用旧有的理

---

① 原载《中华读书报》1998年9月9日。

论无法处理的问题。在这过程中，他还自行发明了一种独特的利用一些图形来极大地简化计算的新方法。如今，在场论中，像费曼图、费曼积分、费曼振幅等常用的重要概念和方法都与他的名字连在一起。

1965年，由于在量子电动力学方面的基本工作，他与美国物理学家施温格和日本物理学家朝永振一郎共同获得了该年度的诺贝尔物理学奖。

除了在量子场论和基本粒子理论方面的重要工作之外，在像凝聚态物理等领域中，费曼亦贡献卓著，尤其是在对液氦的超流动性的理论研究方面。

在美国，诺贝尔奖获得者有许多，但能够在科学界和科学界之外都几乎家喻户晓，并为人津津乐道的超级明星，恐怕只有费曼一人。这一切，除了天赋之外，还和费曼独具一格、不拘小节的个性以及他截然与众不同的行事方式，有着决定性的联系。正如杨振宁曾讲过的："他是一个几乎做任何事情都与众不同的人"。

费曼是一位极为出色的教师。或者说，是一位教育家。他极其认真地对待教学工作，并且真正热爱教学，在充分准备的课上，不时地冒出连珠妙语。在加州理工学院任教授的30多年中，他除了自己进行研究工作，主要是为研究生开课。1961—1962年间，他曾给大学低年级的学生讲了两年的普通物理课程。像普通物理这样的课程，在教材与教法上本是相当成熟的，虽然也有许多不同的课本，但本质都是大同小异的。费曼则不然，他完全抛开了传统的体系，由自己安排教学内容。每次上课，只带一张小纸，然而，在这背后，大量的准备工作是显而易见的。结果，根据他讲课的录音，人们整理出三卷本的《费曼物理学讲义》这部奇书。物理学家古德斯坦回忆说，费曼曾告诉他：从长远眼光来看，他认为他对物理学的最重要的贡献不是量子电动力学，不是液氦或极化子或旋子的理论，他真正的记功碑将是他的《费曼物理学讲义》。这部截然不同的教程，鲜明地反映了费曼的个人特色，在体系、论述和证明上均有别于传统的教材，书中还充满了生动的例证和深刻精辟的议论，以口语化的风格透彻地讨论各种物理学现象的本质和规律。正如他在《讲义》中所说的:“我讲授的主要目的,不是帮助你们应付考试,也不是帮你们服务于工业或国防。我最希望做到的,是让你们欣赏这奇妙的世界以及物理学家观察它的方式。”这部教材出版后,非常畅销,尽管对于绝大多数的教师和学生,它不一定是最实用的教程,但它确实是最出色的教学参考书,是教材中的经典著作。可以说,仅凭这部讲义,就可以让作者不朽。它被翻译成多种文字出版,我国大陆和台湾也都曾出版其中译本。

不管是科学上的成就,还是在科学教育方面的贡献,都只能使一个人在有限的范围内变得知名,但费曼响亮的名声却绝不仅限于科学界。在美国,在更广大的公众眼里,他也是真正的科学明星。这在很大的程度上,与他的两本回忆录的出版有很大的关系。

1985 年,费曼出版了他的第一本回忆录《费曼先生,你肯定是在开玩笑》。这本书是由费曼同事的儿子拉尔夫·莱顿根据与费曼谈话的录音整理而成的。它一经出版,就变得异常畅销,仅仅在出版后一个月内,就连续印刷了 9 次。而且,至今,仍常常停留在美国书店的排行榜上。在国内,1989 年,科学出版社曾以《爱开玩笑的科学家费曼》为名翻译出版了此书,但译文中错误颇多,且印数只有 3 000 来册。1997 年,三联书店又以《别闹了,费曼先生》为名出了新的译本,遗憾的是其译文中意译之处过多,且港台味太重。通过这部回忆录,读者可以看到一位真正活生生、多才多艺、喜欢恶作剧、极具个性、我行我素且不加掩饰的科学家:他从小就好独立思考;在制造原子弹的基地工作时,曾是偷开保险柜的“撬锁英雄”;在宿舍中作运送蚂蚁的实验;与酒吧里的女招待开令人啼笑皆非的玩笑;爱好玩鼓,达到很高的水平,一部只由他用鼓声伴奏的芭蕾舞最后竟赢得了美国全国舞蹈设计竞赛的大奖和在巴黎举行的世界舞蹈设计者竞赛的第二名;偶尔因琢磨古代抄本而最后成为玛雅天文学史专家;他学习绘画,最后达到举办个人画展和出售所绘作品的程度,如此等等。这样一系列令人捧腹的故事在其他科学家的传记中是很难发现的。随后出版的续集《“你何必在意别人怎么想”:一位好奇者更多的奇遇》一书也同样获得成功。尤其是费曼参与对航天飞机挑战者号失事原因调查的故事,更给人以深刻的印象。他曾演示用一杯冰水浸泡橡皮而使其在低温下失去弹性的简单实验,说明推进火箭管道接口的漏气原因,使美国公众大为震惊。这一故事以及在前一部回忆录中讲述的他参与审定小学教材的故事,真切地表现了费曼作为一位正直的科学家所具有的社会责任感。当然,在某些人看来,费曼的一些做法似乎有些花花公子的味道,如他在回忆录中也并不讳言自己出入夜总会以及追求萍水相逢的一夜风流的经历,但这只是费曼自己并不加以掩饰的一个侧面。在另一方面,他与第一任妻子阿仑结婚,却是在已经知道对方患了肺结核而且活不了几年的情况下,而且婚后阿仑一直就住在医院中,直到去世。在晚年,当有人问费曼一生最自豪的是什么事时,他说,那就是“我能用尽我所能的爱去爱了我的第一位妻子”。

科学家的回忆录能成为长久不衰的畅销书,这是很少见的事情,表明了公众对费曼的极大兴趣。实际上,除了这两部回忆录之外,许多由他人撰写的费曼的传记也非常引人注目。(其中部分书目请参见本版重点推荐书目和新书信息)例如,纽约时报首席科学记者格莱克曾以出版在各国成为畅销书的科学报告文学集《混沌开创新学科》而闻名(据说此书仅在大陆就出版有4种不同的译本),他于1992年出版的费曼传记《天才:理查德·费曼的科学与生活》,也很快就成为美国的畅销书。1993年,格莱克到加州大学圣巴巴拉分校作该书的促销演讲时,笔者曾有幸亲耳聆听。当时会场的热烈气氛,也充分表明了他撰写的那部传记之引人入胜。这部传记同时出版有录音带版本(其实费曼的许多著作现在都出了CD版,从中可以听到费曼本人的声音)。在台湾,也出版了该书的中译本,只是大陆目前仍还没有译本出版。据报道,格莱克撰写的另一本费曼传记也将于1999年问世。

费曼确实是独一无二的。他是也许只有在美国的文化下才能培养出来的那种科学家。了解费曼,也可以让人们看到,科学家,如果教育得当,完全可以是饱食人间烟火并且令人喜爱的天才。谈到为什么能够成功，为什么能够成为超级科学明星，原因可以有许多，但其中最重要的一点，也许正像其回忆录的书名（这来自他第一任夫人的说法）所表明的，那就是：“你何必在意别人怎么想？”

凯勒与科学史的女性主义视角①

目前，在世界范围内的学术界，女性主义的研究可以说是最热门的领域之一。虽然与女性主义对文学批评、历史等人文学科的研究相比，女性主义对科学文化的研究还相对薄弱，但近年来其发展速度相当惊人，使科学哲学、科学史和科学社会学等领域的学者们不能无视其成果。在这方面，美国女性主义学者凯勒就是一位很有代表性的人物。

伊芙林·福克斯·凯勒（Evely Fox Keller），现在是麻省理工学院的教授，一位在女性主义科学史和科学哲学界相当有影响的学者。1936年，凯勒出生在美国一个贫困的俄裔犹太人移民家庭。当她还在纽约市的公立中学学习时，由于上大学的姐姐的偶然介绍，凯勒迷上了弗洛伊德的理论，并决心将来做一个心理分析学家。后来，她哥哥又将她引入科学的世界，在昆斯学院学习了一年后，凯勒转入布兰迪斯大学，专业为物理学。一开始，她选择物理专业只是为了加强背景，为未来进医学院学心理分析作准备。结果，在对物理的学习中，凯勒反而如鱼得水，并“爱上了理论物理学”。1957年，她成功地申请到了国家自然科学基金的资助，到哈佛大学攻读理论物理的研究生。在哈佛，人们曾问她，你难道不知道在哈佛没有一个女生成功地成为理论物理学家吗？的确，作为一名学习物理学的女性，她在那里感到十分孤立和不自在。在通过了口试之后.她甚至想放弃物理学。

---

① 原载《中华读书报》1998年8月12日。

一个偶然的机会，她在访问冷泉港时结识了许多更加善意的生物学家。最终，她回到哈佛大学物理系，在一位正转向生物研究的教授的指导下，以关于分子生物学实验方面的论文在1963年得到了博士学位。

毕业后，凯勒回到纽约，在纽约大学的夜校教物理学，并从事一些数学生物学方面的研究。她关于数学生物学方面的一些论文，在其领域中甚至成为经典论文，但是，在作为一位科学家的身份和作为一位妇女的意识之间，她一直感到冲突。于是，虽然她仍然热爱科学，但却越来越转向哲学，并逐渐停止了科学的实践。1974年，凯勒在纽约州立大学开始教授妇女研究的课程，从此正式开始了她在另一个不同领域的研究者的生涯。

1977年，凯勒发表了一篇题为《在物理学中一位妇女的反常》的文章，试图以此驱除在研究生期间的痛苦经历。文章发表后，一位读者向她建议，应写写麦克林托克这位女性遗传学家。一开始，凯勒觉得这是一篇短文的好题目，但在与麦克林托克的首次谈话后，她便意识到这是一个极为迷人的故事，远非一篇短文所能容纳的。于是，最后的产品，便是在1983年出版的《对生命有机体的情感》这部后来成为女性主义科学史研究经典的传记。

美国女遗传学家麦克林托克长期致力于玉米细胞遗传学的研究，在20世纪50年代初发现了在玉米染色体中遗传因子的"转座"，但这一重要的发现却长期因不为遗传学家共同体所理解而被忽视。直到30年后，随着分子生物学的发展，对基因转座的重新发现，才使麦克林托克的工作的重要性得到广泛的承认。她最终因此在1983年获得了诺贝尔奖。此时，正值《对生命有机体的情感》一书出版。

基于对麦克林托克的大量访谈，在对其生平、工作、遭遇和科学背景的历史考察中，凯勒要展示的，是一位女性遗传学家以其独特的、与主流科学不同的方式来进行研究的故事。这涉及人与自然的关系、涉及与社会性别相关的观察和体验方式等一系列问题。例如，在凯勒看来，在麦克林托克的研究工作中，主体与客体，或者观察者与被观察对象不再截然分开。因为麦克林托克强调人们必须有时间去看，去"倾听"材料的说话。她强调对生命有机体的"情感"。而这种对情感、对直觉、对和谐的理解力的强调，恰恰和标准的科学准则中要求的理性与情感、心灵与自然的分离相反。凯勒认为，这种方法上的差异，才是遗传学共同体排斥麦克林托克的真正原因，这也使得麦克林托克的支持者们直到今天也几乎没有真正理解她所说的内容。

《对生命有机体的情感》一书出版后，很快就引起了人们的关注，成为女性主义研究中的一本经典之作，并被译成西班牙文、法文、荷兰文、意大利文和日文。在我国，三联书店于1987年出版了其中译本，易名为《情有独钟》。1995年，台湾也出版了中译本。

令人遗憾的是，在我国，由于对女性主义科学文化研究的陌生，《情有独钟》一书出版之后，在很长的一段时间中，人们（包括为该中译本作序的我国一位著名遗传学家）也只是将此书作为一本普通的科学家传记来看待，不同之处仅在于传记的主人公是一位特殊的女性而已。中译本译名的改变也反映了这种误读。其实，不仅仅是在中国，就连在西方，凯勒也承认人们对此书会有误读。因为她要讲的并不是一个关于孤独的先驱者的故事，她要讲的是科学方法的多样性和差异性，是一个反叛的妇女反对传统的科学和传统的社会性别意识形态的故事。麦克林托克并不否认现有的标准科学方法为我们提供了有用和正确的知识，只是认为它们还不是真理的全部，也绝不是获得知识的唯一途径，她相信还有其他正确的方法可以用于认识自然。而她所采用的那些方法，则正是历史上在对"男性"的命名中从科学中被排斥出去的。

然而，对于此书存在的争议也是显然的。甚至在西方，在实际从事科学工作的科学家（尤其是众多的女性科学家）当中，对女性主义的科学文化研究也多是持保留或明确反对的态度。耐人寻味的是，当凯勒在撰写此书的过程中，她与麦克林托克有着密切的联系。然而，当工作接近尾声时，她将最初的草稿寄给对方后，麦克林托克便再无回应了。此书出版后，麦克林托克又活了9年的时间，但在此期间，她却总是否认自己曾读过这本关于她本人的传记！因而有人评论说，正是由于此书太令人不安了，所以连麦克林托克自己也不能正视它。

如果说，在《对生命有机体的情感》一书中凯勒还几乎没有使用女性主义惯用的术语，而是以朴素的语言在字里行间表述她的观点的话，那么，两年后，在1985年她出版的《对社会性别与科学的反思》这部代表作中，则展现出了更深厚的理论色彩。尤其是，她在该书中以女性主义特有的视角对历史上心灵与自然之关系的考察，对于从柏拉图开始直到培根等人对性隐喻运用以及这种性隐喻对后来近代科学发展之巨大影响的研究，更使她的工作独树一帜。正是从以往被人们忽视了的社会性别的视角出发，凯勒重新探讨了近代科学的起源，并认为由于历史上存在的社会性别意识形态的作用，在近代科学的发展中，通过将与不同社会性别相对应的客观性、理性、心灵等和主观性、情感、自然等范畴割裂和对立起来，从而使近代科学本身从一开始就出了问题，并由此向传统中近代科学诞生的"神话"提出了挑战。

在西方女性主义对科学的历史与哲学的研究领域中，《对社会性别与科学的反思》这部鲜明且有代表性地反映了女性主义观点的著作，同样也被认为是重要的奠基之作，并被译成德文、意大利文、日文、荷兰文、芬兰文和西班牙文出版。但至今没有中译本问世，这对于中国的女性主义研究者和对此感兴趣的读者来说，确实是一件憾事。

除了这两本在学术界影响很大的女性主义科学文化研究经典之作之外，凯勒还发表有大量的论文，并出版了《生的秘密，死的秘密：论语言、社会性别与科学》（1992）和《重绘生命：20世纪生物学中的隐喻》（1995）两部著作，与人合著《进化生物学中的关键词》（1992），与人合编《女性主义中的冲突》（1990）和《女性主义与科学》（1996）等书。

目前，女性主义对科学文化的研究，虽然仍存在着大量的争议，但确实已经成为学术研究的一个热点。例如，早在1993年由美国威斯康星大学编的一本关于在科学、保健和技术中妇女的历史研究的文献指南中，就收录有 2 500 多部（篇）著作。在众多的有关著作中，凯勒的作品是非常有代表性和引人注目的。正如美国麻省理工学院妇女研究专家佩里（Ruth Perry）所说的那样，现在已不可能撰写科学史而不考虑社会性别问题，也不可能撰写社会性别与科学而不引用凯勒。

科学史家的命运①

科学史，现在可以说已经是一个相对成熟的学科了。对其功能与意义，科学史家们可以相当自信地一一列举出来。但是，若与其他一些历史更为悠久、早在基础教育中就使人们更加熟悉的学科相比，例如，与物理、化学、天文等学科相比，科学史在许多人的心目中的地位却可能是远不相称的。不仅是与这些自然科学中的“硬”学科相比，就是与人文学科或社会科学中的那些成熟更早的“软”学科相比，例如与哲学或政治史相比，情况恐怕也是如此。不过，这种偏见却并不限于今天，在历史上，也有这方面突出的例子。而对有关历史的回顾，则可以让我们有所思考。使我们对偏见与无知的后果有所认识，并为人们提供某种警示。

一般来说，大致可以认为作为学科的科学史（更严格地讲是科学学科史）出现在18世纪左右。在进一步的发展中，出现综合性的科学史这一重大的转折则是在19世纪。就此而言，法国科学史家坦纳里是一位不可忽视的重要人物。

坦纳里出生于1843年。他的一生是独具特色的。1860年，他进入综合技术学校学习，在班上是出类拔萃的学生。毕业后，先是在国家工业应用学校呆了不长的一段时间，然后在国家烟草专卖局里作为技师工作了近40年之久。正因如此，作为科学史家，他的科学史研究工作全部都是在晚

① 原载《方法》1997年第6期。

间或假期中进行的。就是在这样的工作条件下，作为一个"业余"的科学史研究者，他写成了《关于古希腊科学》、《希腊几何学》和《古代天文学史研究》这三部重要著作，并用大部分精力来编辑古代的著作，还写了大量的论文。在当时，对绝大多数科学史家来说，科学史还不大可能成为一种可供谋生的职业。坦纳里之所以从事科学史研究，自然是出于对这门学科的热爱。关于科学史家应具有的训练和素质，他的一些观点在今天来看依然是十分可取的："显然，要作为一个优秀的科学史家，只是一个科学专家还不够。首先，他必须有专心于历史这样一种愿望，也就是说，要喜欢历史；他必须在其内心中培养起自己的历史感，这是一种同科学意识完全不同的意识；最后，他还必须掌握许多专门的技能，这些技能对历史学家来说是必不可少的助手，而对那些只关心科学进步的科学家来说却毫无价值。"尤其引人注目的是，对于综合性科学史，坦纳里也很早就具备了超前的深刻认识：他从一开始就将科学视为一个整体，强调科学是一般人类历史的一个内在组成部分，而不仅仅是从属于特殊科学的一系列科学学科。他指出科学通史并不仅仅是许多专科史的汇总或精炼。他认为科学通史将涉及科学的社会环境、各学科之间的关系、科学家的传说传记、科学的交流和科学的教育等等。坦纳里对科学史的这些认识的确是十分精辟的。正因为如此，美国科学史家萨顿认为："在上世纪末本世纪初……坦纳里可以说是最伟大的、而且实际上是第一位科学史家……是最早充分研究科学史的人。"他称坦纳里是"现代科学史运动真正的奠基者"。

坦纳里在科学史方面的成就是作为一位终生的"业余研究者"而取得的，但他却也曾有过改变这种命运的机会。部分地在法国实证主义哲学家孔德的影响下，法兰西学院在 1892 年最先创立了一个科学史的教席。该教席的第一位执教者是当时实证主义的首领拉菲特。当拉菲特于 1903 年去世时，坦纳里已是享有国际声誉的科学史家了，本该是接任这一教席的最佳人选。然而，有关行政部门最后愚蠢地选定的，却是一个对此职位并无特殊资格的人。在此不公正的打击下，坦纳里很快就在 1904 年去世了，最终没有完成他设想中的那部完美的综合性科学史著作。其实，不仅是对于坦纳里个人，对于法兰西学院乃至对于当时全世界的科学史研究工作来说，这也是一次打击。那么，在当时，有关行政当局为什么会作出这样一种不公正的选择呢？

对此问题，萨顿的回答是十分明确的："这只不过是由于当局并没有清楚地了解科学史是什么。他们绝不会在他们比较熟悉的领域中作出这种愚蠢的决定。例如，倘若他们必须推选一位希腊语教授，他们就一定会坚持候选人要有精深的希腊语知识（不论冰岛语或立陶宛语的知识多好，都不能替代希腊语而被采纳）；或者说，如果他们必须推选一位结晶学教授，他们就一定会集中注意候选人的擅长为结晶学，而不会注意他熟悉比较解剖学或伊斯兰教哲学与否。""他们不知道科学史是什么，或者，更糟的是，他们对科学史有一种错误的认识。"

其实，这种因无知和偏见而带来的错误并不限于坦纳里的例子。例如，萨顿也曾谈到过一些行政管理人员的无知早年在科学史教学方面的表现："他们突然发现科学史很重要，随即就会组织一系列讲座或专题讨论会，并向他们所在单位的各种不同的工作人员求援。他们不了解教授科学史所涉及的种种困难，也不了解这需要特殊的训练。请一位著名的天文学家来讲天文学史，或者请一位化学教授来搞化学史，他们会感到这是完全自然的事。（难道他未曾获得诺贝尔奖金吗？而这不就是充分的资格吗？）要不然，他们就会为有关阿拉伯科学的讲座谋求阿拉伯语教授，为有关中国科学的讲座谋求汉语教授了。一份漂亮的教学计划印出来后，那所大学的公众（教授、学生和随从）会大吃一惊，发现他们当中竟有如此众多的科学史家。谢天谢地！几乎系里每位老师都是了！当然，这样一课程表是一种虚张声势，而且主讲人越著名（如果他们事实上不是科学史家的话），这种骗局也就越大。"对比之下，即使在今天，我们能够说这样的情况就已经完全消失了吗？

由于对科学史的错误认识与偏见，使科学史家坦纳里在其有生之年受到了不公正的待遇。由于科学史这一学科本身之历史的短暂，也由于因科学史不够普及而带来的在许多人中对这一学科的种种误解，在相当一段时间里，科学史家的命运也许仍将有颇多坎坷。但在历史中，真正的学术终将留存于世。坦纳里在科学史学史上的地位，又岂是那些一时有权而又偏见无知的人所能动摇的？这也正如萨顿所言："不论这些官吏们有多大权力，他们不能摧毁坦纳里的著作，著作使他流芳百世。不论过去他是不是教授现在都无关紧要。没有人想到去查明他是否得到过这一或那一荣誉。从永恒的观点来看问题，所有这些学术上的荣誉，不论它们是什么，全都是无用的东西。发表了的著作才是唯一对后世有重大关系的东西。"

尽管如此，我们还是希望未来科学史家的命运不要像坦纳里那样，更何况科学史家的命运毕竟影响到科学史学科的发展。当然，在很大的程度上，科学史家命运的改变，还要靠科学史家自身的努力与奋斗。

DISANBU

第三部

审视科学

SHENSHIKEXUE

戏剧舞台上的物理学家①

如果不谈那些虽然通俗但却有失准确的科学家传记，仅就严格地符合学术标准的著作来说，在科学史家笔下，科学家传记中科学家的形象使人们认识和了解了那些为人类知识的发展作出过杰出贡献的伟人。而且，科学史家们通过他们的研究工作，在描绘科学家的形象时，也掺入了他们自己对于科学和科学家的理解；在勾勒出这些科学家的角色的同时，也表现了他们心目中对于科学及科学与社会之关系的认识。但是，随着科学在当今社会中所起的无可替代的巨大作用和影响的增大，对于科学和科学家关注的人群早已超出了像科学史家这样的学者的范围。自然，科学家的形象也不仅仅只出现在那些由科学史家们撰写的历史和传记著作中。这里，我们所要谈的，就是被两位戏剧大师在其堪称当代戏剧经典的代表作中，搬到舞台上来表现的物理学家的角色，并将由此展开一些相关的议论。

（一）

首先，是德国戏剧家布莱希特及其《伽利略传》。对于布莱希特这位戏剧大师的名字，我们不会感到陌生。他不仅以其戏剧创作，而且以其独创

① 原载《民主与科学》1997年　第4期。

性的戏剧理论体系而蜚声于国际戏剧界。《伽利略传》是布莱希特的主要代表作之一。据说它体现出了布莱希特的哲理思想和史诗戏剧风格，被研究者们誉为是布莱希特戏剧的皇冠，是代表一个时代的戏剧名著。自此剧问世以来，它在欧美国家的舞台不断上演。人们将它与莎士比亚、席勒、易卜生的不朽剧作并列，并视其为当代杰作。在我国，20 世纪 70 年代末，此剧也曾由中国青年艺术剧院的艺术家们搬上舞台，而且是粉碎“四人帮”之后在我国话剧舞台上演的第一部外国当代戏剧名作。遗憾的是，几个月前，在一次座谈会上，对笔者就此剧复演可能性的询问，当时中国青年艺术剧院负责排演此剧的导演回答说，限于目前的条件和演员情况，短时间内几乎没有可能让我们再度在国内舞台上欣赏到这部世界名剧。

在科学史上，伽利略经常被称做近代科学之父。关于这位近代科学开创者的故事，人们当然更是耳熟能详。正是伽利略通过揭示亚里士多德运动观中的错误，正确地解释了力和加速度的关系，研究了惯性定律，发现了速度叠加原理和运动的相对性原理，并且总结出了自由落体定律，从而为近代力学的发展奠定了基础。也正是伽利略最先将望远镜对准了天空，为哥白尼的日心说提供了证据。他的《关于两大世界体系的对话》和《关于两门新科学的对话》是近代科学的经典之作。他开创的结合数学与实验方法进行科学研究的传统，直至今日仍为科学界所遵循。更不用说他因宣传、论证哥白尼的日心体系学说而被教会审判并被迫“认罪”以及在几百年后又被教会“平反昭雪”的史实。所有这一切，使得伽利略成为科学史上一个独一无二的重要角色。

虽然是作为艺术家，作为世界级的戏剧大师，布莱希特却并不忽视科学。在其戏剧理论的论著中，布莱希特经常提到科学这个字眼。他曾指出：“戏剧艺术，只要它是一种表现重大题材的戏剧艺术，就不可避免地要同科学发生越来越密切的关系。”“具有决定意义的新的转变是，戏剧艺术就其功能来说类似于科学。这一点并不是很容易理解的，它远远不只是利用科学知识的问题。”尽管他的这些言论更多的是指戏剧艺术与科学的关系，强调正确地运用现代科学，特别是对于戏剧有不可估量的益处，但也许正是由于这种相关的对于科学的关注与思考，使得布莱希特能够运用其艺术天才，以戏剧的形式来表现物理学家伽利略的历史形象。

有趣的是，布莱希特的《伽利略传》这样一部历史剧，倒并没有像当今影视圈拍摄历史题材作品那样引起众多的关于"真实"的历史与艺术表现之矛盾的争议。似乎人们更是将其作为一部艺术作品来对待。其实，布莱希特确实是严肃地对待这一题材，在充分尊重历史的基础上，通过出色地发挥艺术家的想象力，生动构想出戏剧的场景和人物的对话。在此剧中，重点表现的是从伽利略利用望远镜观察天空，发现支持哥白尼理论的证据开始，到与教会发生冲突，受到宗教裁判所的审判并被迫宣布放弃自己的学说，最后又写出《关于两门新科学的对话》，创立了新物理学的过程。鉴于人们对伽利略故事的熟悉，这里对剧中生动的情节不再一一介绍了。代之，我们想讨论一些与情节相关，但却又是在情节之外的话题。

基本上，伽利略还是以传统的形象，以一位"新时代"的创立者的形象出现在剧中。用布莱希特自己的话来说："剧本表现的是一个新时代的破晓，并试图去改正对一个时代破晓的一些偏见。"他要表现的是"一个新时代的不加粉饰的图画"。在剧中，伽利略的角色并不是一个不食人间烟火的"超人"，相反，除了对探索科学真理的执著之外，伽利略也是一个凡人，他爱吃，"当吃好饭喝好酒的时候常常出现灵感"，他经常为金钱的拮据而操心，甚至不惜拿他人发明的望远镜冒充自己的发明呈献给威尼斯共和国来换取薪金。当为了宣传论证地球围绕太阳转动而被宗教裁判所审讯，在看到刑具后，只因害怕肉体上的痛苦而放弃其学说。但是，这些凡人的弱点并不削弱伽利略作为近代科学创立者的光辉。在布莱希特笔下，伽利略毕竟是理性的代表者。正是基于这种人类的理性，在1610年1月10日，伽利略通过望远镜的观察，使"人类在她的日记里写上：废除天堂"，他认为"我们为真理做了多少工作，真理就能获得多少胜利"。

布莱希特写《伽利略传》时，正值第二次世界大战即将爆发的1938年秋，这也是他流亡国外的第六个年头，他用了三个星期的时间便完成了这部杰作。关于此剧写作的背景与动机，在他对剧本的注释中可以看出："我是在为300年前那个科学与艺术繁荣的时代而忙碌吗？我希望不是那样。""当迅速增长的黑暗笼罩着一个狂热的世界的时候，四周是血腥暴行和血腥的思想，有增无减的野蛮无限地在一场也切合时代的最大最可怕的战争中进行着。在这样的时候，人们要采取一种适合一个幸福时代转折关头的立场是困难的。不是一切都说明黑暗来临而一个新时代还没有开始吗？难道人们不应采取一种适合他们迎着黑暗前进的立场吗？"如果意识到此剧是在这样一种特殊的背景下写就的，从剧中人物的那些警句名言般的台词中，我们就不难以双关的方式体会出作者的匠心独运："需要英雄的国家是不幸的。""理性的胜利只能是有理性的人的胜利。""当我们知道下跪的规律最重要的时候，新自由落体定律又有什么用呢？""谁不知道真理，他只是个傻瓜；但谁知道真理，却把真理说成是谎言，那他就是一个罪犯。"在对剧本的说明中，布莱希特还特意指出："在这个剧本里，教会主要是作为官府来表现的；就典型的意义来说，教会的权贵相当于我们今天的银行家和议员。"

布莱希特创作《伽利略传》之时，也正值物理学家发现了原子的裂变之时。所以有人认为，新的科学成果用来造福人类还是给人类带来灾难，这个社会迫切需要回答的问题也是启发布莱希特创作此剧的一个时代因素。不论此说是否可靠，但确实正是在第二次世界大战接近结束时，美国的原子弹在日本爆炸后，布莱希特改写了剧本的第二稿（后又于1955年作了第三次修改）。布莱希特在此剧在美国上演的结束语中，就谈到了美国在日本投放原子弹的背景，并明确地指出："这是一个胜利，但这也是失败的耻辱。随后就是军人和政治家对巨大的能源保守秘密，他们激怒了知识界。研究的自由，各种发现的交换，研究家的国际合作被官方停止了，人们对他们产生了强烈的怀疑。伟大的物理学家们逃离为他们的战争政府服务的岗位，而接受一个教职，迫使自己将时间消磨在基础理论教育上。"从而，我们也就不难理解在最后的剧本中，在第十五场的提示里出现了这样的字句:“你们要保护科学的曙光啊,使用它,不要滥用它,不要滥用它啊,一场火灾会把我们全都吞噬,啊,全都吞噬。”在全剧临近结束时,布莱希特也借伽利略之口说道:“我认为科学唯一目的就是减轻人类生存的苦难。当科学家们为利欲熏心的权贵们吓倒,满足于为积累知识而积累知识,科学就会变成一个佝偻病人。那时你们的新机器就只能意味着新的灾难。”读到这些台词,我们不禁会联想到科学史学科的奠基者萨顿,大约正是在布莱希特写下这些话时,科学史家萨顿也在他的著作中严厉地谴责第二次世界大战期间德国把科学的成果滥用于杀戮人类，严厉地批评那些只管研究，不问政治,不关心历史的“技术专家”。在这里我们看到,在对科学技术成果的社会应用的问题上,艺术家与科学史家是怎样从不同的职业道路走向同一方向。实际上,可以说,一切有良心和社会责任感的知识分子对这种问题都是不会视而不见的。

（二）

虽然对布莱希特的《伽利略传》我们可以进行以上的分析,从中看到作者对科学与社会之关系的种种看法，但在这部初写于20世纪30年代末，最后修订于50年代中期的戏剧杰作中,在本质上所反映的,毕竟还是那个时代对于科学本身、对于作为科学之基础的人类的理性的信念。随着时代的推进,在西方对科学的负面效应的关注越来越多,对科学的批判也逐渐形成了一种潮流。这种社会思潮,在下面我们要谈及的另一部与布莱希特的《伽利略传》风格迥然不同的关于物理学家的戏剧中,表现得就十分明显了。

对于瑞士剧作家迪伦马特,我们也并不陌生。他的悲喜剧曾是第二次世界大战后德国戏剧复兴的主要作品。在我国,他的剧作《贵妇还乡》也曾被北京人艺搬上舞台。但是，按照《简明不列颠百科全书》的有关条目中的说法，迪伦马特被公认为最优秀的剧本——却是一部名为《物理学家》的话剧。

《物理学家》一剧写于1962年，后于1964年被译成英文。与布莱希特严肃的历史剧《伽利略传》极其不同，迪伦马特的《物理学家》充满了荒诞的色彩。其情节大致是说，在一家精神病院中，住着三位病人，都是物理学家，其中，一位名叫梅比乌斯的物理学家在15年前就住进了这所精神病院，经常声称自己看到所罗门王，而另外两个分别自称是牛顿和爱因斯坦的研究放射性材料的核物理学家，则在不久前住了进来。在精神病院中，这三位物理学家先后分别杀死了看护他们的女护士。随着警察的调查和医生及病人的对话，剧情愈发扑朔迷离。后来，这三位物理学家之间的一场对话，使情节明朗起来。原来，他们分别杀死看护自己的女护士，只是因为护士发现了他们都不是疯子这一真相。梅比乌斯本是一位极有天赋的物理学家，15年前躲进了精神病院。而“牛顿”和“爱因斯坦”则原来的确是曾作出过出色工作的物理学家，但已分别为不同的情报机关服务。他们装作疯子，追踪梅比乌斯住进了这所精神病院。因为他们所服务的情报机关怀疑梅比乌斯是有史以来最伟大的物理学家，可能解决了引力问题，发现了基本粒子的统一理论，并找到了普适发现的原理。而在住精神病院的15年中，梅比乌斯的确完成了这一切。

于是，两位身为物理学家的间谍开始游说梅比乌斯。具有寓言意味的是，“牛顿”所持的观点，恰与真正牛顿时代的价值观相似。他相信求知的自由。而不管这种知识为谁所用；而“爱因斯坦”的看法，则与我们这个世纪某些科学家曾有过的观点有某种相似，认为物理学家可以自己作出抉择，有责任用其知识为某一特定国家的政权服务。“牛顿”甚至许诺说，如果为他们的机构服务，出去以后，他们完全可以在一年内将梅比乌斯送上诺贝尔奖的领奖台。在这三个物理学家中，梅比乌斯大致代表着剧作者迪伦马特的观点。他宁愿待在精神病院中，并反问：那些在外面准备欢迎他的物理学家们真是自由的吗？他以一大段慷慨陈词的演说来解释自己的抉择："有一些风险是人们不可去冒的：人性的堕落就是其中之一。我们知道这个世界用它已拥有的武器作了些什么事；我们可以想象，利用我的研究使之成为可能的武器，这个世界会做些什么。正是这些考虑把握了我的行动。我很穷。我有一个妻子和三个孩子。大学以名望吸引我，工业界以金钱诱惑我。但这两条路都太危险了。我将不得不发表研究的成果，其后果则将是推翻所有的科学知识，使我们社会的经济结构分崩离析。责任感驱使我选择了另一条道路。我放弃了学术生涯，对工业界说不，而且听天由命地抛弃了我的家庭。我选择了丑角的帽子和铃铛。我让人们知道所罗门王出现在我面前，于是很久以前，我被关进了疯人院。""理性要求我走这一步。在知识的王国中，我们已经达到了认识的最前沿。我们知道一些可精确计算的定律，知道一些在不可理解的现象之间的基本关联，这就是一切。其余的秘密被关闭在理性的心智之外。我们已经走到了旅程的终点。但人类却没有走得这么远。我们奋力向前，现在没有人能追上我们的步伐；我们遇到了一片空虚。我们的知识成了一种令人恐惧的负担。我们的研究充满了危险，我们的发现是毁灭性的。对于我们物理学家来说，剩下的只是在现实面前投降。"梅比乌斯告诉"牛顿"和"爱因斯坦"，由于怕他具有巨大威力的发现被用于毁灭人类，他已经把全部的手稿焚毁，并劝他们与自己一同继续待在精神病院，因为"只有在精神病院中我们才能是自由的，只有在精神病院中我们才能用自己的头脑思考"。最终，梅比乌斯说服了"牛顿"和"爱因斯坦"，三人决定一起留下来，并一致认为在这里他们"是疯子，但却明智；是被囚禁者，但却自由；是物理学家，但却清白"。

出乎观众意料的是，此剧的最终结局，却是那位为他们治疗的精神病女医生早已把梅比乌斯的手稿翻拍下来，要在她创办的联合企业中，将梅比乌斯发现的知识充分地开发，并疯子一般地自称她看到了所罗门王的再生。她将支配整个的世界。

（三）

从布莱希特的《伽利略传》到迪伦马特的《物理学家》，我们看到了戏剧艺术家们在其思考和艺术表现中对科学之看法的巨大转变。实际上，这种转变反映出了西方思想界从“为科学辩护”到“批判科学”的转变历程。这种转变，与人们对把科学技术用于军事战争的可怕后果、工业文明带来的对地球上生态环境的破坏、技术发展给人类带来的异化等科学技术负面效应的反思有着密切的关联。从《物理学家》这部剧本中，甚至目前正成为我们讨论热点的后现代主义科学批判的某些特征。正像有的学者曾指出的那样，“诗人和艺术家凭借他们敏锐的直觉，比哲学家和科学家的理性思考更早地发现了科学和技术发展的负面后果”。可以说，这两部以物理学家为主角的戏剧也部分地证明这种说法。其实，不管布莱希特的《伽利略传》和迪伦马特的《物理学家》，在表现作者对科学、对科学与社会之关系的看法上有多大程度的不同，这两位剧作大师都可以说是在相应的社会思潮背景中，因其社会责任感而走在大多数人观念前面。

对于像后现代主义科学批判这样的学术讨论，人们尚且远远没有一致的结论，那么，对于像在戏剧中以艺术的形式来表现的某种观念，我们当然就更不必一定要得出某种定论了。重要的是，戏剧所表现的并不一定就是现实，但却是过去、现在是现实或未来有可能会成为现实的情形。仅此而言，戏剧中的物理学家角色，不是也可以带给我们某种启发，某种思考吗？

当然，我们希望在《伽利略传》中表现的历史不再以同样的方式重演，希望在《物理学家》中表现的寓言般的故事不要在未来成为现实，但是，要想让未来不致成为悲剧，我们不应忘记迪伦马特在《物理学家》的要点中所提示的话：“关系到所有人的事，只有通过所有的人的努力才能解决。”

科学的一般概念与中国古代的"科学"①

日前，读到《中华读书报》1998年8月12日李世辉先生的文章《中国古代有没有科学》一文（以下简称李文），只觉得感想颇多。而且将这些感想写出来，也是一种责任。

李文的主要观点，是认为中国古代确有科学，因而，要对许多认为中国古代只有技术而无科学的人提出质疑，尤其是对吴大猷的说法进行了批评，并举钱学森的观点来支持自己，而且声明这样做是为了"于青年一代兼听则明或有小补"。当然，如果说将中国古代有无科学作为一个学术问题来探讨，那还是有意义的，但李文进行论证的逻辑以及在论证过程中概念的混乱，则实在有必要在此予以指出。否则，对于青年一代，"兼听则明"倒也还罢，倘若真的"或有小补"，就不知道补的是什么了。何况，世上也并非什么东西都是补品。

首先，在从二手文献中转述了吴大猷认为中国古代赢过西方的是技术而不是科学的说法之后，李文谈到了著名的李约瑟命题，并以李约瑟著作的名称作为中国古代曾有科学的根据。但实际上，李约瑟命题的真正表述是："为什么近代科学只在欧洲，而没有在中国文明（或印度文明）中产生？"或者，"为什么在公元前1世纪到公元15世纪期间，在应用人类的自然知

① 原载《中华读书报》1998年9月9日。

识于人类的实际需要方面，中国文明远比西方更有成效得多？”由此可见，李文作者并不清楚究竟什么才是所谓的“李约瑟命题”。此外，李约瑟中译名为《中国科学技术史》的巨著，其英文原名确实是 Science and Civilization in China，直译即中国的科学与文明。但问题在于，李文以李约瑟书名中的 Science 作为证据，来反驳吴大猷等人所说的中国古代赢过西方的只是技术而不是科学的说法，却无视 Science 或科学一词在不同语境下会有不同的意义。

科学，这个词在中文和英文中都有不同的所指。在最常见的用法中，指的就是诞生于欧洲的近代科学。而在其他用法中，或是把技术也包括在内，或者甚至还可以指正确、有效的方法、观念，等等。当我们讲比如说中国宋代科学史，或印度古代科学史，或古希腊科学史时，所用的“科学”一词的含义，显然也不是在其最常见的用法中所指的近代科学，尽管古希腊的传统与欧洲近代科学一脉相承，而中国或印度古代的“科学”，却是完全另一码事。不难看出，在吴大猷的说法中（必须指出，本文作者并未核对吴的原话，而只是根据李文的转述），所用的科学一词是指欧洲近代科学。而欧洲近代科学的重要特点之一，在于它是一种体系化了的对自然界的认识。正像我国早就有学者提出，中国古代没有物理学，只有物理学知识。这里之所以用物理学知识，正是指它们不是对自然界体系化了的系统认识。而这当然也并不妨碍我们仍然使用中国古代物理学史的说法，来指对于中国古代物理学知识的认识和发展的研究。

李文为了加重论证的分量，专门引用了《简明不列颠百科全书》中的一段话：“科学思想是环境（包括技术、应用、政治、宗教等）的产物，研究不同时代的科学思想，应避免从现代的观点出发，而需力求确切地以当时的概念体系为背景。”这段话说的确实相当精辟。它本是《简明不列颠百科全书》里“科学史”条目中的一段话。但李文的作者却回避了该条目紧接下来的另一段话：“本文以近代欧洲文明所创造的自然科学为主线，因为正是它为人类提供了今天的生活条件，当然它也深深植根于过去的多种文明之中。”这样，情况就很清楚了。首先，李文所引用的话本来只是在科学史条目中对科学史研究方法的论述；其次，李文有意忽略了甚至就在这一条目的下一句强调欧洲近代科学的话。由此可见，李文对《简明不列颠百科全书》的引用并未给其论点以任何支持。

对于李文中其他一些说法，这里可以再简单地提到其中几个。例如，李文认为中国古代医学阴阳五行理论也是科学思想，且不谈在世界上最常见的分类中，如科学哲学的分类中并不将医学列为科学（当然是在前面谈到的最狭义上的那种科学），如果真是这样来看问题，那么，我们岂不是可以说，由于我们古代就有中医阴阳五行理论，我们中国在过去，甚至在现在，都一直在科学上（或更严格地按李文的说法是科学思想上）居于世界领先（其实后面也一直没有被人“领着”）地位了吗？又如，李文引用钱学森的话“……认识世界的学问就是科学”来反驳中国古代无科学的说法。姑且不说在关于科学的定义上钱学森是否就是最后、最高的权威，仅就此段引文来看，显然钱学森也是在另一种意义上使用科学一词，正如我们经常也听到像马克思主义是科学的说法一样，而不会因此就把马克思主义等同于通常作为科学史研究对象的科学，或也要在中国古代寻找马克思主义。

其实，之所以李文会有这样许多表面看去在逻辑上荒唐的论证，其根本原因在于其更深层的动机。李文作者明确地谈到：“当今相当多的中国科学技术人员，特别是青年一代，自幼深受科学技术‘欧洲中心论’的教育，对中国优秀传统知之不多，甚至很不了解。当务之急是亟待提高认识，树立民族自信心的问题，而不是‘大家陶醉’于祖先的成就的问题。”照此看来，要想达到李文作者的目标，不要说大学的课本，恐怕中国从小学到中学的现行科学课本都得推倒重写，原因显而易见：其中有多少内容是来自中国自己的发现？又有多少内容是中国古代的“科学”？如今，我们都在谈论科教兴国，那么，是否依靠那些与近代科学并没有什么联系的中国古代的“科学”以及建筑在此基础上的民族自信心，就真的可以兴国了？

对科学的讨论，看来也还得“科学”一些。

中国古代有无“科学”之我见①

近来，关于中国古代有无科学，抑或中国古代是否只有技术而无科学的争论又热闹了起来。不过，在就此争论所发表了的众多不同见解中，我以为，至少在相当多的情况下，如果先将语言的问题作些澄清，许多似是而非的分歧就不会存在，而真正需要讨论的，反而是与这些争论相关的一些更深层次的问题。

1998年8月12日，《中华读书报》上发表了李世恽先生的《中国古代有没有科学》一文。相当偶然地，我读到此文，感到有些想法不吐不快，便写了《科学的一般概念与中国古代的“科学”》一文，发表于同年9月9日的《中华读书报》。我在文章中，主要谈的是认为李文混淆了“科学”一词在不同含义上的不同用法。随后，李世辉先生又发表了《是否“概念混乱”“逻辑荒唐”》一文对我的批评进行了反驳。接下来，陆续又有若干有关讨论的文章发表，而且不仅限于《中华读书报》。显然，对于中国古代有技术，人们的看法几乎没有什么大差别，因而，若极端且鲜明一些地划分的话，观点无非是“有”和“无”两种。

其实，就表面来说，在这两种不同的对立观点之间，并无很大的本质性区别。我以为，对此问题，答案既可以说“有”，也可以说“无”，采取哪种答案，主要取决于对科学一词的不同理解，或者更确切地说，取决于是在哪种

① 原载《科技日报》1999年1月9日。

含义上以及在什么语境中使用科学一词。这实在不是一件很复杂的事。

在英文中，science（科学）一词最常用的用法，是指自16—17世纪以来诞生于欧洲并延续发展且对今天产生了巨大的直接影响的科学。显然，如果采用这种理解，中国古代当然是没有“科学”。但我们不可忽视的是，不论在英文还是在中文中，科学一词又是有多种含义的。正因为如此，在科学史的研究中，各种在不同国家、地区的不同时代、不同文化中存在的“科学”（它们与前一种含义上的“科学”有某种联系，或是有某种相似性，也可能非常的不相似），也成为研究的对象。更不用说，即使是在西方科学史的著作中，在西方近代科学诞生之前（此时西方近代科学当然不存在或至少没有完整地存在）的许多“科学”，不论是作为背景，还是作为主体，也都是重要的内容。因此，在这种意义上，当然我们也可以说中国古代有“科学”。否则，科学史里面中国古代科学史这一分支也不会存在。

在关于中国古代有无科学的讨论中，许多认为中国古代有科学的人，除了出于爱国主义或要光大和弘扬中国古代文化等背景动机之外，还可以有两种情况：一是忽视了科学一词在不同语境中和不同含义上的不同用法；另一则是在意识到了科学一词的不同用法但对究竟何为科学另有独特的理解或定义。诚然，在西方的科学哲学中，甚至关于科学的定义这一问题也仍有众多不同的观点。个人自己对于何为科学有独特的理解定义当然也是非常正常的事。但这就已经是另一个层次的、属于科学哲学的问题了。

由此，可以说，关于中国古代有无科学这一问题，答案完全取决于回答者对于何为科学的定义，取决于回答者在何种含义上使用科学一词。抛开了这些前提，只是简单地提“中国古代有无科学”，根本就是一件没有意义的事。自然，也不会有唯一的答案。

对于科学史的研究来说，有意义的倒是研究和分析在不同的国家和地区、不同的文化背景中产生的各种“科学”分别如何发展、兴盛或衰落乃至消亡，研究这些“科学”之间差异何在以及什么原因导致了这些差异，讨论我们从这样的研究中可以得出什么启示等。正因为如此,像关于李约瑟命题那样的讨论才会让人们长期兴趣不减。至于出于其他原因,或是以极端辉格式的方式,强行将中国古代的“科学”等同于西方近代科学的做法,本来就是非历史的,就不是实事求是的,这里不说也罢。

科学史的误区：从爱国主义到中国的“世界第一”①

近年来，随着国内出版形势的好转，各种类型的科学史书籍也开始大量出版。当然，对科学史的深入研究和普及宣传，本来是非常有意义的工作。但是，我们也应注意到，由于国内对科学史的基础理论问题研究的欠缺，也在一定程度上导致了科学史著作撰写和出版的误区。而导致误区的原因，经常与撰写者和出版者对科学史之功能的认识是分不开的。

当然，科学史有诸多的功能，对这些功能，人们的认识可能并不一致，因为存在争论在学术领域中也是正常的现象。不过，有些问题却是迫切地值得深入探讨的。其中之一，就是许多人在科学史中，尤其是在对中国科学史研究和普及宣传中，长期以来过分地强调其对于宣传爱国主义的重要作用。

一般来说，在比较公认的看法中，科学被认为是国际性的。当然，由于科学毕竟产生于特定的时间和地点，不可能与其发源地的各种环境及思想传统没有密切的联系，但至少就目前来说，在西方的大多数科学史家当中，确实是很少有人将科学史在爱国主义（在某种意义上也即民族主义）宣传中的教育意义作为科学史研究和宣传的主要目标的。实际上，在历史上，世界上某些其他国家也曾流行过类似的观点，但结果却是导致了对历史的

① 原载《方法》1997 年第 11 期。

严重歪曲。例如，在第一次世界大战中，由于国家之间的对立，在某些法国人所写的科学史中，就把所有对科学发展出色的贡献都归功于法国科学家，而把错误都推给德国科学家。类似的，大约20年后，在德国纳粹统治时期，沦为纳粹分子的科学家勒纳德（尽管他曾获得过诺贝尔物理学奖），也在其科学史著作中，区分所谓的"雅利安人对科学的贡献"和"犹太人对科学的贡献"，并鼓吹所有对科学的积极贡献都是由雅利安科学家作出的。当然，我们也还可以记起苏联也曾有过将众多重要的科学发现都强行归功于历史上俄国科学家的"科学史研究"。正是由于这些负面的作用，现在西方的科学史理论家将与科学史相关的爱国主义（或民族主义）之类的观点，归为"意识形态式的科学史"，并对之持否定的态度。

就中国科学史的研究和普及来说，将宣传爱国主义的作用作为首要的目标，其结果之一，是导致了力图在一切研究中论证中国的"世界第一"，即致力于发现中国人在多久多久以前就已有了西方近代或当代才取得的某项科学成就。在许多情况下，以这种方式发现的"世界第一"甚至是令人啼笑皆非的。而且，除了中国人以外，确实也有少数（也可以说是极少数）外国人亦是如此。例如，著名的牛顿第一运动定律，本是牛顿在18世纪系统地总结出来的，但在不久前国内出版的一本由美国人撰写的名为《中国：发明与发现的国度——中国科学技术史精华》（此书已进入1997年国家图书奖的初选名单，可见其在国内的影响）中，竟认为早在公元前4世纪或3世纪，中国人就在《墨经》中提出了这一定律！

其实，在较为成熟的科学史理论中，对类似这样的问题早就有了研究。著名的"历史的辉格式解释"，就是指那种站在今天的立场上，参照目前的标准来进行选择和编织历史的做法。问题显而易见：当我们极力地追求发现中国的"世界第一"时，所参照的"标准"，也即被领先了的那个参照物，恰恰就是在今天看来具有重要意义的后来的科学发现（比如前例中的牛顿第一运动定律）。而目前在西方绝大多数的职业科学史家中，这种极端的辉格式的历史研究法却是早已被批判和抛弃了的。

用这种过分专业化的理论术语来讨论科学史，对于范围更广的读者来说可能有些困难。但对此也可以用更通俗的语言来论说。简单地讲；过去与今日本来是十分不相似的历史的研究，本应是尽量在过去的与境(context)中，如实地恢复过去。而那种过分追求发现“第一”的过程，以今天的眼光，则是对于含义本来有相当大差别的发现过分简单化地夸大了其间的相似性。用更通俗的话来讲，在历史的研究中，应该遵循的首要原则，就是我们常常挂在口头上的“实事求是”。

科学，本是一个多义的词。我们当然也可以说在历史上存在过不同的“科学”，包括历史上“中国的科学”。但“科学”一词在其最常见的意义上，却是指今天仍为我们所用的“近代科学”。对此不必多说，翻翻现在的中小学课本就知道了，那里所教授的科学内容，绝大多数都是在哪里起源的？其中有多少是中国的“世界第一”？

“科学的极限”与批判①

1997年，美国著名刊物《科学美国人》的专职撰稿人霍根出版了一本引起很大反响和争论的新著《科学的终结》，就在其英文版出版的同一年，其中文版也迅速在国内出版（孙雍军等译，远方出版社出版），这种翻译和引进的速度是极其惊人的。正像该书在美国出版后曾引起科学界和学术界的巨大争论一样，《科学的终结》在国内出版后，也同样引起了人们的关注。若干评论，包括由我国著名的科学家所撰写的评论和由其他研究科学文化的（尤其是在自然辩证法领域的）学者们撰写的评论，也纷纷见诸各种报刊，尽管掀起的波澜可能不像在国外那样大。在这些评论中，学者们各抒己见，既有严厉批评者，也有在一定的程度上赞同者。关于霍根这部著作的观点到底如何，在学术界也许还会继续不断地讨论乃至争论下去，这是很自然也很正常的现象。本文也无意在此对霍根这本著作进行具体的分析。但是，从霍根这一著作在我国翻译出版之迅速、之顺利以及学术界尚可说是心平气和的讨论的“正常”局面，可以看出我国自然辩证法学界（当然不仅限于此）目前的某种形势。与几十年前相比，我们将会看到，这种形势是相当地来之不易的。在此，我们倒不妨回顾一下在我国自然辩证法史上与此话题有某种关系的一个片断。

自新中国成立以来，科学以及与科学的意识形态相关的领域一直是命

① 原载《民主与科学》1998年第5期。

运坎坷。在这当中，批判，是一个重要而且令人不可忽视的重要方面。从一开始，批判这个词和许多在如今看来简直有些荒唐地将科学极度政治化和意识形态化的批判方式，就一直与我国自然辩证法界相伴。这里仅举几例。1953年，国内重要的科学刊物之一《科学通报》的征稿简则，就将“批判科学思想中的反马克思主义和非马克思主义的理论、观点”的文章列为要登载的文稿的首位。从20世纪50年代至60年代，国内对许多科学理论的批判（如共振论、化学构造理论、控制论、遗传学、优生学、数学中和物理学中的“唯心主义”等）也一直时断时续。1956年，在中国自然辩证法史上的一份重要文献——《自然辩证法（数学和自然科学中的哲学问题）12年（1956—1967）研究规划草案》中，曾拟订了在此期间自然辩证法研究工作的9类题目，它们分别是：数学和自然科学的基本概念与辩证唯物主义的范畴，科学方法论，自然界各种运动形态分类问题，数学和自然科学思想的发展，对于唯心主义在数学和自然科学中的歪曲的批判，数学中的哲学问题，物理学、化学、天文学中的哲学问题，生物学、心理学中的哲学问题以及作为社会现象的自然科学。在这当中，“对于唯心主义在数学和自然科学中的歪曲的批判”虽然只是9类问题中的一类，但其在后来的影响却是远远大于其他几类问题。当然，在“史无前例”的“文化大革命”中，批判更是达到了空前的程度。

在与科学相关的形形色色批判中，对于与科学的“终结”，或者说，与科学的极限相关的论点的批判，是很突出的一类。

典型的事例之一就是，“文革”前，我国自然辩证法界最重要的刊物《自然辩证法研究通讯》，曾在1956年展开了一场对有关科学之极限问题的批判性“讨论”。这场讨论的背景是：1964年，法国著名物理学家皮埃尔·俄歇在英国的《新科学家》周刊上发表了一篇题为《科学的极限》的文章。俄歇的文章的主要论点是：（1）人类可观测的范围是有限的，人类无法观测到距地球100亿或150亿光年的河外星系；（2）人类的旅行有极限，不可能访问太阳系以外的行星；（3）人类用加速器获得的能量有极限，永远不能达到强宇宙线的能量；(4)人类的思维迟早要达到它的极限，那时，不是思维的贫乏，就是重复过去人类思想的成果。当然，俄歇的观点自是一家之言，它是否有道理（且不说是否正确），本是也可以应该进行学术讨论的。但《自然辩证法研究通讯》当时组织的"讨论"，显然是背离了正常学术讨论的规范。该刊物的编者预先定下了调子："任何为科学的发展规定'极限'的形而上学观点从来经不起人类实践的考验。俄歇在他的文章中，又一次宣扬了这种形而上学的观点。这是一种对人类前途的悲观主义论调，是没落的资产阶级世界观的反映。在他的文章中，他企图给这种荒谬的论点作出'现代科学'的论证。其实他的'科学'论证是完全反科学的。"因此，"为了揭穿这种谬论的反科学性"，该刊"约请了几位科学家分别对俄歇提出的四个所谓'极限'发表书面意见"，并将俄歇的原文"附载"于后，"以供参考"。

在这几位科学家的书面意见中，当然有不少是根据科学的内容和科学的发展所做的分析和反驳。但在这些反驳中，有几篇文章穿插了许多科学之外的批判言词。在这里摘录其中一些"精彩"者，可以使我们更直接地体味到当时在这种领域中的意识形态特征。

戴文赛在其"对所谓'人类观测的极限'的意见（二）"一文中，提出："历史上利用自然界中一些尚未获得满意解释的现象来偷运进唯心主义、神秘主义、不可知论的例子很多。这是值得我们警惕的。"

全金关和李清润在其"难道真的存在'能量的极限'吗？"一文中，谈到："毛主席教导我们：'在生产斗争和科学实验范围内，人类总是不断发展的，自然界也总是不断发展的，永远不会停止在一个水平上。因此人类总得不断地总结经验，有所发现，有所发明，有所创造，有所前进。停止的论点，悲观的论点，无所作为和骄傲自满的论点，都是错误的。'世界是不断发展的，而且是无限发展的。相应的，人类的认识也是不断发展的，而且也是无限发展的。这是不依赖任何人的意志为转移的事物发展固有的辩证法。历史上曾经有多少个唯心主义者、不可知论者、形而上学者们，或者像俄歇在他文章开头所提到的预言不能合成酒精、糖和蛋白质的那些'悲观的预言家'们，他们总是在科学发展的每一进程上，跑出来大嚷大叫：这个是人类无法认识的，那个也是人类永远达到不了的，等等，等等。但是，历史总是无情地给他们安排了一个悲剧的下场。今天，作为一个物理学家的俄歇，自以为据有'理性基础的信仰'，步其可悲的先辈们的后尘，高唱出'科学的极限'的陈调（'科学的极限'这个词儿，早就有人用过了）。俄歇的'理性基础'在科学上是站不住脚的，即使他所规定的'极限'比起那些'不能合成酒精和糖'的'极限'要广大得多，但历史必将再一次无情地宣告，《科学的极限》终将和那些可悲的先辈的预言一样，被扔进历史的垃圾堆。观测是没有极限的；旅行是没有极限的；能量是没有极限的；人类的思维也是没有极限的。科学的发展永远也不会看到什么极限。如果真需要找一个什么极限的话，那就是俄歇自己的世界观的极限——围困住他的唯心主义和形而上学的：'壁障'。"

潘菽在其《〈科学的极限〉读后》一文中，以更长的篇幅"清算"了俄歇的"反动"思想。这里只能摘录其一小部分的"论点"。例如："这篇文章是资产阶级没落思想的一种反映。在今天，资产阶级和资本主义制度在一起已到了日暮途穷的时候。当今资产阶级的没落思想在音乐、绘画等艺术方面的表现是很突出的，在哲学方面也只能是一丘之貉。现在这篇文章可以说是资产阶级的没落思想在科学方面的表现的一个明显的例子。""……为什么说《科学的极限》的作者在今天竭力强调有限度的一方面而企图抹杀无限的或者正是大有可为的一方面呢？这位作者所表现的完全是主观片面的看法，是极端的形而上学的看法。进一层说，这也就是现代资产阶级腐朽没落的思想的一种突出的表现。""……《科学的极限》的作者却把人类文明的发展说得好像已快到山穷水尽的时候了。这也只能从没落的资产阶级的别具心肠、目光短浅和绝望情感来找到说明。""总之，《科学的极限》的说法在总的基本观点上是错误的。我们可以不必和它的作者在个别论点上进行争辩。我们要向前看，他却要向后看。这里有两条道路的不同。不管《科学的极限》的作者在主观意识上是怎样，这篇文章在本质上是反动的。"

如此等等。从以上的几段引文中，读者不难想象在当年就有关科学是否有极限或终结的问题进行讨论，是在一种什么样的气氛之中。值得注意的是，这里所讲的事例的发生，尚是在“文化大革命”之前。

到了“文革”期间，对于科学问题不讲道理的政治大批判更是发展到了顶峰。早在运动的初起阶段，《五·一六通知》便提出了要批判学术界、教育界、新闻界、文艺界和出版界的“资产阶级反动思想”；而在规定了“文革”的性质、任务与方法的《十六条》中，则明确地指出：“当前，我们的目的是斗垮走资本主义道路的当权派，批判资产阶级反动的学术权威”，并且要组织“其中包括对哲学、历史……和自然科学理论战线上的各种反动观点的批判”。1969年8月，在《人民日报》、《红旗》杂志和《解放军报》的社论《抓紧革命大批判》中，更是明确地提出“要开展自然科学研究领域的斗、批、改”。在这种形势下，首先，科学批判可以说是变成了科学文化讨论方面最为突出的特色。在此期间，以1973年由中共上海市委写作组创办的《自然辩证法杂志》（至1976年止共出版13期）这本颇有代表性的刊物为例，在其出版的13期中，共发表具有明确的批判倾向并以科学批判为主要目的的文章29篇，占总文章数目的9.8%。就一份以对科学的哲学研究为目的的刊物来说，其中发表如此比例的科学批判文章，应该说是相当引人注目的，足以表明其编者的倾向性了。如果结合考虑到当时在更大范围的科学批判潮流，这一比例又似乎有些偏低，但这可以解释为，组织和撰写至少在表面上够档次的科学批判文章并不容易，否则，就杂志编者的居心而言，其比例应远高于此。当然，在此刊物上被批判的对象，远不止提出“极限”或“终结”问题者，而是涉及许许多多的科学学科和科学问题，如：大爆炸宇宙学、量子力学的哥本哈根学派、天体物理学中的黑洞理论、达尔文的进化论、脑生理学、遗传学、细胞病理学、分子生物学和基因学说、土壤学、光合作用理论、能源科学中的某些西方观点，数学中的“唯心主义”，以及相对论和质能守恒定律等等。关于“文革”期间的这份刊物，笔者曾有专文讨论，这里不再展开。但这里可以提到的是，在此刊物上有关的一些批判，实际上也正是上面提到的那种批判的延续和进一步发展。例如，关于能源问题，其中一篇文章的结论是："'能源危机'是资本主义制度已经'枯竭'的反映，这确实是它的'不治之症'。但是，自然界的能源却永远也不会枯竭。""所谓'能源危机'，实际上是资本主义制度的危机，是资本主义制度日薄西山，人命危浅，朝不虑夕的又一大暴露。"与"极限"和"终结"更有些联系的，还是始于1968年对20世纪最伟大的科学家爱因斯坦的一场批判。就在《自然辩证法杂志》上，在由李柯（即上海"理科大批判组"之笔名）撰写的一篇对大爆炸宇宙学的批判文章中，旗帜鲜明地宣称："科学上的大发现，总要伴随着一阵唯心论和形而上学的喧嚣。""宇宙学妄想找到终极的宇宙……它的研究成果，包括那一大堆'宇宙半径'、'宇宙年龄'，本质上只能适应宗教的需要，适应反动势力从精神上麻痹人民的需要。"由此，极限与终结的问题被转化成了阶级和政治的问题。也正是从这种批判的立场出发，才会有那段堪称是科学史上之奇文的文章："爱因斯坦的政治观点，反映了资产阶级缅怀往昔的无可奈何的没落心情。因此，爱因斯坦在晚年既孤独又凄凉，既看不到任何政治上的前途和出路，又幻想复辟、倒退，使资产阶级返老还童，恢复青春。但是，他那全部自由、博爱、人道、和平的说教，不过是衰朽的资产阶级的一曲'过去的回音'，不过是资产阶级已经逝去的青春时代的幽灵通过爱因斯坦重演它的悲喜剧。"

重温过去的这段历史，我们自然会感到，今天当我们可以以学术的方式来讨论像《科学的终结》一书时，在学术和政治环境上与过去的巨大差别。的确，"文革"以后，自然辩证法领域经历了极大的变化，前面列举的那种批判逐渐成为历史。但历史的教训却是不应忘却的。这也是保证我们在未来不会再度经历那种可怕批判的条件之一。

科学、技术、人文主义与科学史①

现在，至少在某些场合下，我们已经非常习惯于谈论所谓的科学精神、科学文化、人文关怀、对科学的反思、对科学的人文理解等。而且，更简单些地说，我们也已经非常习惯于谈论分别与科学技术和人文传统相伴随的"两种文化"的分裂问题以及这种分裂的严重后果。但是，在我们进行这样的谈论的时候，有时也会将一些概念和观点相混，而忽略了一些在这种混淆中产生的误解。近来，由于教学的需要，当笔者重新翻读当代科学史学科奠基者萨顿在20世纪40年代末所写的一篇题为《科学与传统》的文章时. 再次注意到萨顿关于科学、技术、进步等问题精辟的论述，以及相应地对于科学史之意义的讨论，觉得萨顿这位大师在几十年前的观点仍是值得我们在今天认真地回顾的。

一段时间以来，许多学者出于对人文的关怀，经常谈到科学技术的二重性，或者说其负面效应的问题。在我们时下的话语系统中，科学和技术也经常被联系在一起，甚至于简略成"科技"一词，而实际上，科学与技术本来是有着非常本质的区分的。对科学和技术这两者在本质、特性、作用等方面的区别的认识也是非常重要的。当人们从人文的视角作出了适当的区分时，一些有时纠缠不清的争议也就变得简单、明晰了。

在萨顿的一篇文章中，他提出的命题之一就是："如果我们想过一种美

① 原载《科技日报》1999年11月20日。

好的和高尚的生活，那么尽管科学的本质是革命性的，或者说正因为它是革命的，我们就绝不可能和过去决裂……我们必须保证那些优良的、高尚的传统得到保护和发扬，这绝非易事，但却必须做到。”至于为什么这样的任务如此艰巨？回答是：“只不过是因为科学的进步已经使大多数的科学家越来越远地偏离了他们的内心，远离了他们的天国，而去研究更专门和更带有技术性的问题，研究的深度的日益增加而其范围却日益缩小。从广泛的意义说来，相当多的科学家已不再是科学家了，而成了技术专家和工程师，或者成了行政官员、实际操作者以及精明能干、善于赚钱的人。”

在这样的情况下，萨顿分析说，“技术专家可以如此深深地沉浸在他的问题之中，以至于世界上其他的事情在他眼里已不复存在，继而他的人情味也可能枯萎消亡。于是在他心中可能滋长出一种新的激进主义：平静、冷漠，然而是可怕的激进主义……我们也经常希望世界由明智的科学家来领导，但愿上帝保佑，不要让那些技术专家来统治我们！如果不经过人性的改正和平衡，技术激进主义将埋葬文明，并使文明反过来反对自己。”为了证明这一点，萨顿援引了纳粹时期的德国的例子：“在长达十几年的时间里，根据纳粹政策的需要，许多不同的学术领域在不同时间被发动起来；物理学、人类学和生物学、社会科学和人文科学的所有分支都是这样——直到工程师们竟去建造毒气车和焚尸炉。”那么，德国人是怎样屈从于纳粹主义的？它的那些自豪的科学家和教授怎么会那么容易地放弃了他们自己的崇高理想而接受了个愚昧无知的救世主的妄想呢？

萨顿的答案是：“这些德国科学家和工程师们在一定程度上是他们自己的‘技术’迷恋症的受害者。他们是彻底的‘技治论者’。人们可以看到，希特勒先生提出的某些问题会使他们的技术性头脑怎样地兴奋起来……他们对技术的专注以及由此而来的麻木不仁和无知无觉达到那样一种程度，致使他们的精神对人性已完全排斥，他们的心灵对仁慈已毫无感觉。”从这些言论中，我们清楚地看到一位科学的人文主义的倡导者鲜明的立场。面对这样的现实，同时也作为一位科学史的倡导者，一位将科学的历史视为在人类经验中唯一的一种积累性和进步性发展的历史的学者，萨顿将科学史的意义联在一起进行讨论也是一件很自然的事。因为在他看来，“科学史不仅仅如其名称所暗示的那样，使我们关于世界以及我们自己的知识增长；它不仅是扩大着的光明的历史，而且是缩小着的黑暗的历史……说明科学的人性，毕竟是科学史家的责任和志趣。他必须使科学摆脱那些一直以它的名义或在它的伪装下犯下的罪行。”而问题恰恰在于，“在一个积习过深而又心胸狭窄的技术专家来看，值得注意的只是科学的最新果实，科学之树则是‘无关紧要’的。”“这些人只在他们狭隘视角中向前看，他们不肯向后看……他们从不关心历史。”与此相反，萨顿所推崇的那种新人文主义者，也即科学的人文主义者，或者说人性化的科学家们，则“是一切人中最能意识到他的传统以及人的传统的人”。

或许，萨顿有些夸大了科学史的作用，但即使仅仅作为解决问题的可能性之一，我们也还是不应放弃希望和努力。在科学以及技术比历史上以往任何时期都发展更加迅速的今天，难道我们还应像萨顿所批评的那些心灵对历史完全关闭的技术专家那样，像在萨顿的比喻中对音乐从不感兴趣的聋子那样，对于科学发展的历史漠不关心吗？

《李俨钱宝琮科学史全集》：科学史家的纪念碑①

1998年12月，10卷本的《李俨钱宝琮科学史全集》(以下简称《全集》)由辽宁教育出版社正式出版。这可以说是中国科学史界的一件大事，也是中国科学史出版史上的一个里程碑。

纵观国际上与科学相关的出版物，许多著名科学家大多有纪念性的文集留传于世，一些顶级的科学大师，或是在某一国地位突出的科学家，亦可见有全集出版。而与近代科学的发展相比，科学史是一个诞生更晚的学科，也是一个发展相对滞后，且至今规模仍相当有限的小学科。虽然在科学史的历史上，也像其他学科一样有著名的奠基者或大师为这门学科的发展做出过不可磨灭的贡献，但至少就笔者有限的见闻而言，还未见有将其著作系统地汇集整理并出版全集者。因此，这本篇幅多至4 000多万字装帧极其精良的《全集》的出版，甚至在世界性的范围内，也可以说是科学史领域中的一项壮举。

李俨和钱宝琮二人就其地位来说，也许还不一定能称为国际级的大师，但对于中国数学史这一学科来说，却绝对可称得上是开创性的奠基者。甚至于，他们的经历与某些国外历史上的著名科学史家的经历也有某种相似之处。例如，在就综合性科学史的发展的意义上，美国科学史奠基人萨

① 原载《自然科学史研究》1999年第4期。

顿（G. Sarton）曾将19世纪末20世纪初的法国科学史家坦纳里（P. Tannery）评价为“最伟大的、而且实际上是第一位科学史家”。但实际上坦纳里一生在40年左右的时间里，都是在法国国家烟草专卖局里工作，科学史的研究只是其业余的爱好。而且，在20世纪初，当法兰西学院空出了当时仅有的一个科学史教授的教席时，由于种种原因，坦纳里这位当时已经享有国际声誉的科学史家竟无缘就任。但也正如萨顿后来所评论的：“……著作使他流芳百世。不论过去他是不是教授现在都无关紧要。没有人想到去查明他是否得到过这一或那一荣誉。从永恒的观点来看问题，所有这些学术上的荣誉，不论它们是什么，全都是无用的东西。发表了的著作才是唯一对后世有重大关系的东西。”值得注意的是，中国数学史家李俨和钱宝琮的经历与法国科学史家坦纳里竟如此地相似。李俨，从1913年开始工作算起，在长达40余年的时间中，一直从事中国铁路的建设工作，在此期间，对中算古籍的搜集整理和对中国数学史的研究，只是他在业余时间的工作。钱宝琮，初曾学习建筑，自1912年留学回国后，在长达40余年的时间中，正业为在不同的院校教授数学，对中国数学史的研究也只是其业余的工作。李俨和钱宝琮二人分别在中国的铁路建设和数学教育的主业上取得了巨大的成绩，但就其身后的影响而言，他们却更因在长期作为副业的中国数学史方面的成就而不朽。

与坦纳里相比，李、钱二人幸运的是，由于在20世纪50年代中国已具备了职业从事科学史研究的条件，他们分别于1955年和1956年调入中国科学院历史研究所专业从事数学史的研究工作，并都于后来加盟于1957年创立的直属中国科学院的中国自然科学史研究室。这种命运上的相似与不同，也恰恰反映出不同国家中科学史这门学科在不同时期先后相似地发展，但由于时代的不同从导致初创到职业化之间隔缩短的情况。不过，还是在萨顿“发表了的著作才是唯一对后世有重大关系的东西”那句话的意义上，李、钱二位比坦纳里更为幸运的，还在于在其身后，他们终于先有了《全集》（尽管是两人合一的全集）出版。

我们说李俨和钱宝琮为中国数学史研究的奠基者，并非是说在他们之前从无人在此领域中进行过研究。但从中国数学史的发展来看，也正如在其他学科的发展中一样，萌芽式的、不完善的研究，与系统的、全方位的、全面深入的研究终究在意义和地位上是不一样的。对于在他们之前的中国数学史研究，早在1917年，李俨就认识到，“吾国旧无算学史。阮元《畴人传》略具其雏形，可为史之一部，而不足以概全”。而且“顾吾国史学，往往于一人之生卒年月略而不详。有清一代诸畴人，多仅记其事迹而略其时代”。在20世纪20年代到40年代之间，他还曾指出，“前清末叶，国内人士曾认为非研治科学无以自强，又以算学为科学基础；卖力修治中外算学的，为数日多。但对于中国算学史的研究，则除《畴人传》一书，初无他项典籍，可供参考。”但“合阮元、罗士琳、华世芳、诸可宝、黄钟骏各畴人传记，引用书籍多至400余种，文字前后60余万言。而各传记将天文家、算学家合称畴人，著在一篇，于各家的生死年月和著作年代，都未深考；往往序文凡例连篇记人，而制作此序文的年月，反漏列不记。即各书精华、学派流传和社会的背景，亦全没有顾到”。从这种背景来看，以往的研究虽有基础，但基础却并不牢固，正是从李、钱开始，中国数学史的研究才走上了正轨。也正如《全集》编者在前言中所讲，通过写出一批高质量的论著，“构筑了中国数学史学科的基本框架。”

对于为著名学者出版《全集》，一般认为，这具有将重要文献汇集起来，为今后的研究提供方便的意义。《李俨钱宝琮科学史全集》的出版也是一样。编者在前言中开篇就写道，《全集》“收入李俨和钱宝琮先生为中国数学史学科奠基和建构中贡献的几乎全部科学史著作和论文”。但另一方面，在中国数学史方面的研究者毕竟人数非常有限，而且要从事研究，有了这样的《全集》固然方便，却也仍需大量收集文献的工作。其实，正如为著名科学家出版全集有着在社会承认和纪念的意义上的可纳入科学奖励系统的运行的功能一样，科学史研究也同样需要社会的承认。为像李俨和钱宝琮这样的中国数学史大家和奠基人出版全集，也同样具有对他们的工作的承认、纪念和奖励的意义，也就是为他们建起学术的纪念碑，供后来者学习、瞻仰，并树立榜样。此外，像这样的《全集》的出版，当然对于中国数学史的研究来说是基础性的工作，甚至仅是中国数学史研究的一个基本组成部分。从国际的范围来看，与历史学其他的分支不同，科学史的研究一直非常薄弱，几乎近于空白。著名科学史家全集出版的罕见，也正是这样局面的一种表现。但当一门学科发展到一定程度时，对其历史的考察就将是必不可少的工作，科学史对于科学史学科的意义，与科学史对于科学的意义也是相似的。至少，抛开更全面、完备、世界性的科学史研究的缺乏不说，至少，我们是可以在中国科学史的领域中有所贡献的，而这部《全集》的出版在这方面的意义也是显而易见的。

除了极少数的专家之外，对于普通读者，恐怕很少有人全通读过这部《全集》，但倘有机会翻检的话，收在其中的一些论文还是会令人颇感兴趣的。在这里，特别想提到收在《全集》第 9 卷中钱宝琮先生的一篇最初发表于 1948 年的论文。这篇题为《科学史与新人文主义》的文章，是钱先生在读美国科学史家萨顿的名著《科学史与新人文主义》之后的感想与议论。虽然萨顿的这部名著早在 20 世纪 30 年代末就已出版，至这篇文章写成时，已相距约 10 年，但在那时钱先生就能发现和研读该书，并识得其中灼见，确实是相当难能可贵的。除了转述萨顿关于其科学的人文主义与文化史、科学之本质以及科学与社会等属于科学编史学的内容之外，钱宝琮亦结合中国的问题做了相当精彩的发挥，如“中国人自发之科学知识，皆限于致用方面而忽略纯科学之探讨。中国四千年真积力久之文化，大致与罗马帝国文化趋向相同，而缺少古希腊人与文艺复兴时代以后欧洲人之学术研究之精神”；“文化界工作者当知埃及、巴比伦、希腊、罗马各国学术之始盛而终衰，欧美列强及日本之崛起于近世，勿再以‘中学为体，西学为用’为口头禅，则文艺复兴之期当不在远。”由此我们看到，像钱宝琮这样的科学史前辈曾如此迅捷地追踪和关注世界上科学史界的最新学术动态，并将其吸收过来，化为已有。令人遗憾的是，在其之后，我国科学史界在很长的时间中,既没有再保持这种对国际科学史学术动向的及时追踪,也没有将当时钱宝琮先生得出的见解很好地继承、发挥和发展。仅由此一例,我们即可看到前辈的学术功力与敏锐。

倘要对《全集》的编辑和出版挑些毛病与不足的话,也许编者的工作还可以做得更细致、扎实一些。例如,与国外已经出版了几卷的《爱因斯坦全集》相比,国外学者并不仅仅是将收集到的材料简单地汇集在一起并做些极简单地校订,而是对其内容进行了大量的研究、考证,做出大量的注释与说明。以这样的方式出版的全集,其学术含量和对读者的方便,自然要大不相同。而在《李俨钱宝琮科学史全集》中,除了在各卷收入的原书之前加有非常简单的编者说明之外,虽然据《全集》的前言说在整理编纂过程中对文字有核对,并尽可能核查了所引古文献原文,但其他对有关内容的考证、注释和说明,则几乎没有。当然,像《爱因斯坦全集》那样的编纂方法所需要的研究基础要更坚实,所费人力、物力极大,甚至不是中国科学史界和出版界目前所能承受的,但至少那样的目标应是我国学术出版的理想和追求。

无论如何,《李俨钱宝琮科学史全集》的出版都是我国科学史界和出版界的一项壮举。我们希望今后国内能有更多这样的著作出版。自然,前提之一,是今后在我国科学史界能有更多像李俨和钱宝琮这样重量级的学者出现,能有如此在数量和质量上均为上乘的工作值得出版全集。

令人忧虑的渴望①

近来，关于中国科学家与诺贝尔奖的讨论又热闹了起来。当然，这可以是一种很有意义的讨论。而且，这种讨论会涉及许多对于中国科学发展政策相关的重大问题，例如，讨论中国科学家为什么没拿到诺贝尔奖的原因，也就是对于中国科学为什么会落后于一些在科学研究方面更先进、更发达的国家的原因进行分析。很自然地，长期以来，我们为大陆的中国科学家没有在科学领域获得诺贝尔奖而扼腕。如果中国科学家能够获得标志着已经在科学前沿取得重大成就的诺贝尔奖，为中国科学界争光，那当然是一件大好事，也是几代中国科学家的梦想的实现。为了使中国的科学研究能够达到世界先进水平，不论对于青年一代的科学家，还是对于老年一代的科学家，通过自己的研究工作向诺贝尔奖冲击，都是一个神圣的目标。

但是，在对于中国科学家与诺贝尔奖的讨论中，有些问题是应该注意的。首先，是一个目标的问题，也即，我们争取诺贝尔奖是为了什么的问题？

我们应该承认，虽然我们国家有悠久的历史，有过昔日的辉煌，但毕竟近代科学不是产生于我们国家，而且，我们真正与近代科学发生关系，是从引进西方近代科学开始的。尽管经过几代中国科学家的努力，我们已经在科学研究上取得了不少重要的成就，甚至在个别领域中取得了非常突出的进展，但从整体上来说，由于历史的原因，也由于种种现实的原因，在科学

① 原载《方法》1999年第2期。

方面，我们还不能说是一个很领先的国家。尽管诺贝尔的科学奖在其颁发的历史上也存在有不少的问题，但一般说来，人们还是认为它代表了对最重要的科学成果的奖励，甚至将诺贝尔奖获得者的人数作为一个国家或一个单位科学研究水平的某种标志。否则，今天我们也不会如此热衷地讨论中国科学与诺贝尔奖的问题。有朝一日，当中国科学真的达到了国际先进的水平，获得诺贝尔奖也自然就是水到渠成，所在必得的结果。这也是我们每一个中国人所期盼的。但是，如果我们不是以提高中国科学的整体研究水平为目标，而是仅以获得诺贝尔奖为目标，那就很有可能会在科学政策上带来一些负面的作用。

作为一个类比，我们不妨看一下中国的体育。在历史上，中国人曾头戴“东亚病夫”的帽子，这是我们民族的耻辱。如今，我们国家的运动员在种种国际大赛中，屡屡获得金牌，包括可以象征着世界最高水平的奥运会金牌。这是一个了不起的进步。在某种程度上，也是体育界金牌战略的结果。但是，如果纵观中国整体的群众体育，其现状则远不能令人满意，甚至令人相当忧虑。这表明，在体育竞赛上，我们能够获金牌，甚至奥运会金牌，这是一件好事，但这一事实并不能代表中国就已经是一个体育大国。在对体育的有限的投资方面，由于更多地注重竞赛体育，把在国际大赛中得金牌作为主要目标，实际上是以群众体育的低投入和低水平为代价的。那些光灿灿的金牌并不能代表中华民族的整体体育水平。其实，对于体育界的金牌战略的讨论和批评，早就已经存在，只是并没有在很大程度上改变体育界的存在的问题而已。

类似的问题在中国科学与诺贝尔奖的关系上也同样存在。要获得诺贝尔科学奖，显然也有不同的策略和努力方向。就政策而言，特别是在科技投入的分配方面，在我国基础科学研究与国际先进水平尚有差距的情况下，如果我们真是以提高中国的基础科学研究的水平为首要目标，实事求是地规划中国科学的发展，大力增加目前远不充分的资金投入，并将这些投入合理地分配到不同的学科领域，最终，也许仍将是要经过几代人的努力，在中国科学符合中国国情地均衡合理发展，在整体上达到世界先进水平，而且是在中国科学真正对中华民族的发展（既包括经济的发展也包括精神文化的发展）作出了贡献的情况下，中国科学家获得诺贝尔奖就将是自然而然的结果，而不再会是一个需要讨论的问题。但实际上也还存在着另一种可能性，而且目前对于中国科学家与诺贝尔奖的热烈讨论在某种意义上也表明了这种可能性的存在。这就是，正像体育界以获得金牌为首要目标一样，在科学发展的规划和投入方面，以获得诺贝尔奖为主要目标来制定政策。当然，一方面，我国在科学研究方面的投入目前远不充分，而且可以设想，由于现实的原因，在不远的未来，也不大可能会有根本性的变化。如果将这极其有限的财力的大部分只用于那些近期通过高投入而有获奖希望（且仅是希望）的研究领域，甚至只是很狭窄的课题领域，因在个别领域中的成果而获诺贝尔奖的可能性显然会大大增加。但这种科学界的“金牌战略”，将会以在更多同样迫切需要投入的研究领域的慢速发展甚至不发展，将会以中国科学整体水平的继续落后为代价。体育界金牌战略的弊端已经清楚地向我们预示了这种前景。

不论中国体育界的金牌战略，还是中国科学界对诺贝尔奖过分热情地渴望，其存在的原因，部分地在于一种在本是落后的状态下急于要表明已经摆脱了（而实际上显然并未摆脱）落后的愿望。这种做法有时甚至可以以爱国主义作为旗帜。实际上，这本来是一种非常虚荣地要满足民族自尊的心理在作怪。我们是否见过科学真正发达的国家在开展像我们这种如何获得诺贝尔科学奖的讨论？真正的自尊来自于自强。目前，与其如此热烈地讨论中国科学与诺贝尔奖的问题，倒不如认真地讨论如何有效地增加科学投入，合理地规划科学的发展，在整体上发展中国科学研究的实力和提高中国科学研究水平的问题。如果真是以前面所谈到的那种方式，以牺牲中国科学整体发展为代价而力求尽快在个别领域中争取诺贝尔奖，虽然能满足一时的虚荣，但其结果只是对中国科学的发展带来更无穷的后患。以那种方式争来的诺贝尔奖，还是不得为好。

如上所述，也许，关于中国科学家与诺贝尔奖的讨论，并不是一个合适的论题。

科学史就在你我身边①

编者按：1999年1月4日，著名的作品代理人约翰·布罗克曼在边缘网站(www.edge.org)提出问题，征询回答"过去2000年最伟大的发明是什么，为什么？"吸引了"三教九流"的众多参与者，得到的答案也可谓五花八门。有些纯属搞笑，也有些一本正经，更多的则是寓庄于谐。《过去2000年最伟大的发明》(中译本收入上海科学技术出版社"View·新视角TM书系")就是这些答案的汇聚。如果你的目的不是得到某种标准答案，而只是想体会思维的乐趣，这将是一本妙趣横生的书。本期就以本书为主题，邀请上海交通大学科学史系江晓原教授(▲)以及清华大学人文学院刘兵教授(△)进行了一场精彩的对话，同时从书中摘录了数条"答案"以飨读者。

▲世纪之交，回顾历史，原是文化人的"应时"工作，搞科学史的人，自然就要和"发明"打交道。去年底我参与策划《解放日报》搞"千年百事"专栏，帮助选择了一些科学史方面的事件。后来《南方周末》世纪之交的专版，派给我的题目又是"发明"。接着又应邀在一些地方作关于"发明"的报告(讲稿后来发表在《万象》杂志)。总之，颇和"发明"打了一番交道。

生活在不同文化中的人，对于历史上重要发明的选择会大不相同。比如美国时代生活出版公司编的那本《人类1000年》中入选的事件，就和《解放日报》"千年百事"专栏入选的事件大相径庭。我在《万象》的文章中也选

① 原载《中华读书报》2000年10月18日。

过 23 个我认为以往 1 000 年中最重要的发明。

但是这些做法,供个人风格发挥的余地还是太小,而约翰·布罗克曼既省力又讨好的办法就高明多了——他在互联网上提出"什么是过去 2 000 年最伟大的发明"的讨论,各界人士踊跃回答,答案自然争奇斗艳,五花八门,他挑出一百份来集结成书。这本《过去 2000 年最伟大的发明》,确实是既好读又有价值。

△这本书之所以好读,很大程度上在于编者的构思。我不知道编者最初是如何设想的,是否在心目中有自己的一个唯一的答案。不过我想,很可能从一开始编者就想到了答案绝对不会是唯一的。这使得应答很有些像一场智力的较量。但因为被选入此书的应答者中有许多确实是大人物,如许多诺贝尔奖获得者以及众多的名人,还有一些也许是由于我们孤陋寡闻而不怎么了解,但其实在西方却大名鼎鼎的人,但无论如何,也肯定有一些主要是因其答案出众而被选人者。正因为如此,使得此书中的各种观点在表面上的"自由"之下,蕴含着深刻的、极有启发性的思想火花。其实,像这样的问题,本来就应该是一个仁者见仁、智者见智而没有"标准"答案的问题。答案取决于对什么才是 GREATEST 的不同理解(可以注意到,在书的标题中 GREATEST 被译成"最伟大的",而在内文中又常被译成"最重要的"。这两者其实就很不一样)。反过来讲,如果问题被换成"WORST"的"发明",情形可能也是一样的。

▲参与讨论的人,大部分认为自己应该提一个与众不同的答案,"创新是学术的生命"嘛。但布罗克曼的问题后面还有一个"为什么",这就要求言之成理。在这么多答案中,我觉得最奇特的,也是最刺激的,莫过于邓肯·斯蒂尔的答案,竟是——"英国新教 33 年历法"。这是此书中专门术语最多的一篇,大约也是最长的一篇,简述其论证要点如下:

1582 年由罗马教皇格里高利 13 世颁布的历法,也就是今天全球通用的公历,并非最完善的历法——事实上这样的历法至今也未产生。就置闰这个问题而言,相传公元 1079 年波斯诗人欧玛尔·海亚姆(以抒情四行诗

《鲁拜集》名垂后世)提出的33年8闰的周期更为合理,英国的新教徒出于宗教目的,极力鼓吹采用这种周期的历法,为此就需要寻求一条新的本初子午线来证明这种历法的优越性。由于这条假想的本初子午线约在西经77°处——靠近北美大陆东岸,所以英国向北美派出了多支探险队。最后的结论是:如果没有新教33年历法,英国就不会向北美探险,也就不会有今天的美国,世界历史就会大大不同了。

当然我们都看得出,这位邓肯·斯蒂尔为了标新立异,有点强词夺理了,但总算在形式上尚能自圆其说。

△在看这本书的过程中和看过之后,我也一直在想一个问题:如果让我来回答,我会给出什么答案?

受到书中"自由"想象的启发,如果开玩笑的话,我不禁想到在近来有时去游泳的游泳池边,竖有一块说明进入深水区规则的牌子(其实那个游泳池的深水区是随便入内的),下面的落款是"海淀区减溺办"!虽然知道行政办公机构相当发达,我还是不禁想要把"减溺办"推为"GREATEST"的"发明"。

当然,玩笑归玩笑。认真地讲,我倒真的在此书中发现了一个不应该有的空白。书中应答者们似乎太有"历史感"了,选择的都是对于今天有这样或那样重要影响的发明,着眼点主要是对今天的意义。而我愿选一个虽然出现得很晚,但仍处在2 000年的范围中,而且对于人类的未来至关重要的发明,这就是——"可持续发展的概念"。

▲我对书中这百余种答案作了统计,入选的前五名依次是:印刷机(术),6次;计算机,4次;避孕药,3次;微积分,3次;科学,3次。还有不少答案颇出意料之外,比如"篮子"、"干草"、"复式记账法"、"城市"、"民主"、"棋"、"专利局"、"疑问句"等。但是有一点特别值得注意,即绝大多数答案都是我们生活中常见的物品、方法或概念。

我想强调的是,这种讨论本来就是一场智力游戏,并不是非要得出一个公认的结论。何况这场游戏是在西方进行的,更何况是在网上进行的,所以答案的多样性令人印象深刻。这使我联想到中西方教育中的不同传统，那种扼杀个性、强制背诵"标准答案"的教育传统，很难培养出创造性思维活跃的人。

△但是，即使在这种表面上"自由"的"游戏"中，应答者给出的许多答案仍然是极有启发性的，它们远远超出了我们通常会选择科学或技术的内容作为答案的"常规"，将选择的范围拓展到更广泛的领域，使得像"自由意志"这样的答案也可以进入其中。但仔细想想，这样的做法确实是有其合理性，甚至是深刻的合理性的。

这倒使我想到一个问题。在此书中给出的100个答案中，偏偏就没有中国古代的"四大发明"。谈到印刷术，也不是指中国古代的印刷术。当然，你可以把原因归为像外国人的歧视、轻视，对中国古代文明的不了解等。但恐怕只以这样的方式来解释又不大说得通。至少有一点，就是这"四大发明"没有直接地对社会产生巨大的作用和影响。对此，让我们更冷静地做些反思，可能比一味地责怪别人要好得多。假如说，按你的统计，在那前五名的入选答案中，如果有一项是中国发明的（其中印刷术是个可另做讨论的例外），别人就真的会视而不见吗？而且，关于排在第五位的"科学"，我想，应答者心目中所想到的，恐怕也不是"中国古代科学"吧。

▲最后我还有一点联想。春秋时，晏婴对齐桓公谈论"和"与"同"，照管仲的意见，所谓"和"是指"和谐"，即大家向共同的方向努力；而所谓"同"则是一言堂的局面，君主一个人说了算，其余人一起应声起哄。归结到这本《过去2 000年最伟大的发明》，答案固然大大不"同"，但却构成了一个和谐的整体，即博采众长，集思广益，共同回顾以往2 000年间的进步——中国古代"君子和而不同"的道德格言，其此之谓乎！

霍金的预言：未来一千年中的科学①

临近新世纪的到来，对于过去1 000年的回顾和对下一个1 000年的展望，是许多人都会感兴趣、并愿意谈论的话题。但是，关于在下一个1 000年中，科学会是什么样子，也许就不是一般人都能驾驭的问题了。从1998年起，美国白宫开始组织被称为千年晚会系列活动。其目的就是要在这些聚会上，把来自许多领域的学者、科学家和有创造性的个人召集在一起，"因为在我们接近人类历史上的这一世纪转折时，这些人的思想将有助于让我们为过去而荣耀，并想象我们的未来。"

1998年3月6日，在美国华盛顿白宫东厅举行的千年晚会上，著名的剑桥大学物理学家斯蒂芬·霍金发表了题为《想象与变革：在下一个1 000年中的科学》的演讲。此演讲是白宫千年晚会系列的第二次活动，也是该系列中到目前为止唯一的一次关于科学的话题。霍金，可谓是目前在世的科学家中知名度最高者。他的《时间简史》一书在世界上曾被译成33种语言，销售量高达900万册，是最畅销的科普著作之一。当然，更为重要的，是他在理论物理学和宇宙学等方面的杰出贡献。在这次展望下一个1 000年中的科学发展的演讲中，面对普通的听众，霍金再次展示了他深刻的思想、超前的见解以及将科学问题讲得深入浅出、通俗易懂的特殊才能。他

① 原载《中华读书报》1999年12月29日。

在演讲中着重讨论的，是在下一个 1 000 年中，科学和技术将怎样影响人类的活动，以及人类的活动将怎样塑造科学和技术。

首先，在总体上，霍金认为，在现在和未来之间，必定会有巨大的变革，并伴随着局势的紧张和混乱。他对于是否我们将达到科学和技术的一种最终的稳态提出疑问。没有什么迹象表明在不远的将来科学和技术的发展将变缓和停止。虽然在过去 200 年中，在人口的增加和技术的发展上，呈现出一种指数型的增长，但他认为在下一个 1 000 年中，目前的指数增长也不会继续下去。否则，到 2600 年，世界上的人们将摩肩接踵，电力的消费将使地球烧得通红。如果人们把新出版的书籍一本接一本地排列起来，需要以 90 英里①/小时的速度移动才能跟上队尾。当然，到 2600 年，新的论文和科学著作将不是以实物的书籍和论文而是以电子的形式出现。然而，如果指数的增长继续下去，在像霍金本人所从事工作的理论物理学领域，每秒钟将有 10 篇论文问世，而人们则没有时间去读它们。

显然，目前的指数增长不可能无限地继续下去。那么，将会出现什么样的情形？霍金大胆地提出，一种可能性就是，会由于某种像核战争这样的灾难，将我们自己彻底消灭。但另一方面，霍金又是一个乐观主义者。认为我们仍有充分多的机会来避免世界末日的善恶大决战和新的黑暗时期。

作为一位物理学家，霍金显然对于作为最为基础性的物理学理论的发展给予了优先的关注。他指出，在理论物理学中，在研究基本粒子时，当人们试图把量子理论与爱因斯坦的广义相对论结合起来并对之进行计算的时候，遇到了无限能量的麻烦。为了处理这种无限的能量，需要某种真正有创造性的计算方法。关键的概念是自然界中一种新的平衡或者说对称，它被称为超对称，这在 1971 年由两位俄国人最先提出。在过去 20 年中，理论物理学中很大一部分工作，就是寻找一种在其中彻底消除无限的理论。只有这样，我们才能把量子理论与爱因斯坦的广义相对论统一起来，

① 1 英里=1.6093 千米

并得到一个关于宇宙的基本规律的完备理论。他认为有希望出现的情况是，在下一个 1 000 年中，我们将发现这种完备的理论，而且这种理论将会是十分出色的。对于大多数将爱因斯坦的广义相对论与量子理论统一起来的努力，超对称是基础。在更大的程度上，我们不得不依赖于数学的美和一致性来发现关于万物的最终理论。无论如何，霍金确信，到 21 世纪末，也许可能更早些，我们就将发现这种理论。他甚至愿以一半对一半的赔率打赌，认为这种理论将在从现在开始的 20 年内现出。

对于未来，有一种观点是，我们将达到一种先进但在本质上静态的水准。霍金认为，就我们关于支配宇宙的基本规律的知识来说，这有可能成为现实。但在我们对这些定律的利用方面，他并不认为我们将达到一种稳态，最终的理论将不会给我们能够制造的复杂系统带来限制。并且他明确地提出，在下一个 1 000 年中最重要的发展将出现在这种复杂性中。

在霍金的演讲中，除了理论物理学之外，他所关注的另一个重要领域是生命科学。他认为，在今后 100 年中，很可能我们将能够彻底地重新设计人类的 DNA。虽然许多人力主要用于人类的遗传工程应该被禁止，但霍金却怀疑是否能够阻止得住这种遗传工程的发展。他认为，出于经济的原因，用于植物和动物的遗传工程会得到允许，一些人则必定会尝试将其用于人类。除非我们有一种集权的世界秩序，否则在某些地方一些人就会计划改良人类。显然，就未被改良的人类来说，发展改良了的人类将带来巨大的社会和政治问题。霍金并非在鼓吹人类基因工程是一件好事。他只是说，不论我们愿意与否，人类基因工程很可能在下一个 1 000 年中出现。相应地，人类以及人类的 DNA 将很快地增加其复杂性。

在霍金看来，从某种程度上讲，如果人类要应付周围日益复杂的世界，并迎接像太空旅行这样的新挑战，就需要改进其精神和肉体的品质。如果生物系统要领先于电子系统，它也需要增加其复杂性。目前，计算机具有速度的优势，但它们没有表现出智能的迹象。这并不令人惊讶，因为我们目前的计算机的复杂性还不如蚯蚓的大脑，而蚯蚓这个物种并不因其智力而知名。但计算机的发展遵循由英特尔公司的戈登·莫尔提出的莫尔定律。这个定律说，计算机的速度和复杂性每18个月翻一番。这是那些显然不会无限继续下去的指数增长中的一种。不过，它可能会继续到计算机具有类似于人脑的复杂性的时候。有些人说，计算机不管可能会是什么样子，都永远不会表现出真正的智能。霍金提出，如果非常复杂的化学分子可以在人类的身上活动并使人类变得有智能，那么，同样复杂的电子线路也可能会使计算机以一种有智能的方式来行事。如果计算机是有智能的，那么它们就有可能设计具有更高的复杂性和智能的计算机。

总之，霍金在演讲中预期，不论在生物领域还是在电子领域，复杂性都在迅速地增加。他所讲的大部分情形在今后100年中不会出现，而这就是我们可以有把握地预言的全部。但到下一个1 000年的终了时，如果我们能到达的话，变革就将是根本性的了。

科学史的功能与生存策略①

当科学史这门学科因为经济和体制等多方面的原因而面临着生存的困难或危机时，人们自然地会为了这门学科的生存和发展而奋斗，并采取一些相应的生存策略。这本是无可非议的。然而，在考虑科学史的生存策略的同时，首先应该对科学史这门学科本身的功能和局限性有所认识，然后才可以在此基础上制订出长远的发展战略，以使科学史这门学科能够可持续地发展下去，而不会为了短期的获益和繁荣付出过大的代价，以至于对其远期的发展带来不利的影响。

关于科学史这门学科的功能，国外的学者已经提出了许多不同的观点，而且对于这些不同的观点，在学术界也一直存在着争论。因而，对国外相关的观点进行仔细的梳理，并结合我国的具体情况以及我们自己的思考得出某些结论，将是我们制订科学史学科在中国未来发展战略的必要准备和出发点。

简单地讲，如果略去那些问题明显和争议过大的观点，我们可以较有把握地认同的科学史的功能大致分四类：①可以帮助人们理解科学本身和认识应如何应用科学方面，也就是说，科学史可以带来对于科学本身以及与其内外相关因素更全面、更深刻的认识；②可以作为其他相关人文学科之基础，也即作为诸如像科学哲学、科学社会学等相关学科的知识背景、研

① 原载《自然科学史研究》2000年第1期。

究基础，或者说认识平台；③科学史具有教育功能，特别是在一般普及性教育方面的功能，包括对人类自身的认识和对两种文化之分裂的弥合，而科学史在科学教育中的功能，相对说来还一直存在有较多的争议；④就是作为科学决策之基础的功能，在这方面，国外近年来逐渐兴起的科技政策史的研究尤为值得我们关注。

至于像那种强调在意识形态方面的功能，诸如像对宣传爱国主义的作用，或作为其他前提已不容修改的观点的佐证等，对于此学科来说，显然是不应被认可的，而且，强调这样的功能也将极易导致像极端辉格式的研究，导致对历史的歪曲。

因为就未来可能的发展前景来说，关注、强调并突出科学史研究对于决策的意义，将为科学史在经济和体制方面得到更大、更多的支持，关系重大。对此，仍然有必要指出的是，我们也应该清楚地意识到这种意义的限度，也就是说，科学史研究对于决策来说主要是一种“背景”和“借鉴”的意义，而绝非准确地预测或指导的意义。对此要有清醒的认识，要区分基础性的学术积累对此功能的重要性以及此项功能在实际意义上的有限性，因为为了生存，此项功能可能被过分夸大，但我们不应在此过程中自欺欺人。

此外，还应特别重视的是那种认为科学史并无“实际”或“实用”的功能，并相应地提倡“为历史而历史”的观点。其实，像这样的观点也正是为众多西方科学史家所持有的。虽然过分倡导这种观点在短期内显然不利于科学史学科的生存，但就长远的发展来说，它对于保持科学史的学术水准却是至关重要的，尽管在现实中它可能不是充分条件，却显然是一种必要条件。一个学科维持其高水准，对于长远的发展是不可缺少的基础，否则，即使在短期内可以繁荣一时，长远一些就必然会走向衰落。在科学史这门学科中，这种基础性研究与应用性研究的关系，很有些类似于纯数学与应用数学之间的关系。

除了结合科学史的功能来考虑其生存发展策略之外，就目前国内科学史界的现实情况来说，还应该特别关注以下几个问题。这就是：①科学史在教育方面的功能应进一步被强调，此种功能比较实际，且对于科学史的生存也很重要。②应认识到，科学史学科目前被分类为一级学科（授理学、工学、农学、医学学位），有利也有弊。其利体现在一级学科的特殊地位，与人文学科和社会科学学位相比，理学等学位在毕业求职存在优势；其弊则在于与科学史本身的人文学科属性不符。③在现有体制中，与自然辩证法（科学技术哲学）相比，在高校、师范院校中科学史教育的地位亟待提高。这对于科学史的生存意义重大，也不与被认可的功能相悖。④从应用科学史的角度讲，在国内应改变目前对世界（特别是近现代）科学史研究力量薄弱的问题。⑤在一些标准文件（如国家认可的学科设置说明）中，对于科学史的功能或意义的叙述中存在较多问题。如果科学史真的按照这样的方向来发展，也许在短期内可能有利于其生存，但从长远看，显然是不利于此学科的健康发展的。

网络的自由与限制①

前若干年，当人们突然发现计算机的迷人之处，并开始将购买和使用计算机作为一种时尚的时候，大家对于计算机的意义的看法似乎并没有很大的分歧。仅仅几年之后，仍是与计算机相关的，网络已经成了一个新的热门话题。如果说前几年没有使用计算机还被认为是某种守旧，那么，现在如果一个“有文化”的人不懂网络，没有上网，那就不仅仅是什么落后于时尚的问题了，而几乎会让人怀疑其“文化”的可信性。在20世纪后半叶，与网络相比，确实再没有什么别的发明曾给人们的生活和观念带来如此巨大的冲击。尤其是，对于网络带来的好处与弊端，对于网络是应该大力发展还是严加限制，人们的看法是如此不一致。这些争议其实已经涉及了许多关于权利、自由以及对之的社会控制之类在科学技术及其应用本身以外的更深层次的问题。

随着计算机的普及，特别是网络的普及，相应地带来了许许多多的新问题。而这些正在变得日益尖锐的问题在此之前或是并不存在，或是并不那么尖锐，最多也只是以很不相同的方式存在而已。但对于每个上网者，都会不同程度地亲身体会到这些问题。像在网络中传播的形形色色的计算机病毒、像每个上网者都可以比在任何其他媒体中都更容易接触到的色情材料和其他通常会受到极大限制的信息，如此等等。近几年来，在各种

① 原载《上海文学》1999年第11期。

媒体中，关于网上犯罪、黑客横行和色情信息的泛滥的报道与讨论已经有了许多。至少其中许多的报道和讨论带给人们的印象是：网络简直就是一个毫无秩序、充满垃圾、混乱不堪的世界。尤其令人遗憾的是，这些相关的讨论大多就事论事，只限于对具体的事例简单地做出轻率的判断和结论，而没有去发掘网络给人们和社会带来的新问题背后隐含的更深刻的含义。

近来，一个偶然的机会，读到了由美国记者普拉特所撰写的《混乱的联线——因特网上的冲突与秩序》一书。因为此书更为原汁原味地、生动地向我们讲述了一个个有关网上之"混乱"的故事，澄清了许多由于媒体报道带来的误解，令人耳目一新，使人可以更加有意识地去思考在这些"制造混乱"和"维持秩序"背后更为深刻的本质性问题。

《混乱的联线——因特网上的冲突与秩序》一书的内容大致分为两个部分：网络犯罪和网络言论。这种分类可以给我们带来很重要的启发。而且，这两个方面既有相对的独立性，所涉及的问题也有很大的相关性。谈到网络犯罪，人们首先会联想到的当然是那些神秘的黑客。实际上，在我们所见媒体的报道中，黑客的名字也早已不令人陌生。由于这类题材所具有的新闻价值，除了贩自国外的消息之外，我们甚至还常常读到发生在国内的诸如计算机诈骗之类的事例，以至于有时不得不联想到自己记录在银行计算机系统中的存款数字是否安全。但事实的真相到底又是如何呢？毕竟我们所得知的有关信息都来自公共媒体，我们大多数人并没有真正与黑客或网上的罪犯打过交道，但那些报道就真正那么可信吗？

在《混乱的联线——因特网上的冲突与秩序》一书中，作者曾有一段一针见血的话："现在电脑犯罪对于新闻记者来说是一个有利可图的话题，对于立法者来说是一块肥沃的处女地，因此他们都在极力渲染网络可怕的潜在危险。但当我们去探寻网络犯罪实际造成的破坏或获得的利益时，却发现了一个完全不同的故事。"确实，在那些形形色色关于黑客的故事中，既有我们所熟悉的形象，也有我们相当陌生的角色，甚至黑客的概念还包括到盗版电视节目的传播者之类的人物，只不过在我们这里，盗版活动虽然相当猖狂，可最多也只是些复制贩卖非法光盘而已，还远远达不到控制可接收电视节目的程度。在大洋的另一端，我们可以看到的，却绝不仅仅是一群技艺高超的玩家们恶作剧式的行为，而且还看到了在作为反社会者的黑客们与立法者们的较量以及在这种较量背后更多的意蕴。当然，在网络中，黑客是确实存在的，关于黑客的产生，本是一个极值得进行社会学研究的课题，而且，这些黑客们有时也确实给许多个人、机构甚至政府的系统带来实际的威胁。像这样一些说法也同样值得我们重视，如"电子网络比起现实世界中的网络来要安全得多"以及从与现实世界相比较的角度来看，"'黑客威胁'的危险性是被大大夸张了。实际上黑客和现实空间中的反社会者比起来，还算是比较温和的。"显然，我们要假装完全不把黑客当回事也是愚蠢的。尽管传统的黑客们自有其一套道德标准，但是，难道遍布全国的网络装置要想正常运行，还要依赖于一些捉摸不定、玩世不恭的叛逆者的善意和自我约束吗？不言而喻，在网上，秩序要维持，相关的法律还是要制定，问题只是在于这样的法律应该由谁来制定，为了什么目的来制定以及是否基于实际的情况以可操作且合理的方式来制定和执行。

对于普通人来说，黑客还是相当遥远的，但对于每一个网络的使用者，关于"网络言论"以及与之相关的自由和权利之类的问题，简直就是不可回避的了。曾听说过一个貌似笑话的说法，是说在国内有两个地方最彻底地实现了言论自由，其一是在北京开出租车的"的哥"的嘴上，其二就是在网上!网络，天然地就具有一种自由的天性。相当一部分人迷恋网络，也是与网上的自由有关。但我们偏偏可能就忽视了，被众多正人君子所痛斥的网上色情信息传播的问题，其实也是可以从言论自由的角度来思考的。与黑客的问题相比，网上色情问题可能要更微妙、更复杂，也更易于成为热门话题。其实，每个网络的使用者，只要稍微有心，都可能会注意到网上色情信息的问题，但对这个微妙而复杂的问题，却绝不是通过诸如过滤技术等简单的方法就能解决的，甚至于相关的立法和执法，也会带来一系列新的问题。

同黑客问题一样，关于网上色情泛滥的程度、危害以及对之进行限制的方法，其实也是存在很多的争议，至少在网络的发源地美国是这样。在美国，参议员艾克松最先提出相关的限制性法律所依据的网上色情问题研究，表明了这一研究中存在的诸多问题和缺陷以及由之带来的广泛的误解，即对网上色情泛滥程度的夸大。这个故事确实是很有启发性的，它再次提醒我们，基于某种先入为主的信念，匆忙地依赖于并不扎实可靠的信息来源，就很可能会在仓促的决策中带来失误。诚然，我们无法否认网上色情信息的存在，多数人也并不一定就对网上色情信息持支持态度，但问题的关键在于，网上色情问题实际上与网上言论自由问题是不可分离的，而后者则是一个更本质的问题。因此，在这里，我们看到，所进行的实际上是一场以正统派、立法者、检察官为一方，以电脑狂热、激进主义者、自由主义者和无政府主义者为另一方的“战争”。当我们以这种思路来考虑问题时，具体的网上色情的故事就开始淡化，变成只不过是一种很表面的现象而已。

如今，网络的存在和迅速发展已经是一个不可回避的事实，网络的发展必将给社会的发展带来巨大的促进，但网络的发展也带来了许多新的有待解决的问题，无论是因为黑客还是因为色情信息，网上确实存在着某种“混乱”，需要人们维持秩序。只是这种对秩序的维持并不那么简单。因为我们必须要面对这一现实。从一开始，整个网络就致力于这样一种观念，即信息应当是自由的。在这种信息自由的观念所涉及的信息中，色情信息尽管为许多人所厌恶，却又令人无可奈何地被包括在信息这一整体概念里，并在相当的程度上与整体无法截然分割开来。由于网络自身的特性，使得那种传统的只依靠技术手段来对某些信息的传播进行限制几乎成为不可能。我们不应忘记那个引人深思的故事，即美国某位“富于创造力”的网络用户建议，既然参议员艾克松如此致力于清除网上色情内容，认为在网上连使用Fuck这样的词汇都属违法，那么，不如干脆用同样长度的那位议员的名字 Exon 来替代 Fuck 一词以对付审查软件。这个故事既有讽刺性又颇为耐人寻味。在周围，我们也常常听到一些人基于无知的网络恐惧而要对网络的使用加以荒唐限制的令人啼笑皆非的故事。毫无疑问,因噎废食的做法既不可取,也不可能。显然,由于"混乱"的问题的存在,为了维持网上秩序,必要的限制不可避免。但与网络之外的世界一样,一旦某种限制成为法律,所涉及的就不仅仅是保守者和激进者,而是事关所有的网民了。对此,我们能不警惕吗?

纵观科学技术的飞速发展,许多的新技术手段都曾为信息的自由传播带来不可抗拒的力量。我们还记得,并不是在很久之前,使用传真机都必须受到很严格的限制。现在呢?家中装一台传真机,谁会想起来要经有关部门批准并备案呢?与网络相比,传真机简直算不上什么。但是,如今,当我们冲浪于网上,当我们在网上遇到些小小的混乱,当我们坐下来讨论如何维持网上的秩序以试图消除这些小小的混乱时,我们是否认真地想到过网络真正的本性?是否认真地想到过在这些混乱与抑制混乱的种种努力背后,实际上与每个网络使用者都紧密相关的自由和权利呢?

科学家还要做些什么①

科学家是什么样的人？怎样才能成为科学家？诸如此类的问题，在不同人的心目中，恐怕答案是不尽相同的。一段时间里，在我国的传媒中，科学家被描绘成不食人间烟火、举止滑稽的怪人，此种形象在目前的某些影片中，甚至还有余迹，不过那也只是低档艺术家无能的表现而已。在当今大多数人以赚钱为人生第一目的的新形势下，那些发了大财、小财，甚或将来也许会发而暂时尚未发财的人们，不正忙不迭地扔出大把的钞票，将子女们送进"贵族学校"去培养吗？想来不少人也是希望子女能成为未来的科学家，可见科学家的形象在一般人的概念中还是有几分光辉的。

但是，科学家现在究竟是什么样的人及怎样才能成为科学家，对此国内传媒的宣传就不能说是真正跟上潮流了。在此情况下，中国大众心目中的科学家形象或许更多的是历史上那些著名的古典科学家的形象：他们凭借着个人的天资与勤奋，及对认识自然界的强烈渴望，独自在实验室中通宵达旦地工作，终于因其伟大发现而名垂千古。事实上，在近代科学诞生的初期，科学研究并不是一种养家糊口的职业，从事科学研究的人多是在有充足的生活保障的前提下，出于对探索自然奥秘的兴趣，而致力于这种崇高却无赢利的事业。但随着科学的发展和科学在人类社会中所起的越来越大的作用，出现了所谓的科学的职业化和体制化，科学家共同体成了

① 原载《东方》1995年第2期。

社会总体制中的一个有其独立而完整的组织结构并与社会其他建构相互作用的特殊群体。伴随着这些变化的出现，在如今，作为一名科学家的条件也相应地在改变。

要详细地回顾历史，将会用去极大的篇幅，而在历史上，科学研究的中心也曾几度转移。为了简化，我们不妨把镜头直接对准今天。自第二次世界大战之后，在世界上，科学的中心转到了美国。直到今日，在基础研究方面，美国仍可说是世界一号的科学大国，那么，在美国，通向科学家之路又是怎样呢？其实，在其他发达国家，情况虽有所不同，但大致的趋势还是相似的。

首先，由于科学的飞速发展，知识的领域越分越细，以往那种百科全书式的科学家已不大可能出现了。同时，自学成才的机会也愈来愈少，系统的训练成为必需，于是读书，或者说学历，便成了第一步的敲门砖。仅仅读了大学还不行，还要再去读硕士、博士。有了这样的学历，也只能说是具备了成为一名职业科学家最起码的必要准备而已。在美国，基础科学的研究主要是分散在各大学中。要成为一名真正意义上的职业科学家，还必须能在某所大学中找到一个职位，但这却并非易事。因为职位的有限，有博士学位的候选者众多，竞争便异常激烈。为了有竞争的实力，具有实际科研工作经验的“经历”也成为竞争的筹码之一。于是，在取得了博士学位之后，通常还要去“念”所谓的“博士后”。在我国，至少在目前，像博士后这样的学历似乎已是不得了的光荣了，距学术金字塔的顶端似乎已近在咫尺。当然，这样看也不能说没有道理，尤其是对我国而言。但在美国，若从另一个角度去看的话，所谓博士后者，实则给教授老板在实验室中打工者也。尽管博士后所从事的研究工作几乎全部要靠自己去完成，但课题是教授老板给的，工资是教授老板发的，所以获得的成果，在最理想的情况下，也只是与教授老板共享而已。的确，若跟上一个学术水准高的老板，能得到高明的启蒙与指教，再加上在理想的研究环境中从事一段博士后研究，也真能学到本领，并给自己的“经历”增加一定的“含金量”，有利于找到理想的研究职位，开始自己的学术老板生涯。但问题是，在激烈的竞争中，并非人人都如此幸运，不幸者大有人在，美国人有之，其他国家人更有之。纵观中国改革开放以来，去美学习基础科学者据说至少数以万计，但时到今日，能跻身学术老板之列者，不能说没有，也不过是凤毛麟角而已。余下者，只好各寻出路。跳槽改行的不说，不少的人就是在拿到了博士学位之后，便处在一个接一个的博士后的不断“后”下去的过程之中。这虽比在餐馆中洗碗打工体面风光，但说穿了，也不过是被动地充当科学研究的被雇佣劳动力罢了。问题是，在当今美国科学的体制中，对于科学的发展，这样一支高水平的科研劳动力的队伍又似乎是不可缺少的。

说罢不幸者，转过来看看幸运者又是如何呢？在幸运地找到了一个正式的科研职位之后，对于有雄心者，要想一帆风顺地干下去，因科研成果重大或众多而出人头地，并因晋职加薪，其压力甚至要更大。究其根本原因，说得文雅一点，在于必须不断地并且尽可能多地寻求科研经费，说得直白一些，找钱是也。这也与科学自身的不断发展有关。在近代科学诞生初期，就是像伽利略或牛顿那样伟大的科学家也不一定非有助手帮助不可，凭借自己的经济实力或朋友的资助，便足以维持日常的科研经费支出。但时至今日，科学已发展到所谓的“大科学”阶段，在多数情况，单枪匹马的研究已不再可能，靠个人的经济实力也无法满足现今因复杂和高级的科研设备等因素带来的昂贵开支，而必须向社会上形形色色的基金会或政府部门或企业等寻求资助，才能使科研工作进行下去。但这些资源仍是有限的，无法满足所有科学家的需要，在科研资源分配方面的竞争同样异常激烈。资助者在对众多申请者进行选择时，除其他因素之外，着重的考虑之一便是申请者以往的背景，尤其是在学术研究中曾取得的业绩和名望。这样，在科学资源的分配上，又有了科学社会学家们所称的“马太效应”。

“马太效应”一词的典故出自《圣经》中《马太福音》中的一段话：“因为凡有的，还要加给他，叫他有余；没有的，连他所有的，也要夺过来。”在科学共同体中，情况也正是如此。因而，初出茅庐的科学家首位要做的，是尽快做出成果，确立学术地位，不管是因在博士或博士后阶段的工作，还是因与著名学者的合作，或是其他原因，总之，要有了一个好的开端，后面的事才好办。有了最初的资助，自己也可以当起小老板，雇他几个本科生、硕士、博士或博士后来帮助自己进行科研，人多了，工作便多了，部分或主要由被雇者完成的但也部分甚或全部属于雇佣者的成果也就多了，学术资本便强大起来，名气也更大，便有可能寻找更多的资助。于是，事业便更进一步壮大起来，便可雇用更多的"博士后"之类的劳动力，取得更多的成果，如此进入了正反馈的循环。当然，此话说起来容易做起来难。经济的头脑自然是必需的，但这又不是纯经济的事业，学术的眼光和洞察力、选题的方向、研究的策略与技巧、组织的才能等，也同样不可缺少。正因为如此，在美国确实有一些科学家将绝大部分的精力投入到找钱和"经营"科研上，愈发成为一种科学的经营者，而几乎无暇再亲自从事任何具体的科学研究，但却因其"合作"或领导的成果滚雪球一样地增多而愈发成为著名的科学家。

在美国，越是有名的学校，找来的资助中上缴学校的比例也就越大。一位教授若能找到大量的外来资助，学校收益也自然相应增多，反过来对教授的回报自然不外乎是晋职加薪以及各种特殊的待遇和特权。当然，链条有时也会有中断的时候。一旦当不再能继续找来资助，个人的科研受阻不说，即使已获得了终身的位置，也终将变得不得志，甚至不得不屈居于能找钱的助教的地位之下。

由此看来，从始至终，我们很难想象在这种激烈的生存竞争中被选择出来的科学家会是像某些作品中所描述的那么呆头呆脑吧。当人们期望后代去做一个科学家，当然是希望能成为成功的科学家，当然是越有成就、越著名越好。但在当今的时代，要成为这样的科学家，除了对聪慧的天资的考虑之外，不也有更多而且或许更难、更苛刻的许多其他要求吗？

当然，对科学可以从许多角度去观看，而这里的描述只是从一个特写的角度去审视而已。科学也是丰富多样的，就算只在基础科学的限制内，从事基础理论研究的科学家与要利用更复杂的实验条件的实验科学家的处境也有所不同。但由于自然科学的本性，注定绝大多数科学家是离不开实验室的。

这样一种局面是好是坏，一时也难下定论。但它毕竟是一种社会现实，一种难以在短期内有巨大改变的现实。在这种现实下，虽有代价，但科学也确实在进步，确实在不断地发展，对我们的生活确实带来很大的影响，也为我们对自然的认识的深化作出了越来越大的贡献。更有雄心的人，或许会想到要改变这种体制，使之更合理化。尽管对于个人力量来说并非易事，而且究竟什么是更合理也将是一个永远有争论的问题，但对于更多想致力于科学研究事业，或想以科学作为谋生手段的人来说，现实的，则只是使自己主动去适应这种体制罢了。

讲毕美国，似乎也应讲讲中国。在中国，近年来，科学研究的体制也发生了重大的变化。在某种意义上，实际上是越来越向着美国这种体制靠拢。科学家们若仅像以往那样被动地靠政府养活的话，不仅日常科研有困难，有时连生计也会陷入窘境。他们也开始不得不主动地发展其经济的头脑，去争取可能的而且对个人来说又是不可缺少的基金。不过，由于处在转型期的中国与美国各方面的条件并不一样，如可争取的资助来源就为数极少等等，因此又带来了许许多多新的严重问题，如因科研资源的极度有限和缺乏而带来的在科研资源竞争中的不平等性等。其发展前景究竟会怎样，鉴于目前连预测方法本身也有某种不可靠性存在，所以这里还是不说为妥。

但是，一个确实需要注意而且也还可问的问题就是，在中国的教育家们、家长们、向往成为科学家的青少年们以及更想成为科学家而努力的学子们，甚至一切工作与科学有直接或间接关系的人们的心目中，究竟在多大的程度上意识到了当今这种更真实些的与科学家相关的现实以及这种除纯科研能力之外，在生存竞争中对于像找钱之类经济能力的要求？

DISIBU

第四部

科学教育中的人文因素

KEXUEJIAOYUZHONGDERENWENYINSU

从两种文化问题谈起

当我们在今天谈论中小学的科学教育以及教育改革时，所涉及的问题是相当多的，然而，在这些问题当中，至少就国内的现状而言，对于科学教育中的人文因素的重视，可以说是最为值得关注和最紧迫的问题之一。但要对此问题作系统的讨论，首先还需要简要地回顾一下相关的历史。

目前中小学科学教学的主要内容，就其知识主体来说，基本上是诞生于欧洲的近代科学。当然，随着教育的发展，当代科学的内容也在不断地增加，不过，当代的科学也是在近代科学的基础上才逐渐地发展起来的。近代科学产生的重要背景之一，是欧洲的文艺复兴运动。在那场运动中，在那些近代科学的先驱或对近代科学的诞生具有重要影响的代表人物身上，一种全新的、然而又还处于萌芽形态的科学精神与人文精神相当有机地、融洽地合为一体。在此之后，随着科学越来越迅速地发展，也随着科学（以及与之相关的技术）在人们生活中占有越来越重要的地位，科学的力量愈发的强大，并开始拥有越来越大的独立性，与之相关的文化传统，也开始与人文的文化传统分道扬镳，其间的分裂也在不断地加深。这种分裂或者说鸿沟的出现，其影响自然也不可避免地波及到了以传授科学知识和培养科学人才为目标的科学教育当中。

人们把这种情况看做是严重的问题并予以相当的关注，却是在第二次世界大战之后的事情。其中最有代表性的，是在20世纪50年代末，英国学者斯诺（C. P. Snow）在剑桥大学所作的演讲《两种文化与科学革命》。在演讲中，出于对人类前途和命运的关心，斯诺指出，社会上存在着两种相互对立的文化，一种是“人文文化”，一种是“科学文化”。而在科学文化和人文文化之间，又存在着一条相互不理解的鸿沟，有时甚至还存在着敌意和反感。对立的双方经常以无知的自大而蔑视对方。在详细地论证了确实存在着两种相互对立的文化之后，斯诺又论述了这种文化上的分裂有可能造成的危害。因为文化的分裂会使即便同是受过高等教育的人也无法在同一水平上共同就重大的社会问题开展认真地讨论。由于大多数知识分子都只了解一种文化，因而会使我们对现代社会作出错误的解释，对过去进行不适当的描述，对未来作出错误的估计。

关于产生文化分裂的原因，斯诺认为最主要的是我们对专业化教育的过分推崇和我们要把我们的社会模式固定下来的倾向。我们总是希望一个人能最快地在某一个领域达到深入的境界，而且认为专业化教育是达到这一目的的最有效途径。我们也总是不由自主地希望我们现存的社会模式永久不变，并力图使它固定下来，按这个模式发展下去，而这却是一种思想保守僵化的倾向。

那么，解决这种分裂的出路何在？一方面，斯诺认为还不存在一种完善的解决办法，我们不可能让一个人同时在两种分裂了的文化中都达到极高的水平；但另一方面，斯诺也明确地提出，唯一的办法是改变我们现在的教育制度和教育方法，让下一代不再有这种隔膜，“所有这一切只有一条出路，自然，这就是重新考虑我们的教育。”

在斯诺的演讲发表之后，马上就引起了极大地反响，在世界范围内掀起了一场关于两种文化与教育改革的热烈讨论。实际上，斯诺并不是第一个提出两种文化及其分裂问题的人，但他是第一位使这一问题引起了人们广泛重视和广泛争论的人。其实在斯诺之前，就已有人从不同的角度关注到了在本质上是相同的问题。在这方面，从历史的发展来看，美国科学史学科的奠基人萨顿(G. Sarton)的有关看法是很有代表性的。

萨顿是从历史，或者更确切地说是从科学史的角度涉及这一问题的。

他以提倡与旧式人文主义相对立的"新人文主义",也即科学的人文主义而著称。用他自己的话来说,科学是新人文主义的核心。"新人文主义并不排除科学,相反将最大限度地开发它。它将减小把科学知识抛弃给它自己的专业所带来的危险。它将赞美科学所含有的人性意义,并使它重新和人生联系在一起。""由于旧人文主义者的冷淡疏远,也由于某些科学家的狭隘,然而首先是由于掠夺成性者的不知足的贪婪,产生了所谓'机械时代'的罪恶。这种'机械时代'必然消逝,最后要代之以'科学的时代':我们必须准备一种新的文化,第一个审慎地建立在科学——在人性化的科学之上的文化,即新人文主义。"

萨顿认为,科学,不仅是改变物质世界最强大的力量,而且是改变精神世界最强大的力量,这种强大的力量是革命性的。但是,从对科学发展的审视中,萨顿也认识到,当科学以复杂且现实的巨大规模成长发展时,专门化的祸害,即在没有充分背景的情况下过早地专门化的祸害,必然会增加。因为科学的进步已经使大多数科学家越来越偏离了他们的内心,而去研究更专门和更带技术性的问题,研究的深度日益增加而其范围却日益缩小。从广泛的意义上来说,相当多的科学家已不再是科学家了,而成了技术专家和工程师.或者成了行政官员以及精明能干、善于赚钱的人。当谈到这些时.在萨顿心目中所想到的,是20世纪第二次世界大战中一些德国的科学家和技术专家们,正是这些人,在帮助杀害犹太人的罪恶的纳粹分子解决技术问题。"他们对技术的专注以及由此而来的麻木不仁和无知无觉达到这样一种程度,致使他们的精神对人性已完全排斥,他们的心灵对仁慈已毫无感觉。"

可以说,萨顿这里所谈的,正是斯诺提出的两种文化的分裂在科学界导致的可怕结果。与斯诺不同的是,作为解决问题的方法,萨顿明确地提出可以将科学史作为联结科学文化和人文文化之间的一座重要的"桥梁"。

要说明两种文化及其分裂的存在与教育的关系,还可以再举出20世纪最著名的科学家爱因斯坦的观点。爱因斯坦把教育的目的规定为是要培养和谐的人。为此，他曾精辟地指出："用专业知识教育人是不够的，通过专业教育，他可以成为一种有用的机器，但是不能成为一个和谐发展的人，要使学生对价值有所理解并产生强烈的感情，那是最基本的……否则，他——连同他的专业知识——就更像一只受过训练的狗，而不像一个和谐发展的人。"

以上谈到的，仅仅是对科学、社会和教育的发展提出了具有重要影响的几位代表人物的观点。至少在斯诺之后，两种文化的问题在教育界已成为一个恒久的话题。通过对教育的改革来弥合其间的分裂也成为许多国家教育家们努力的方向。虽然在如何做的问题上，讨论一直存在，并延续至今，但在总的方向上可以说是达到了一种共识。在20世纪70年代联合国教科文组织的国际教育发展委员会在其著名的报告《学生生存——教育世界的今天和明天》中，就明确讲道："合理的教育学说必须以下列准则为根据：目前的社会与未来的社会能够或将能证明科学与技术本身并不是目的，它们的真正目标是为人类服务。"这份报告一方面强调了科学教育的重要性，另一方面也体现出与传统不同的教育目标："科学与技术必须成为教育事业基本的组成部分；科学与技术必须同一切儿童、青年或成人的教育活动结合起来，以帮助人类既控制自然与生产的力量，也控制社会的力量，并从而控制他自己，控制他所作出的决定和行为。最后，科学和技术还必须帮助人类养成科学精神，因而使他能促进科学而不致为科学所奴役。"

总之，在这样一种共识之下，改革现有的科学教育，用各种手段增加其中的人文因素，已是一种必然的趋势。要达到这样一种目的，最先提出而且也是常用的方法，就是利用来自科学史的帮助。正如萨顿曾说过的，科学史能够用来达到我们教学的主要目的，能够说明科学的意义，它的功能，它的方法，它的逻辑的、心理的和社会的含义，它的深刻的人性以及它对于思想的净化和我们的文化的整体化的重要意义。当然，我们也还可以补充说，它也将有助于学生更有效、更深刻、更全面地理解科学的教学内容。在随后的发展中，人们又逐渐地把视野扩展到了其他相关的学科，如科学哲学、科学社会学以及新近兴起的所谓“科学、技术与社会”(STS)。来自这些学科的内容,有时甚至是这些学科中很新近的观点,大量地被吸收到多种多样的教育改革方案中。在后面的系列文章中,我们将首先讲述科学史与科学教育之关系的历史背景,然后有选择地介绍国外一些最有影响的教育改革方案,着重介绍它们就如何在科学教学中引入人文因素所作的努力,以及相应地体现出来的新观点和新动向,最后,再对在科学教学中引入人文因素的意义进行总结。

科学史与科学教育:历史背景

正如我们在前一篇文章中所指出的,“两种文化”问题的提出,与在科学教学中对引进人文因素的重视以及相应地对作为引进人文因素的重要手段的科学史教育的关注,有着密切的关系。在这篇文章中,仍是作为重要的发展背景,我们将对科学史教学的历史演进作一简要的讨论,并尤其关注这种发展中与科学教育相关的内容。

在科学史公认的诸多功能中,其教育功能是重要的一项。用于教学目的科学史有时甚至被人们称为“应用科学史”。科学史教育的问题虽然很早就为科学史家和教育家所提及,但科学史在教学实践方面的进展却相对落后于科学史在其他方面的进展。虽然科学史的教学主要是一个实践的问题,但在科学史教学的目的、方法和困难等方面,也涉及许多理论性的问题,而且这些问题又是随着科学史这门学科自身的发展和人们对之认识的不断加深而在变化着。只有对这些理论性的问题进行深入的探讨,才可能使科学史教学的实践得到顺利的发展。至于要在我国发展科学史教育,可以说这种看法在我国的科学史界目前已达成了共识。许多教育工作者也逐渐意识到了科学史教育的重要性,并尝试以各种方式开展科学史教学的工作。当然,现状与理想还是有着很大的差距的,在我国开展科学史教学,也依然存在着各种的困难和阻力。科学史,作为一门学科,首先是在西方发展起来的,而把科学史应用于教育的目的,也首先出现和发展于西方,因此,借鉴西方的经验,对于我国科学史教育的发展是有着重要的意义的。

从以下这种粗线条的浏览中,我们可以对西方科学史教育发展的背景有一个概括性的认识。

作为学科的科学史大致是在18世纪开始逐渐形成的。就科学史学科的发展来说,一条线索是,从更早的时期,甚至从古代开始,许多专业学术文献和著作中就包含有叙述该学科历史的章节。而到了18世纪之后,随着科学的蓬勃发展,科学家们更经常地在其著作中写"历史导言",他们这样做是为了将自己的工作置于该学科的历史传统背景中,以强调其独创性和重要性。例如,达尔文(C.R. Darwin)在其《物种起源》后期的版本中,就对从拉马克的研究到他自己在进化概念上的贡献给出了历史的说明,类似的例子还有像拉格朗日(J. L. Lagrange)在其数学著作中、赖尔(C.Lyell)在其地质学著作中对历史的叙述等等。从18世纪到19世纪再到21世纪的今天,这种传统一直被继承下来。当今许多科学专著和教科书仍常常以"历史导言"作为开始,这种历史导言主要是为更好的叙述和理解专著中所涉及的专业内容而服务的。虽然这种历史导言的作者大多并非职业科学史家,导言的"史学价值"也常常为科学史家提出疑问,并且也还不是全都直接针对教学的目的,但这种对科学史进行应用的方法,我们至少可以将其视为与科学史教学有关的一种应用手段。

明确地将科学史与教学联系起来似乎是更晚近些的事。这里我们可以列举若干有关的重要人物;观点和事件。

至少在19世纪下半叶,著名科学家和科学史家马赫(E. Mach)便已意识到了科学史教学的重要性。马赫除了著有影响广泛的关于力学、热学和光学等的历史之外,他在自己的科学教学中,也加进了历史的材料,并开设了一些较专门化的关于特殊领域发展的课程。在1873—1876年,他还支持帮助其助手德沃夏克(V. Dvorak)开设了题为"斯蒂芬和伽利略的物理学"、"惠更斯和牛顿的光学"和"牛顿时代力学的发展"等课程。在他于1895年发表的一篇题为《论古典学和科学的教育》文章中,马赫特别提出要在中学的科学教学中应用哲学和历史的方法。稍后,在20世纪初,法国科学家和科学史家迪昂（P. Duhem）也大力倡导在物理学的教学中使用历史的方法，认为在让学生们接受物理假说方面，显然历史的方法是合适而且富有成效的方法。更值得注意的是，迪昂还是最初在科学的发展和个体理解的发展之间发现类同的人。1922年，法国物理学家郎之万（P. Langevin）在一次演讲中，专门论述了科学史的教育价值的问题，并着重分析了历史观点在科学教学上所能够和应该起的作用以及历史观点在将来从事科学教学工作的师资培养上的重要性。他注意到，在当时法国的中学和大学的科学教学中，人们往往略去了这些课程的历史的一面，而仅注意到它实用的一面，从而使科学教学表现出一种“教条式的畸形发展”的倾向。“但是，为了对一般文化有所贡献，并尽量发挥科学教学对思想的养成所能起的作用，那么，再也没有比用过去努力的历史更好的东西了。这一历史由于它触及到著名学者的生平和思想的逐渐演进，其内容是很生动的。”“只有通过这种方法才可以培养出承继科学事业的人们，使他们体会到科学的永恒运动和它的人道价值。这种需要对于将来创造新科学的人们是很明显的，对于教育家和对于各种事业的先导者们也是同样重要的，而对于广大群众，对于那些只满足于在学校读书的那几年所获得的一点文化的人们则是更为重要的。”再者，他认为，研究科学的历史不仅是对于教育学方面和纯科学方面具有上述种种益处，“这种研究还能补充和明确同科学相接近的其他学科的教学”。除了这种个人的观点之外，在科学团体方面，也早在1917年，英国的科学促进会就在其一份报告中敦促将历史的方法用于科学教学，认为科学史是一种“溶剂”，能“溶解由学校课程表带来的在文学和科学之间的人为的壁垒”。

在美国，科学史教学的发展要更加迅速一些。在第一次世界大战前夕，科学史这一学科就已在美国的大学中被广泛引进，并编写出了既包括“科学通史”也包括专科史的教科书。有代表性的，诸如像美国科学史学科的奠基人萨顿的实践。萨顿在1915年因战争的原因从比利时流亡到美国后，从1920年起在哈佛大学系统地面向各专业的学生开设科学史课程。其实,他在斯诺提出两种文化问题之前,就已认识到科学史家和科学史教师的主要任务是在国际间、在科学和人文学科之间“建造桥梁”。哈佛大学这种注重科学史教育的传统在其校长、物理学家和科学史家柯南特(J. B. Conant)的支持下,得到继承和发展。由柯南特主编的于1948年出版的两卷本《哈佛实验科学中的案例研究》,也成为科学史教学方面非常有影响的经典著作。柯南特尤其强调通过科学史教育而使人文一社会科学专业的学生感受到所谓的“科学的战术和策略”。在这方面重要的背景是,第二次世界大战后,在美、苏的冷战中,由于苏联出乎美国人意料地首先成功发射人造卫星,使得美国人为加强自己在科学技术方法的实力而重新思考其科技政策,包括对科学教育的改革。人们开始更普遍地相信,科学史这座“桥梁”可以把科学学科和人文学科的“两种文化”统一起来,并认为在学术专业划分越来越细的情况下,科学史完全有权利成为一个独立的专业领域。自20世纪60年代以后,科学史在美国的职业化过程迅速完成。据有人统计,在20世纪60年代,美国就已有30多所大学招收了数百名科学史专业的研究生,并有约150名左右的专业科学史家从事教学和研究。此后,美国科学史队伍在相当一段时间中,一直在缓慢且稳定地增长。由于众多科学史家在大学中工作,在大学中开设相关的科学史课程的合法性便得到了承认,并使科学史课程有了保证。对于像由科学史家开设的科学史课程,人们的争议是不大的。而对科学史教学的进一步发展,人们将更多的关注与讨论指向了科学史教学在科学教学中的应用。这里我们也可以举出一些有关的重要进展。

在美国关于科学在基础教育中所起作用的讨论的启发下,1952年,美国哈佛大学的科学史教授霍尔顿(G. Holton)编写了一部面向文科学生的物理学教材——《物理科学的概念和理论导论》(其增订版已有中译本,由人民教育出版社出版)。这部教材被称做是科学教育中的一块里程碑。该书的独到之处,就是充分而有效地利用了科学史和科学哲学来向学生阐释物理科学的本质。

1970年，在更多人关注在科学教学中应用科学史方法的形势下，在美国的麻省理工学院召开了一次关于"在物理教育中物理学史的作用"的国际研讨会。在随后出版的会议记录中，包括了会上的特邀论文、工作报告及与会者对在物理学教学中应用物理学史方法相关的和各种看法、经验、问题及未来计划的讨论。

在法国，近些年来，科学史教育也引起越来越广泛的重视。科学史被应用于各种形式的教育活动和教师培训中。在一些有师资条件的大学中，科学史一直是理科学生一、二年级的选修课。1984年，法国科学院成立了一个临时委员会，来促进科学史教学工作的开展。在教育部颁发的1992—1994年大学中教师培训学院（IUFM）的培养规划中，也谈到科学史、各个学科的教育史和认识论对培养教师的重要意义及对教师工作的影响与作用。法国教育部还决定在IUFM中增加科学史研究教学人员的席位。

还应该提到的是，近年来关于科学史教学的学术会议的频繁举办，也可以说是科学史教学日益引起人们关注的另一标志。除了前面提到的1970年关于物理学史与物理学教学的研讨会，在其后，近年来，科学教育界和科学史界举办有关科学教学应用科学史的各种国际学术讨论会已成为常事。例如，欧洲物理学会自1983年起就开始组织两年一次的关于物理学史与物理学教学的会议（分别于1983年在意大利的帕维亚、1986年在德国的慕尼黑、1988年在法国的巴黎、1990年在英国的剑桥召开）。1989年，第一届关于科学史和科学哲学与科学教学的国际会议在美国的佛罗里达州立大学召开。英国科学史学会也于1987年在牛津召开了"科学史与科学教学"的学术会议。1990年，在美国，还创刊出版了一份专门讨论科学和数学的历史、哲学和社会学对科学教学之作用的刊物——《科学与教育》。

近年来，在英美等国，关于科学史教育的另一种新的发展动向，就是在中小学的科学教学中应用科学史。对此，我们将另文专门进行讨论。

美国《2061计划》与科学教学中的人文因素

（一）

1985年，美国科学促进会组织了数百名专家和部分从事实际教育的工作者，在总结战后科学、数学和技术领域的深刻变革，吸收20世纪80年代以来教育研究新成果的基础上，提出了美国从80年代中期至21世纪初在基础科学教育领域进行改革的方案。这项计划的第一步，就是1989年正式完成出版的《普及科学——美国2061计划》的总报告和其他相关的5个分报告。正如报告中所说的："在下一个人类历史发展阶段，人类的生存环境和生存条件将发生迅速的变化。科学、数学和技术将是变化的中心。它们引起变化，塑造变化，并对变化做出反应。所以，科学、数学和技术将成为教育今日儿童面对明日世界的基础。"该报告，就是要对这种教育的宗旨和特点作出评价并提出建议。

与我们的系列文章相关的，我们在这里所关注的，是在这一科学教育改革计划中所涉及的体现在科学教学中的人文因素。《普及科学——美国2061计划》总报告中关于普及科学基础知识的内容和目标的建议共分12

章,这12章分别是:科学的性质、数学的性质、技术的性质、自然环境、生存环境、人类机体、人类社会、被改造了的社会、数学世界、历史观点、通用概念和思维习惯。从这种分类上看,就已经明显不同于传统的科学教学分类,而且,除了在像人类社会这种我国一般不列入科学教学范畴的章节之外,在科学的性质、数学的性质、技术的性质、历史的观点以及思维习惯这些章节中,都贯穿有大量的人文思想。在这里,我们着重讨论一下最有代表性的3章,即科学的性质、技术的性质和历史观点三章。

在科学的性质一章中,集中讨论了三个主题,即科学的世界观、科学的探索方法和科学事业的性质。其中,科学的世界观包括世界可被认知、科学设想是变化的原因、科学知识的持久性和科学不能为所有的问题提供完整答案这四部分。在科学设想是变化的原因一部分中,提出科学是一个产生知识的过程。知识变化是不可避免的,不论一种理论对一种现象的解释多么完美,可能还有其他理论同样适用,甚至更好,适用范围更广泛。在科学界,不管理论新旧,总是不断地进行理论验证、修改,有时还有抛弃。在科学不能为所有问题提供完整答案这部分,则涉及科学能力的限度,即世间许多事物不能用科学方法检验。例如,信念就其本性来说是不能证明或否定的。在另外一些场合、科学方法还可能受到一些不相关的,具有某种信念的人的反对(例如,相信奇迹、算命、占星术和迷信的人)。此外,科学家没有能解决好与坏的问题的手段,尽管在鉴别某一行动的后果时,通过权衡几种可以选择的方案,有时可有助于对好坏问题的讨论。可以说,像这种在科学教育中引导学生认识科学并非无所不能的要求,是很值得我们注意和借鉴的。在科学的探索这一主题中,所涉及的内容主要是科学方法论,包括科学需要证据、科学是逻辑和想象的混合体、科学的说明和预见、科学要验证以避免偏见以及科学不依仗权威等。科学事业这一主题所讲的内容,大致是科学社会学中的一些最基本的观点,也相当于在我国理科高等教育的政治理论课中才予以教授的科学观的一些内容,包括科学是一项复杂的社会科学组成学科而且有不同的机构研究,科学研究普遍接受的道德规范，以及科学家在参与公共事务时既是科学家也是公民等。在这最后一点上，既指出了科学家因其特殊的背景而在参与公共事务时具有的优势，也谈到了其弱点。如当问题过于复杂，超出了科学的范畴时，他们的看法就不应享有特殊的可信度等。可以借鉴对比的是，在我国，像这样的看法，不用说在中小学生中，就是在相当多有高等教育背景或在社会上很有影响的人们当中，也常常是相当缺乏的。

在我国许多人的心目中，科学与技术的区别并不明确。这种混淆可能会导致许多观念上的问题。而在《2061计划》的总报告中，则明确地把技术与科学区分开讨论，因而就有专门讨论技术的性质这一章。（其实，该报告亦将科学与数学分开论述，这也是一种在西方对科学的性质的看法中常见的分类，而我国甚至在大学生和研究生中，要讲清数学与科学的区别也还是相当困难的。）在技术的性质这一章中，提出的建议是：普及了科学知识的人应该了解技术特性，强调有益于明智地使用技术的思维方法。这些概念分为科学与技术的关系、技术本身的原理和技术与社会的联系三部分。其中，最值得注意的还是技术与社会这部分内容。这部分内容的核心观点包括：技术系统与社会系统的相互作用十分强烈，社会系统对技术公开施加一定限制，关于技术的决策是复杂的。而像在技术原理那部分内容中，明确提出技术总有副作用的观点亦有其深远的意义。

《2061计划》总报告的第10章专门论述了“历史观点”的问题。这可以说已明确地提出要向学生进行科学史的教育。之所以建议把与科学发展相关的历史知识包含在教学内容中，报告中谈到了一些理由。其一是，“离开了具体事例谈科学发展就会很空泛。例如，当人们提出新的概念时，这些概念就会受到形成这些概念的环境的限制，还常常受到科学法则的排斥。有些概念则是从没有预料到的发现中迸发出来的。但是，大部分概念是缓慢形成的，凝聚着许多研究人员的心血。没有历史实例，不论记忆多少一般概念，最多也不过是一些口号”。其二，一些科学成果为人类文化遗产做出过卓越的贡献。这些成果包括：伽利略提出的理论（改变了地球中心论)、牛顿定律(用来解释天体和地球上的物体运动定律)、达尔文通过长期观察各种相关的生命形式提出的生物进化论、赖尔对地球的长得难以置信的历史的认真核实、巴斯德对传染病是由于在显微镜下才能看到的微生物引起的证实。在西方文明中,这些历史篇章为西方文明中的各种思潮的发展树立了里程碑。

正是基于这两个理由,该章为说明科学知识的发展过程和影响,选取了10个意义重大的发现和变革的范例:行星地球、万有引力、相对论、地质时代、大地构造、物质、放射性和核裂变、生物进化以及疾病性质和工业革命,并分别对这些论题进行了详细的阐述。当然,还有其他一些事件也同样重要,但在该报告撰写者们看来,这10个范例显然已经满足了他们所要求的双重标准:"既要能够说明历史论题,也要具有显著的文化特色。"

在思维与习惯这一章中,作者提出的建议主要是针对科学教育的价值观、态度和技能。因为,在形成共同的文化价值方面,科学、数学和技术的影响越来越大,而科学的价值观和科学的态度是一个极其敏感的问题,它重视文化的多样性和文化的个性。因此,正规学校教育要关心科学的价值观和科学的态度,在训练青年人应付离开学校后的生活时,要求他们必须学会理解科学的价值观,养成科学的态度。同时,对于理解科学、数学和技术来说,根本的一条,就是要认识到这些价值观是构成科学、数学和技术的基础,并赋予了它们各自的特性。

甚至仅就与科学教育中对人文因素的要求来说,以上简要地讨论其实也只涉及到了这份报告中很小的一部分内容。但从中无疑可以看出,在所建议的这些内容和要求中,确实体现出了许许多多甚至在当代与科学相关的人文学科中(如科学哲学、科学社会学、科学伦理学、科学史等)也是相当新的观点。但正是出于对一个在已经普及了科学基础知识的社会中所有公民应具有的知识的要求,该报告才建议把这些新的观点包括在教育的内容中。由此所体现出来的新的教育思想是不言而喻的。

当然,正像这份报告所明确说明的那样,它并不是一份教学大纲,也不是教科书，而只涉及与学习目标相关的问题，即学生应该记住什么，理解什么，作为学习生涯的遗产应保留下来什么，以便他们离校后能够加以应用。至于如何在一种类似于教学大纲式的要求中，把这些建议的内容具体分配到不同的学习阶段以及在各阶段应达到什么样的要求，那将是2061计划在第二阶段的工作。

（二）

按照《普及科学——美国2061计划》总报告的概述中的说法，2061计划将由三个明确的、连贯的阶段组成。第一个阶段，将集中讨论普及科学基础知识的内容，其主要的成果，就是《普及科学——美国2061计划》的总报告和五个分报告。而在第二个阶段，将由教育工作者和专家小组将《普及科学——美国2061计划》中提出的建议转化为几种不同的可供选择的课程模式，供各教育学区和州使用。1994年，由剑桥大学出版社出版的《科学素养标准》一书，可以说是第二个阶段的典型成果。在《普及科学——美国2061计划》总体要求的基础上，《科学素养标准》一书详细具体地规定了从幼儿园到12年级（约相当于我国高中3年级）各个阶段所要达到的教学目标。本文，就将结合体现在《科学素养标准》一书中有关人文因素的部分，选择其典型的、有代表性的内容略作介绍。

在这里，与前节相对应，我们首先以第一章“科学的本质”中“科学的世界观”的要求为例进行介绍。从幼儿园到2年级的要求是，从学生们在学校的第一天起，他们就应积极地学习科学地看待这个世界。这就意味着要鼓励他们提出关于自然的问题，并寻求答案。比如收集一些东西，对一些东西进行计数和测量，做定性地观察，把收集的东西和观察结果进行整理，对发现进行讨论等等。最重要的是获得科学的精神和热爱科学的态度，对后来才会产生的科学世界观有所意识。到2年级末，学生应知道的内容包括:①当用以前所用的方法来进行科学探索时,我们预期会得到非常相似的结果。②在不同的地方,科学的探索通常得出相同的结果。

从3年级到5年级,随着学生对世界的探索的继续,通过更加强调解释的前后一致性,可以加强学生对前后逻辑一致性的认识。当学生们观察到事物有不同的表现或得到不同的结果时,他们应该怀疑在不同的试验中有某些东西是不一样的,并尝试找出差异是什么。其要点在于,有差异的发现可以带来要进行研究的、新的、有趣的问题。除了直接地发现之外,也可以用那些作出了发现和发明的人的故事来说明对于世界的各种信念,说明从各种进行科学研究的人所共同具有的信念中可以学到什么。到5年级末,学生应学到的内容包括:相似的科学研究很少得出完全精确相同的结果。有时,这是由于在研究的事物中有未预料到的差别存在,有时是由于没有认识到在所用的方法中或在进行研究的环境中存在的差异,也有时是由于在观察中存在不确定性。要发现到底是什么原因,并不总是件容易的事。大多数少年对自然要比对科学哲学有更直接的兴趣。他们应继续被鼓励从事科学研究,被鼓励对他们从事的科学研究进行反思,并假定以后他们将获得一种作为世界观的对科学研究的更为成熟的反思。少年一般并不是主动地开始讨论科学知识的持久性,尤其是科学容易变革的性质。在科学知识持久性的讨论中,不论是逐渐地变革还是剧烈地变革都应涉及。科学中的急剧变革的产生有时是由于新的信息的出现,有时是由于更好的理论产生(例如可结合历史的观点部分对细菌理论的出现或地质时代的变革进行讨论)。

到8年级末,学生应学到:①当相似的研究得出不同的结果时,科学探索的挑战就是要判断出差异是细微的还是重大的,这种判断经常使科学家们决定是否要进行进一步的研究。即使得到相似的结果,科学家们在把这些结果作为正确的东西接受之前,也可能要等待很长的时间,直到一项研究被重复了许多次。②随着新的信息的出现,对以前的理论提出挑战以及随着新的理论的出现,使得人们开始以新的方式来看待旧有的观察时,科学的知识就要经受修正。③有些科学知识是非常古老的，但在今天仍是可接受的。④有些问题不能以科学的方式来得到可靠的检验。其中，包括那些因为其本性而不能被客观地检验的问题以及那些在本质上是伦理道德的问题。有时，通过辨识特定行为可能的后果，科学可以用来为伦理的抉择提供信息，但科学不能用来确定某种行为是符合伦理的还是不道德的。

在从9年级到12年级的阶段，较高年级的学生，应该可以利用科学的历史，也可以通过对当前科学的反思，来说明科学的世界观。案例研究对诸如像科学的理论或实践的限度、不同的科学所产生的知识的特征的差别以及在被接受的科学的确定性和推翻了这种确定性的突破之间的张力这类问题提供了考察的机会。到12年级末，学生应学习到：①科学家假定宇宙是一个巨大的、单一的系统，在其中，基本的规律在各处是相同的。这些规律的范围包括从非常简单的规律到极其复杂的规律。科学家们是基于这样一种信仰来工作的，即这些规律可以通过仔细地、系统地研究而被发现。②从一个时代到另一个时代世界怎样运转的，科学观中常有重大的转变出现。然而，更经常地，出现在科学知识体系中的这种变革是较小的修正。变革和连续性是科学持久性的特征。③不论一种理论与观察多么出色地相符，也有可能存在一种新的理论与观察同样或者更出色地相符，或者在更广泛的范围内与观察相符。在科学中，检验、修正、偶尔对理论的放弃、新颖与陈旧的变更，永远也不会终结。这种连续不断的过程导致了对于世界上的事物怎样运转的一种逐渐越来越好的认识，而不是导致绝对的真理。科学家们在提供可靠的解释和作出准确地预言方面能力的改进，为一种方略的价值提供了证据。

与《2061计划》总报告有关历史观点的10个论题相对应，《科学素养标准》的具体分阶段教学要求基本上限于中学阶段。限于篇幅，这里我们仅举其中关于地球、行星和地球中心论的破灭一节为例来略作介绍。在这部分，到8年级末，要求学生应学到：(1)一个物体的运动总是要相对于另一物体或点来判断，因而绝对运动或绝对静止的观念是使人误入歧途的。(2)与肉眼所见的证据相比，望远镜揭示了在夜空中有更多的星星，月球的表面有许多环形山和山脉，太阳有黑子，木星和其他的行星也有它们自己的“月亮”。

在从9年级到12年级的阶段，学生需要明确地了解日心体系的主要特征，并能将这些特征与地心体系的特征相比较。人们在认识上很难变换参考系的位置，所以重要的是不要通过仓促的讲故事，而是要在许多不同的物理教学手段中使其实现参考系的转换。有一些影片可以帮助表明要觉察两个物体中哪一个在运动是多么的困难。在学习行星模型时，对自转和公转作出的区分很容易使学生陷入困境，因此直截了当地学习可能不利于学习的效果。要避免基于简单性来讲授哥白尼的模型，因为事实上它在数学上并不比托勒密的模型更简单。这两个模型的复杂性相当，都利用了圆圈套圆圈的形式来预言在特定的时代行星将在什么位置被观察到，它们的准确性也相当。直到开普勒提出了利用椭圆轨道的更准确的模型之前，选择只是一个品味的问题。也直到牛顿表明开普勒的椭圆轨道结论是运动定律的自然推论之后，争论才完全平息下来。哥白尼革命说明，当科学研究提出了似乎与常识相悖或贬低了传统的价值和信仰的观点时，在科学和社会之间可能会出现张力。故事的这一部分应被教学包括在内，但不是作为正确战胜错误或科学战胜宗教的胜利来讲述。利用伽利略的《关于两大世界体系的对话》一书的节选和历史学家们的评论，试图理解争论本身的讨论者们为追求这一目标的经历提供了一种可能的最佳结果。到12年级末，学生应学习到：①人们认为地球是巨大的、静止的，天空中所有天体都绕地球运转。这种看法是2 000多年来流行的关于宇宙怎样被组织起来的理论的基础。②生活在公元2世纪的埃及的天文学家托勒密基于完美的圆周式的、圆圈套圆圈的恒星运动，提出了一种有力的宇宙数学模型。利用这一模型，他能够预言太阳、月亮和星星的运动，甚至能预言那些现在被称为行星的无规律“漫游星”的运动。③16世纪，一位名叫哥白尼的波兰天文学家提出，通过想象地球每天自转一圈，每年绕太阳公转一周，就可以解释这些相同的运动。这一解释几乎为所有的人所拒绝，因为它有悖常识，并要求宇宙令人难以相信的巨大。更糟的是，它公然违背了当时人们普遍具有的认为地球是宇宙中心的信念。④与伽利略生活在大约相同时代的德国天文学家开普勒从数学上证明，如果用沿偏心椭圆的不均匀（但可预言的）运动来代替匀速圆周运动，哥白尼关于日心体系的观点就可以很好地起作用。⑤利用新近发明的望远镜来研究天空，伽利略作出了支持哥白尼观点的许多发现。他发现了木星的“月亮”、太阳黑子、月亮上的环形山和山脉以及许多用肉眼看不到的星星。⑥伽利略用意大利文而不是当时学者们用的拉丁文来写作，他以一种有利于更新观点的方式提出了支持和反对两种主要的宇宙观的论点。他的观点把争议带给当时受过教育的人们，并导致了政治的、宗教的和科学的争论。

限于篇幅，这里只选择对《科学素养标准》中与人文因素的要求有关的两个例子作了很简要地讨论，而实际上该标准中涉及科学教育中人文因素的要求和与之相关的论述远不仅限于此，而且十分详细。但仅从这两个例子中，我们已经可以体味出在此标准中对人文因素的强调以及对人文学科中新观点的吸收。

美国《国家科学教育标准》与科学教学中的人文因素

在美国，像《2061计划》那样的科学教育改革计划是十分重要的，但在美国的体制下，并没有一种全国统一的教材或教学大纲那样的东西，各地均有权按自己的需要制定自己的教学要求，编写自己的教学大纲和教科书。因而，像2061这样的教育改革计划也只是一种指导性的，而非指令性的教改方案。在这里，我们还可介绍美国另一部也有着重要影响的科学教育改革方案，并仍然是着眼于其中涉及科学教育里的对人文因素的关注的若干方面。

在《2061计划》之后，作为提高美国整体教育系统水平之努力的一部分，1994年，美国国家研究委员会理事会通过了一个研究和制订美国科学教育标准的计划。这项研究的最后成果，就是一份题为《国家科学教育标准》的内容详尽的报告。该报告为改进科学教育大纲、教学、专业发展、评估和学生学习等各个方面提供了统一的、目标清晰明确的发展标准。尤其是，在其科学内容标准的部分，对从幼儿园以后直到高中的不同阶段的教育，分别就科学探索、物理科学、生命科学、地球和空间科学、科学与技术、个人和社会视野中的科学以及科学的历史与本质这几个部分，制订了明确具体且详尽的教学要求和标准。

结合本文所要讨论的主题，我们在这里主要关注的是《国家科学教育标准》在其"科学的历史与本质"这部分中所涉及的内容。

在幼儿园以后到4年级的小学阶段,对此部分内容标准,是要求所有的学生逐步理解科学是一种人类的努力。就发展学生的理解力来说,《国家科学教育标准》要求教师应使学生建立起一种自然的倾向,对他们生活的世界提出问题和进行探索。学生的探索可以这样来进行:从问题出发,进而逐步交流对问题的答案。对低年级的学生,教师应强调对解释进行探索和思考的体验,而不应过分强调对科学术语和内容的记忆。从历史中,学生能够学到有关科学探索和重要人物的知识,这些知识可以为与科学史和科学的本质相关的更复杂深奥的思想提供基础,而这些思想则将在以后的岁月中得到发展。通过使用简短的故事、电影、录像和其他手段,小学教师可以介绍历史上那些对科学做出了贡献的妇女和男性(包括少数民族和残疾人)的典范。可以突出地讲述这些科学家是如何工作的,也即对于科学和技术,这些不同的个人是怎样提出问题的以及他们的研究方法和贡献等。在小学高年级,学生可以阅读这样一些历史故事——它们表现了科学是一种人类努力的主题。具体来说,理解科学是一种人类的努力,这一要求包括的内容有:①科学和技术是人类长期实践的结果;②在整个科学技术史中,男人和妇女做出了各种不同的贡献;③虽然男人和妇女们利用科学探索就自然界中的客体、事件和现象学到了很多东西,但还有更多的东西有待人们去认识,科学研究永远不会终结;④许多人选择科学研究作为职业,并把整个的一生都奉献给科学研究。许多人从科学研究工作中得到了极大的快乐。

在5~8年级的初中阶段,除了理解科学是一种人类的努力之外,《国家科学教育标准》还要求所有的学生逐步理解科学的本质和科学史的一些内容。认为引入历史的范例将有助于学生认识到科学事业在更大程度上是哲学的、社会的和人类的事业。为发展对科学史和科学的本质的理解,科学教师可以利用学生探索的实际体验、案例研究和历史的插曲。当然,在此阶段,不仅要求学生形成一种完整的科学概观,而且要利用历史的范例来帮助学生认识科学的探索、科学知识的本质和科学与社会之间的相互作用。

在此阶段,关于科学的本质,所要求的具体内容包括:①科学家利用观察、实验、理论和数学的模型来系统地阐述和检验对自然的解释。虽然从原则上讲所有的科学观点都是试验性的,会有变化和改进,但对科学中大多数的观点来说,其中存在有众多的实验与观察的确证。这些观点在未来不大可能会有很大的变化。但是,当科学家们遇到与其现有的解释不一致的新的实验证据时,他们的确也会改变自己关于自然的看法。②在那些正在进行积极研究而且实验或观察的证据和认识还不很多的领域中,科学家们对证据的解释或所考虑的理论彼此不同,这是正常的情况。不同的科学家可能会发表相互矛盾的实验结果或是从相同的数据中得出不同的结论。理想的做法是,科学家们承认这样的矛盾存在,并努力发现能解决其分歧的证据。③评价由其他科学家所进行的科学研究、实验、观察或提出的理论模型和解释等,也是科学探索的一部分。评价包括考察实验的程序、检验证据、识别错误的推理、指出超出证据范围之外的陈述以及对相同的观察提出可供替代选择的解释。虽然科学家们在说明或对数据的解释方面以及在得出竞争的理论方面,可能会有意见不一致,但他们同意提出疑问和对批评做出回答。开放地交流是科学发展不可缺少的组成部分。随着科学知识的发展,大多数分歧将通过科学家之间的这种互动而最终被解决。在此阶段,关于科学史,《国家科学教育标准》所要求的具体内容包括:①许多个人对科学的传统做出了贡献。这些个人中某些人的研究,为科学的探索、作为一种人类努力的科学研究、科学的本质以及在科学与社会之间的相互作用提供了进一步的认识。②在历史的视野中,科学研究是由不同文化中不同的个人来完成的。在关注许多人物的历史时,人们会发现,许多有较高成就的科学家和工程师被认为是对其文化做出了最有价值的贡献的人。③通过追溯科学史可以表明,科学的革新者们要打破当时已被人们接受了的观点,并得出我们当今认为是理所当然的结论,是多么困难的事情。

在9~10年级的高中阶段，要求对自然的认识也相应地有所提高。在“作为一种人类努力的科学”之外，与5~8年级相比，“科学的本质”和“科学史”相应地换成了要求所有学生都逐步认识的“关于科学知识的本质”和“历史的观点”。要求能利用历史来详尽地简述在不同的历史和文化视野中的科学探索、科学的本质和科学的不同方面，因为科学史可以帮助学生改进他们对科学的总体理解。就具体的要求来讲，关于科学知识的本质，包括的内容有：①在科学家努力寻求对自然界最可能的解释时，因为利用经验的标准、逻辑的论证和怀疑的精神，而使科学自身不同于其他的求知方式，也不同于其他的知识。②科学的解释必须满足某些标准。首要的是，科学的解释必须与关于自然的实验与观察的证据相一致，必须能对所研究的系统作出准确的预言。它们必须是符合逻辑的，遵从证据的裁决，不回避批评，并且能使知识公开。对于自然界怎样变化，在神话、个人信仰、宗教价值、神秘的启示、迷信或权威的基础上做出的解释，可能对个人有用并与社会相关，但却不是科学的解释。③由于所有科学的观点都依赖于实验和观察的确证，所以从原则上讲，所有的科学知识都会随着可以得到的新证据而变化。像能量守恒或运动定律这样的核心科学观念，已经经历了范围广泛的确证，从而在它们已被检验的领域中，不大可能发生变化。在那些资料或认识尚不完备的领域中，例如像人类进化的细节或关于全球环境变暖的问题，新的材料很可能会给目前的观点带来变革，或消除目前的观点中的不一致。在资料不完整的情况下，通常科学观点也是不完备的，但这也可能正是取得进展的机会最大的情形。关于历史的观点，《国家科学教育标准》规定的要求包括：①在历史中，不同的文化对科学和技术的革新都做出了贡献。几百年前，近代科学在欧洲开始迅速地发展。在过去两个世纪中，它对西方和非西方文化的工业化都做出了重大的贡献。然而，其他非西方的文化也发展了科学的思想，并通过技术来解决人类的问题。②通常，科学中的变革随着现有知识中较小的修正而出现。科学与工程的日常工作，在我们对世界的认识以及我们满足人类需要和抱负的方面带来了不断增加的进展。通过学习个体的科学家，学习他们的日常工作，学习他们在其研究领域中为增进科学知识而做的努力，可以使学生就科学的内部工作和科学的本质学到许多东西。③间或发生的是，有些科学和技术中的进展对科学和社会产生重要的、长久的影响。这种进展的例子包括：哥白尼革命、牛顿力学、相对论、地质的时间尺度、板块构造地质学、原子理论、核物理学、生物进化、微生物理论、工业革命、分子生物学、信息与通信、量子理论、银河星系以及医学和保健技术。④对科学解释的历史考察，证明了科学知识怎样随时间的演进而变化，并且总是建立在更早些时期知识的基础上。

从以上的简要介绍中可见，《2061计划》及其相关的《科学素养标准》与这里所谈的《国家科学教育标准》在对于科学教育中人文因素的关注和强调方面，虽然在细节上有所不同，但在其基本思路和大方向上，却是相当惊人的一致。

英国对科学教学中的人文因素的要求

正如我们在此系列文章的第一篇中曾提到的，在20世纪50年代末，英国学者斯诺（C.P. Snow）提出“科学文化”和“人文文化”之间存在着一条相互不理解的鸿沟。作为英国学者的斯诺提出的“两种文化”分裂的问题，自然对于英国的科学教育改革也产生了重要的影响。关于英国对科学教育中人文因素的重视，在此将以其重视科学史教学为例来做些说明。因为正是由于斯诺提出的问题，许多科学史家和教育家都将科学史视为联结科学文化和人文文化之间的一座重要的“桥梁”。

英国本来就是非常注重科学史教学的国家，而且与美国在初期只是从大学教育中着手开始科学史教育不同，英国教育界和科学史界似乎从很早开始就更加注意在中学教学中对科学史的应用。例如，第二次世界大战后，英国的科学史学会和中学科学教师的组织之间就开始有了联系，20世纪50年代，在普通教育资格考试中就提供了科学史的教学大纲和考试，当然，在考试内容中科学史只占极少的比例。在此期间，对教育中过早专业化的倾向和“两种文化”的争论鼓励了在中学的科学教学中对科学史的关注。到了60年代，科学史的某些方面也在一些科学课程中有选择地被考虑。再往后，一系列的课程设置议案还涉及了与科学史相关的STS（科学、技术与社会）领域。在1979年，科学教育协会中有人提议把一门关于科学思想史和科学哲学的课程作为 14 ~ 16 岁学生的选修课，但未获通过。20世纪 80 年代初，英国科学教育协会支持了两项由中学教师策划的课程设置改革计划，一是“科学与社会”课程计划，一是“在社会与境中的科学”课程计划。1985 年，在英国教育与科学部的一份政策性文件中，提到“在科学教育中，关于科学与技术活动的社会与经济含义……有一席之地”，但又补充说这样做是为了让“教学主要致力于促进对科学自身的教育”。

更为值得提及的是，1989 年，在英国教育与科学部和威尔士事务部新公布的国家规定的中学科学课程设置中，科学史教学有了更进一步的进展。这份法规性的文件，要求学生和教师了解“科学的本质”。在国家课程设置委员会发表的相应的指南中，甚至提出“科学是一种人类的建构”。这样，从法律上，便要求“学生应逐渐认识和理解科学思想随时间的变革，以及这些思想的本质和它们所得到和利用是怎样受到了社会、道德、精神和文化环境的影响，它们是怎样在这样的环境中发展起来的；在这样做时，他们应开始认识到虽然科学研究是对经验进行思想总结的一种重要方式，但却不是唯一的方式”。“科学的本质”就是此课程设置所要求达到的 17 个目标中的最后一项。这一目标中还包括若干具体条款，如“学生应……能够给出在诸如像医学的、农业的、工业的或工程环境中某些科学的进展的说明，描述新的思想、探索或发明以及所涉及的主要科学家的生平和时代……能够给出对所接受的理论或解释的变革的历史说明，表明理解这些理论或解释对人们的物质、社会、精神和道德生活的影响。例如理解生态平衡和对环境的更多的关注，理解对木星、卫星运动的观察和伽利略与教会的争端……能够说明来自不同的文化和不同时代的科学解释怎样对我们目前的认识有所贡献”等等。

除了这些与科学史直接相关的内容之外，这份文件还有一些更多与科学哲学相关的要求，例如：学生应“能够清楚地与他人讨论，以他们自己的方式来思考某些对于他们来说是新的实验的问题……能够表明，对于他们收集的实验证据，可能有不同的解释……能够利用一种或两种在他们的科学学习中学到的解释模型，来表明那些刺激了新的实验的预言是如何做出的……能够描述和解释科学史中的一个事件，其中为确立新的模式而做出了成功的预言，例如像科学家们关于空气中带有有机物（巴斯德）或大气压的证据（帕斯卡）的工作……能够表明对科学的证据和富于想象力的思想的不同功能的意识，例如在对DNA结构的发现中，富兰克林与华生、克里克所用的不同方法……能够区分概括性的理论和预言式的理论，并给出它们各自的例子，例如像如下这些成对的例子：'所有的金属都导电'和'预言了这一性质的自由电子气理论'，或'冬天的晴空总是意味着夜间的严寒'和'没有云层把地球的辐射反射回去是这种预言的基础'……通过研究相关的文献，能够表明对一些课题（过去的或现在的）科学观点中的差异的理解，例如像板块构造和收缩的地球的褶皱，或有生命的东西繁殖与自己相同的后代和物种的自发产生……能够把科学观点的差异同科学证据不确定的本性联系起来，例如：'婴儿猝死症'的原因是什么，或欧洲森林中树木死亡的原因是什么？"

从这些要求中，我们再次可以看出，在目前的科学教学中，科学哲学也像科学史一样得到重视，并被提到议事日程上来，且和科学史的教学密切相关。这是一种新的动向和潮流。至于为什么科学教师在教授"科学的本质"时要考虑"历史的维度"，有人认为，至少可以提出3种教育的目的，这就是：(1)通过科学的参与而达到一种社会意识形态的改变和设计，如反对反科学思潮和恢复科学人性的方面等；(2)加强方法论的训练；(3)使学生具有作为公民的社会责任感，实现对科学合理的社会控制。当然，对于英国这样一种中学科学教学课程的设置还有争议，如有人指出，它的目标只是鼓励对科学事业本质的理解，而历史研究只不过是达到这一目的的手段，仅仅在此意义上，历史才是重要的。而且，这种课程设置的最终形式还有待在修订、教学、再修订及各种评价手段被提出和采用后才会确立，其编史学意义目前还不明确。但无论如何，这毕竟是在科学史教学方面，特别是在中学的科学史教学方面的一大进展。

在美国的《2061计划》、《国家科学教育标准》以及英国国家规定的中学科学课程设置之间，我们亦可以发现许多相似之处。这表明，在不同的国家中，对于中学课程的改革，特别是在利用科学史等方面，人们是有着较多的共识的。

值得注意的是，以往一些科学教师为了提高学生的兴趣，往往采取在科学的教学中插入一些科学史内容，即所谓的给科学知识裹上"糖衣"的做法，但目前人们已不再着重提及科学史的这种特殊作用，而是更多地关注科学史教学对学生理解科学的本质的帮助。不论是美国的《国家科学教育标准》中提出的要学习"科学的本质"及"科学知识的本质"，还是在英国国家规定的科学课程的设置中，我们都可以看到，近年来出现的另一个趋势，是在科学教学中将科学史同科学哲学结合起来（例如像对于在历史上科学革命中出现的重大变革之本质的说明以及对科学与伪科学的划界问题的介绍），这尤其有利于培养学生批判的思维，也有利于学生了解真正的科学精神。而且，在英国，把科学史结合进中学基础科学教学方面的进展要更为迅速甚至更为激进一些，甚至可以在要求中明确地提出像"科学是一种人类的建构"这种在美国的科学教育改革计划中也没有确切地表达（但仍可隐约地让人们体味到）来自对科学的人文研究领域（如科学哲学和科学社会学）中最新的、也许还有不少争议的观点。这确实可以说是一种相当大胆、甚至相当激进的教育观念上的改革。

显然，这些在西方的科学教育中的新动向，对于我国中学科学教育的改革也是具有重要的借鉴意义。

在科学教学中强调人文因素的意义

在此系列文章中，我们已经对科学教育中人文因素问题的许多方面，特别是在美国和英国的教育改革计划和方案中体现出来的新动向作了不少的讨论。但是，关于究竟为什么要在科学教育中注重人文因素，其理由还需要专门做些总结。而且，这个问题又是一个相当大的问题，为了使重点突出，这里将以在科学教学中引入人文因素最有代表性的方法，即进行科学史教学为例来进行讨论。

科学史的教学，特别是结合在科学教学中的科学史教学，虽然一直在发展中，但还是有颇多困难和阻力的。其中一个重要的因素，就是为什么要进行科学史教学，或者说科学史教学的目的和意义是什么。这虽然已被一些科学史家和教育家以不同的方式阐述，但还不为大多数的教师、教育管理者和政策制定者所充分认识和理解。这方面还有大量的工作有待科学史家和对科学史有兴趣的教师及其他人士去做。下面，我们对西方一些有代表性的关于科学史教学的目的和意义的观点进行总结和讨论。

1. 科学史教学对于科学教学本身的帮助。

长久以来，一些科学教师为了提高学生的兴趣，在科学的教学中插入一些科学史内容，即给科学知识裹上“糖衣”。但可以起类似作用的教学方法还有许多，目前人们已不大提及科学史的这种特殊作用，而是更多地关注科学史教学对学生理解科学的本质的帮助。也就是说，通过科学史的教学，让学生可以不仅学到具体的、现成的科学知识，而且还可以学到"科学的方法"，从而可以开拓学生的视野，使学生更具有洞察力。有些内容甚至可以直接在历史的框架中教授。这样，学生可以更好地理解科学动态的发展，在对科学概念演变的了解中更准确地理解科学概念，并学会更好地利用已有的知识，而不是只学到一些作为现成结论的知识片断。同时，学生也将更好地认识到科学的整体性。在这方面，起主要作用的是科学"内史"，特别是近现代科学史。近年来出现的另一个趋势是，在科学教学中将科学史同科学哲学结合起来(例如对于在历史上科学革命中出现的重大变革之本质的说明以及对科学与伪科学的划界问题的介绍)，这尤其有利于培养学生批判的头脑，也有利于学生了解真正的科学精神。

近来学习心理学的研究也支持在科学教学中利用科学史的方法。在迪昂最初注意到在科学的发展和个体理解发展之间的类同之后，皮亚杰在其著名的发生认识论的研究中，更深入地发展了相似的观点。皮亚杰认为，发生认识论的基本假定，就是在对知识的逻辑与理性组织(科学史)的进步与相应的心理发展过程之间的并行性。皮亚杰在其《心理发生与科学史》一文中，更为充分地论述了这，命题。这类看法对科学史教学的重要性在于，它们表明，科学的历史可以说明科学学习的现状。相应地，人们对50年代西方在科学教育的改革中过分注重"探究"、"发现"的归纳主义模式的不甚成功及其对历史方法的忽视也进行了新的反省。

2. 科学史教学可以帮助学生认识作为一种文化的科学。

科学史教学的意义或许是西方学者所论述最多的一个方面。这又是可以从多种角度来理解的。首先，人们强调，在学习科学专业的技术性内容的同时，应同样注意学习科学的人性的一面，而科学史教育恰恰是达到这一点的有力工具。早在几十年前，萨顿就曾说过："说明科学的人性，毕竟是科学史家的责任和志趣"。科学，首先是一种人类的活动，是由像我们一样的人所发展的。在这种发展的过程中，它也深深地打上了人类的烙印。同时，科学作为无数科学家毕生辛勤工作的结果，是我们的文化遗产的重要组成部分。“它们表现了我们最崇高的传统，是我们心中最美好的东西。那些传统中有一些把我们带回到古代或中世纪，另一些则始于昨天，但无论是古老的还是新兴的，这些传统使我们因过去而感到自豪，使我们对未来满怀信念。它们帮助我们成为更好的人，使我们更聪明、更仁慈、更谦恭，甚至更为愉快。”与此同时，科学史教学当然也就培养了学生对科学的热爱。其次，当“两种文化”的隔阂问题提出之后，科学史作为沟通两种文化的“桥梁”的作用更是经常被人们摆在突出的地位。关于两种文化的分裂对未来发展的危害，斯诺早已深刻地进行了分析。其实，在此之前，萨顿就已在批评那种“最专门化而同时又最没有教养的人”，因为“那些极端的专门家们精通一个非常窄小的课题中的每一细节，而对宇宙中其他事情却一无所知”。因此要成为一个全面发展的人，则只有对科学与人文两种文化都有相当的了解，并能在其间保持适当的平衡。

3. 科学史教育对认识科学与社会之关系的重要性。

如果突破仅仅使科学史服务于理解科学自身内容的局限，使视野更加开阔一些的话，就势必会涉到作为一种整体的科学史的教学的问题。这种作为整体的科学史，除了文化和意识形态的维度之外，还应包括科学、技术与社会、经济、政治、军事、宗教的相互作用。在早期，柯南特和萨顿等人提倡科学史教育，目的之一是反对当时存在的某种反科学主义倾向，萨顿也时常提醒人们不能忘记在历史上科学技术被滥用的教训（如法西斯的杀人技术、原子弹的制造和使用等）。科学史研究中外史研究的发展，使人们更加意识到科学技术与社会其他方面相互作用的重要性，而不再将科学只看做是象牙塔中的知识。另一方面随着科学技术的飞速发展和其在社会生活中所起的作用越来越大，广泛应用科学技术的一些负面效应（如对资源的过分消耗和对环境的破坏与污染等）也显现出来。在西方，相应于这种情况，出现了与科学史关系密切的STS（科学、技术与社会）的研究领域。当这些方面的内容体现在教学中时，学生会对科学技术有更全面的认识，对于社会对科学应用的适当控制以及对未来的科学技术决策等，也都有重要的潜在意义。对科学史的了解除了这些与社会生活关系更直接的作用之外，在更理论化的层次上，对于科学与意识形态的关系的认识也是一个重要的方面。近年来，诸如像后现代主义科学史中提出的社会建构论的观点或女性主义科学史提出的性别意识形态对科学发展之影响的观点等，对于更深刻地理解科学的本质，也具有一定的启发意义。例如，值得注意的是，在1989年英国公布的国家规定中学科学课程设置中，甚至出现了“科学是两种人类的建构”的提法。

4.科学史教育对培养学生社会责任感的作用。

早在1944年，中世纪史学家西格里斯特（H. Sigrist）就曾在《科学》杂志上撰写文章，主张必须对所有大学生通过讲授科学史来教授科学，以使他们成为科学时代民主制度下有责任感的公民。这一观点也为后来的科学史家和科学教育家所强调，因为“知道科学像其他事物一样是一种人类活动的公民，将倾向于在详细的证据积累起来之前，就以一种恰当的方式对广泛宣传的技术突破的说法持怀疑态度。这样的公民将有更好的准备，对开放或控制以科学为基础的技术的措施明智地进行表决，并公开地或在朋友中对之进行辩论”。所以，“不仅对于科学的教学，而且对于在科学的历史与境（context）中进行科学教学来说，这都应是一个有力的论据”。

以上几点的归纳是基于许多西方科学史家和科学教育家的观点，当然，也还存在其他的一些观点。此外，关于科学史教育的这些目的和意义显然是相互关联的。

作为比较，与像英美这样的国家相比，在基础科学教学中结合科学史的方面，我们国家显然仍有不小的差距。这种差距当然是由于多方面的原因所造成的。例如，我国科学史学科研究的规模、水准和相关理论的落后就是重要的原因之一。当然，也还有许多其他方面认识上的原因。关于这种差距，在这里，仅以我国现行的初中和高中物理教学大纲来作比较，就可看出部分的问题。

在我国初中的物理教学大纲的说明中，仅在“进行思想教育”的部分，谈到“物理教学必须结合有关内容对学生进行思想教育。物理教学中的思想教育,主要是辩证唯物主义教育和爱国主义教育。进行辩证唯物主义教育,就是用辩证唯物主义的观点和方法来阐述物理知识,使学生在学习物理知识的同时,潜移默化地受到辩证唯物主义的教育。在物理教学中还应结合有关内容揭露和批判迷信思想,使学生逐步树立科学的世界观。进行爱国主义教育,就是要介绍科学家热爱祖国的事迹,介绍我国历史上的科学技术贡献,介绍我国现代的科学技术成就,讲述祖国和家乡建设的发展前景及其对青年一代的殷切期望,培养民族自豪感、社会责任感和对社会主义祖国的热爱,树立为祖国和家乡的繁荣富强而努力奋斗的志向”。在高中的物理教学大纲中,也有类似的(而且更为简要的)提法,只是在具体大纲中涉及万有引力定律时,才讲到“要强调人类对天体运动的认识过程,介绍万有引力定律的发现及其对人类认识的意义”。在这两份物理教学大纲中,除了总体上对科学史教学强调不够之外,我们还看到,专门提到的历史内容,仅限于介绍我国历史上的科学技术贡献,并且只是为了爱国主义教育的目的。如果将这两份物理教学大纲与前面文章中介绍的美国和英国的科学教育改革计划相比较的话,问题就十分明显了。因为我国这两份物理教学大纲仅要求为爱国主义教育的目的而介绍我国历史上对科学技术的贡献,而却忽视了这样一个重要的事实:在大纲中所要求教授的物理内容,本来只是西方近代的产物;此外,这两份大纲也没有涉及学习科学史对于理解像科学的本质这种科学史教学更重要的功能,甚至没有将学习科学史对于科学教学的帮助列入议事日程。再者,在物理(当然也可推至其他学科)教学中,仅仅以爱国主义作为相关的历史教学的目标,也是值得商议的。实际上,目前西方的科学史理论,更多的是将科学看做一种国际性的事业,而对于像“爱国主义的科学史”之类的观点,则归入“意识形态式的科学史”之列,并对之持否定的态度。

当然,这种比较不一定十分合适,因为,这里作为对比提到的例子仅仅是两份国内的物理教学大纲,而不是更普遍的包容其他科学教学内容的大纲,但无论如何,在这种比较中显示的差别应当引起我们的重视。

DIWUBU

第五部

科普书话

KEPUSHUHUA

硬币与金字塔①

科学与艺术的关联，这是一个近来逐渐被人们关注的话题。相应地，由著名物理学家、诺贝尔物理学奖获得者李政道先生主编的《科学与艺术》一书的出版，也既是国内对于科学与艺术这一话题的讨论来说具有重要意义的实践性贡献，又是中国科学美学研究历史上的一个重要的事件。当然，这样讲并不意味着此书是完美无缺的，事实上完美无缺的著作也从来就没有存在过。但之所以这样高地评价《科学与艺术》一书的重要意义，乃是针对目前国际国内对于科学与艺术的研究与实践的背景与现状而言。

我们不妨以代表着《科学与艺术》一书之基本指导思想的、由李政道先生撰写的该书的“楔”（也即序言）中的一些重要观点作为线索，在这里展开对于该书以及其他一些相关问题的评论。

李政道先生在开篇就写道：“艺术和科学的共同基础是人类的创造力，它们追求的目标都是真理的普遍性。艺术，例如诗歌、绘画、音乐等等，用创新的手法去唤起每个人的意识或潜意识中深藏着的、已经存在的情感……我们现在阅读莎士比亚的著作或者观赏莎士比亚的戏剧，不论是原文或译文，也有着和几百年前的英国的读者及观众相似的情感共鸣。情感越珍贵，反响越普遍，跨越时空、社会的范围越广泛，艺术就越优秀。”

由此，我们会联想到在人类认识的发展史上，科学与艺术这两个重要

① 原载《科学》2001 年第 1 期。

领域的分与合的问题。在笔者近来主编的一套引进国外科学美学研究成果的丛书的序言中,也曾提到过这样的观点:“审美和求知是人类自在的天性,与生俱来。当童年的人类睁开惊奇的眼睛面对世界之时,对知识的习得和对美的感受是同步的。大自然是人类的生境,也是人类的遭遇。大自然既平淡浅近又神奇诡奥,温暖明媚和恐怖狰狞在大自然是一体的,而在人类却是难于化解的巨大谜团。为了生存,人类需要条分缕析地去认识和体察自然的细节——分工出现了。分工使科学和艺术异径而走,分工也分化了人类的心智,分化了审美和求知。于是,艺术在追求审美之中疏远了规律,科学在追求规律之中遮蔽了审美。”关于科学认识与艺术创作的这种分化,或者说分离,所对应的正是20世纪50年代末英国学者C.P.斯诺提出的关于科学文化和人文文化这“两种文化”以及其间之分裂的重要论点。其实,人们在传统中的主要来自艺术中的对“美”的研究与追求以及在对自然的认识和科学的发展中的对“真”的追求,大致就分别属于这两种文化。有趣的是,斯诺在那本关于两种文化讨论的名著中,还提到了科学家阵营和人文学者阵营对各自文化颇为傲慢的良好感觉和对对方文化带有偏见的轻蔑。斯诺提到,那些人文学者会“嘲笑那些从来没有读过一本重要的英国文学作品的科学家太可怜。他们把这些科学家当做无知的专家来看待。然而,他们自己的无知和他们自己的专业化更令人吃惊……有一两次,我被激怒了,并且问这些朋友,他们是否能够叙述一下热力学第二定律。反应是冷淡的,结果当然也是否定的。但我提出的问题,不过是相对于问一个科学家:‘你读过莎士比亚吗?’而已”。

就以莎士比亚为例来进行讨论而言,这确实是一种并非偶然的巧合。一方面,斯诺举出的例子并非空穴来风,在人文文化和科学文化日益分化的情形下,绝非所有的,或者许多的科学家都会认为阅读莎士比亚对于其科学研究和文化修养是一种必需品。这也正是两种文化之间形成鸿沟的一种形象的表征。而大力倡导科学与艺术相结合的李政道先生在论述科学与艺术的共性时,似乎在不经意间也提到了莎士比亚,正表明了其人文文化修养的基础储备。因此，当我们在倡导、呼吁以及身体力行地要为科学与艺术的重新结合而努力时，应当认识和理解其更深层次的理论背景，这也正是人们面对两种文化的分离的现状以及要沟通两者的需求。

那么，科学与艺术的结合是否还有其他的基础呢？当然有。对此，李政道先生在其书中也有论述："科学，例如天文学、物理学、化学、生物学等等，对自然界的现象进行着新的准确的抽象，这种抽象通常被称为自然定律。定律的阐述越简单，应用越广泛，科学就越深刻。尽管自然现象不依赖于科学家而存在，但对自然现象的抽象和总结是一种人为的，并属于人类智慧的结晶，这和艺术家的创造是一样的。""科学家追求的普遍性不同于自然现象的普遍性，是人类对自然现象的抽象和总结，适用于所有的自然现象。它的真理性植根于科学家以外的外部世界，科学家和整个人类只是这个外部世界的一个组成部分。艺术家追求的普遍真理性也是外在的，植根于整个人类，没有时间和空间的界限。尽管普遍性和艺术的普遍性并不完全相同，但它们之间有着很强的关联。""对艺术的美学鉴赏和对科学观念的理解都需要智慧……科学和艺术是不可分的，两者都在寻求真理的普遍性。普遍性一定植根于自然，而对自然的探索则是人类创造性的最崇高的表现。"也许是由于专业的关系，李政道主编的这本书虽名为《科学与艺术》，但其表现的，却是在物理科学的背景下探索科学和艺术联系为主要内容。这当中也另有其道理，但在这里姑且暂不展开进一步的讨论。

无独有偶，近些年来，美国也有一部非常奇特的名为《艺术与物理学》的著作出版（此书亦收入笔者主编的《大美译丛》中，并将于近期出版其中译本）。在那本书中，作者施雷恩所做的，是通过历史面面俱到地追溯了艺术与物理学的背景，来揭示在各种想象力中惊人的相关性。施雷恩认为，虽然物理学与艺术这两者看上去似乎如此大相径庭，但它们之间却以一个共同的基点确定地关联在一起：凡是创新的艺术创造，凡是开先河的物理研究，都会探究到实在的本性。因此，在历史中，经常可以见到的情形是，在物理学家对世界进行科学性描述之前，就已有艺术家以自己的睿见打了头阵。一些具体的例子表明,还在物理学家发现某种对世界进行思考的新方式之前,艺术家就已经给社会提供了某种看视这个世界的新方式。也就是说,艺术常常有一种特殊的先见之明,其预见性要超过物理学家的公式。科学上存在这样的情况,即科学发现出现之后,人们发觉它对物质世界的描述早已被以往的艺术家以神妙的方式放入了自己的作品。反过来,如果艺术家的图像产生于物理学家发表成果之后,情况则是艺术家不知不觉地通过新的表述途径,达到了与物理学家新思考方式的一致。因此,结论是显然的:科学同艺术之间有着毫无保留的一致。例如,“野兽派的代表人物马蒂斯是个老道的色彩迷,在大刀阔斧地运用缤纷色彩中迸放光华;爱因斯坦则执著于童年时代的追求,在满足有关光与色的好奇中永远地改变了人们的思维形式。在他们各以自己的方式的鼎力相助下,光终于以正统继承者的身份得到加冕,登上了实在的宝座。”在整个历史中的众多场合中,关于艺术的突破怎样地预示了物理学家们富于想象的洞见,像这样的例子,在施雷恩的书中可谓比比皆是。在这里,我们再一次看到了,在关于艺术与科学的共性方面,在艺术与科学之关联的基础方面,不同的作者如何达到了英雄所见略同的结论。

李政道先生在许多场合,包括在《科学与艺术》一书的“楔”中,多次使用了一个形象的比喻:“事实上如一个硬币的两面,科学和艺术源于人类活动最高尚的部分,都在追求着深刻性、普遍性、永恒和富有意义。”这一比喻被人们广泛地引用。笔者以为,这一比喻虽然形象生动,但硬币的两面尽管因硬币本身而构成一个整体,却仍有某种分离的意味。值得注意的是当代科学史的奠基人萨顿的另一个比喻。萨顿本人也将科学史视为沟通两种文化的桥梁。如前所述,对于自然及科学的美学研究也正是沟通两种文化的途径和努力之一。萨顿曾将分别对应于“真”、“善”、“美”的科学、宗教与艺术形象地比喻为一个金字塔的三个面,并认为:“当人们站在塔的不同侧面的底部时,他们之间相距很远,但当他们爬到塔的高处时,他们之间的距离就近多了。”在这种比喻中,顺理成章的推论不难得到,即随着高度的不断上升，真、善、美将愈发接近，并在最高点达到理想的统一。由此可见，我们以往之所以认为科学文化与人文文化相距甚远，将自然、科学与美相分离，只是因为我们所站的位置高度不够。这一比喻或许更有助于我们理解人类认识的统一性。

事实上，尽管在人类认识的历史上艺术与科学出现了分离，但在不同的时期，毕竟也还有少数的有识之士有意无意地感觉到了这两者之间的内在关系。尤其是到了本世纪，在众多从事具体科学研究的杰出人物那里，我们经常可以看到有关科学之美和自然之美的论述。量子力学的创始人之一海森伯曾指出："美对于发现真的重要意义在一切时代都得到承认和重视。"量子力学的另一位奠基者狄拉克也说："上帝用美妙的数学创造了世界。""描述自然的基本规律的方程必然包含伟大的数学美，它对于我们来说就像宗教。"在他谈及爱因斯坦及其工作时，又说到："当爱因斯坦着手建立他的引力理论的时候，他并非去尝试解释某些观测结果。相反，他的整个程序是去寻找一个美的理论。"著名数学家外尔则说："我的工作常想把真和美统一起来；但当我不得不在这两者中选择时，我通常选择美。"如此等等。但是，这些论述还大多属于个人直觉的体悟，还不够系统，更像是一些思想的闪光而已。

随着人们认识的发展，在科学界以及在人文社会科学界，也有众多的有识之士提出要将科学与艺术相结合，而且是更为主动，更加有意识地将这种结合扩展到个人研究范围之外的更广泛的领域。李政道先生主编的《科学与艺术》这本印制精美的画册，就是在其组织参与中国高等科学技术中心的艺术活动时，专门组织推进科学家和艺术家进行交流沟通，由国内著名艺术家在科学思想的启发下，试图用艺术的语言表述其对科学的领悟和感受的结果。尽管在中国艺术家的这些创作中，也还有某种牵强地图示科学的特征存在，但按照前面提到的比喻，这些努力毕竟是在向人类认识的金字塔顶端攀登中的一步。

当然，我们也应看到，我们现在距离金字塔的顶部依然遥远，道路依然漫长。

昔日的光辉与今日的思考[1]

著名英国科学史家李约瑟的后半生，几乎全部奉献给了中国科学史的研究。其最重要的成果，就是那套至今仍未出齐的《中国科学技术史》。这套巨著计划要出7卷34部，约2000万字，到目前为止，已出版了15部。早在“文革”期间，对其已出的部分，国内就已有了中译本，影响可谓不小。若干年前，国内又有专门的机构负责组织翻译整套的《中国科学技术史》，现在也已出了几卷，只是工作进展缓慢。不论就其规模还是就其研究的深入程度来说，李约瑟的这部卷帙浩繁的巨著都可以说是空前的，以至于连翻译它都是一项规模惊人和极度困难的工程。因此，甚至专门从事科学史研究工作的学者，大多也只是阅读与自己工作相关的部分，对于普通的读者，恐怕更是只能望书兴叹了。

由美国学者坦普尔编写的《中国：发明与发现的国度》一书，对李约瑟的《中国科学技术史》进行了精彩的提炼，以36万字的篇幅，分100个条目，用图文结合的形式对这些由中国在世界上首先作出的发现或发明进行了生动、具体、简明而且通俗的介绍。除了利用李约瑟在《中国科学技术史》一书中已发表了的材料之外，坦普尔还使用了一些李约瑟尚未发表的打印稿中摘录的材料，使此书的内容更加充实、全面。尤其值得注意的是，坦普尔所编的这部为一般读者准备的通俗读本得到了李约瑟本人的认可和赞赏。

① 原载《中国图书商报》1996年11月9日。

《中国：发明与发现的国度》一书中译本的出版，使广大的中国普通读者能够了解到李约瑟工作的精华；能够在较短的时间内，对中国历史上在科学技术方面所作出的杰出贡献有一粗略的认识，而不至于在专深的中国科学技术史面前望而却步；起到普及科学史、增强民族自豪感的重要作用。这就是坦普尔这本著作主要的意义之所在。

当然，即使是对于李约瑟的《中国科学技术史》原著，科学史界的学者们在其某些细节方面以及在总体指导思想方面，也有一些不同的看法。而当坦普尔将其通俗化之后，李约瑟原著的某些观点更被过分地强化了。像书中把牛顿第一运动定律的"第一发现"归于中国之类的提法，就似有值得讨论之处。坦普尔在其书的序言中明确地指出"西方受惠于中国"，认为"'近代世界'赖以建立的种种基本发明和发现，可能有一半以上源于中国，然而却鲜为人知"。从东西方科技交流史的角度来看，我们自然有充分的理由重视中国古代科技成就对世界文明所作出的重要贡献。作为中国人，我们也自然有充分的理由为中国古代辉煌的科技成就而感到骄傲。但是，当我们阅读此书，在为中国古老文明的悠久历史和非凡贡献而感到自豪之时，也不应忘记，那毕竟只是我们民族过去的光辉。因为在坦普尔的书中所提到的100项中国第一里面，最晚近的是在公元16世纪（且仅一项），再往前就是公元13世纪了（也仅两项）。我们更不应忘记，近代科学并不产生于中国。而为什么近代科学产生于欧洲而不是产生于在科学技术方面曾有过如此光辉历史的中国，也正是著名的"李约瑟难题"的核心内容。

早在20世纪30年代，鲁迅先生就曾尖锐地指出："外国人用火药制造子弹御敌，中国却用它做爆竹敬神；外国用罗盘针航海，中国却用它看风水；外国用鸦片医病，中国却拿来当饭吃。同是一种东西，而中外用法之不同有如此。"鲁迅先生的话虽然尖刻，但却发人深省。我们带着这种反思的态度去读坦普尔的这本书，也许会从中得到更大的震撼，更能够激励我们去探索和思考中国在近现代落后的原因，从而为中国未来的发展提供借鉴和帮助。

几十年前，科学史学科的奠基者、美国科学史家萨顿曾大力地提倡重视东方的价值和科学的统一性。如果我们阅读坦普尔的这本书后，还能够像作者在序言中所希望的那样，使“世界各国和各民族能更深入地相互了解，使东西方的思想隔阂得以消除”，使中国人和西方人“能够无愧地相互正视对方，竭诚相待，成为亲密的伙伴”，那或许就是我们可以从中得到的另一重要的收获了。

在普及中体现真正的科学精神①

近年来，在我国的图书市场上，各类伪科学的书籍极度泛滥。不用说在专卖畅销书的书摊上，就连在正式的书店中，情况也好不了多少。这种状况，显然与我们政府所提出的“科教兴国”的战略是极不相称的。当然，造成这种情况的原因可能有很多，也非常复杂。虽然我们零星地也能看到一些对伪科学进行严肃揭露和批判的著作，但其一，这些宣传科学精神、揭露并批判伪科学的著作大多不够系统，多为一些文章的汇编，其次，在种类上和发行量上也都远比对方要少得多。至少就宣传出版来说，阵营两方的力量远非均等。

谈到阵营两方力量的悬殊对比，当然又可以有多种原因。比如说，在伪科学那方，由于种种利益的驱动，许多人几乎是可以将此作为饭碗的，而且这个饭碗的含金量颇为不低。当然会不遗余力地去宣传，去鼓吹。而在反对者这一方，则多有本来的事业，如从事前沿的科学研究等等，出于捍卫科学真理的社会责任感而站出来者是有的，但真正能够将揭露和批判伪科学作为一种“专业”者，恐怕就不多了。这当然会导致揭露和批判的不系统。正因为如此，最近出版了中译本的《魔鬼出没的世界》一书，就显得尤其珍贵。

《魔鬼出没的世界》的作者萨根，本是一位写有多种影响广泛的优秀科

---

① 原载《中国图书商报》1999 年 1 月 19 日。

普著作的世界级的科普作家，也是一位科学家。他在这部倾其一生所积累的资料和苦思所得而著的最后的著作中，坦言向读者宣告，这是他个人的坦白，是在向读者讲解他对科学的终生的爱情故事。正是由于作者的这种真诚和这种献身的热情，使得该书在科学精神这条主线的引导下，以引人入胜的可读性，详细地剖析了种种伪科学的表现及其问题之所在。阅读此书，我们不能不惊叹作者知识的广博、资料的丰富以及见解的精深。虽然萨根主要是在讲西方的事情，但此书对于中国读者的特殊的意义，恐怕是作者在写作时所没有想到的。当我们读到萨根开列的那份仅仅是"代表"性的而非"综合的罗列"47种典型伪科学和迷信的清单时，对于其中绝大部分内容，竟然绝无陌生之感，几乎都曾在国内的种种报纸、刊物、书籍乃至电视广播等媒体中见到过。由此说来，我们对于自产的伪科学和迷信的发扬，对于来自他国的伪科学与迷信的引进与本土化，简直到了令人难以想象的程度。

仅举两个与国内近期出版的伪科学读物相关的例子。一是由作家出版社在1997年10月出版的那部在形式上几乎以冒充学术专著的《世界之谜麦田圈》，一万来册的印数在市场上很快便脱销。二是尤其在近期成为出版热点的形形色色有关外星人的书籍的充斥市场。其实，不论对于"神秘的"麦田圈还是令许多人津津乐道的外星人，如果人们认真地读了萨根详尽的揭露与分析，我想绝大部分有理智的读者都会得出更为科学的结论，而不再热衷于那些荒谬之谈。尤其是，萨根在对历史上滥杀"女巫"与今日大炒"外星人"这两者在文化上的相关性的分析，实在令人耳目一新。

此外，与国内为数不多的揭露和批判伪科学的著作相比，萨根似乎更为冷静，而不只是一味地义愤，他并不否认科学有局限，而是将伪科学与科学的差别鲜明地揭示出来：正因为科学家会出错误，而且承认这点并勇于纠正错误，才将科学与永远不会被证伪的伪科学区分开来。同时，对于人们之所以会热衷于伪科学的社会和心理等方面的原因，萨根也均有深刻的分析。我们在这里，同样也可看到一位科学家和科普作家以其特有的理解，结合其论述的内容，对当代科学哲学理论进行的明晰阐述。因而，不仅仅是普通的读者，即使是专业从事科学工作的人，通过阅读此书，也会对于科学和科学精神有一种更深刻的新的理解。

实在应该提到的是，关于对伪科学和迷信的揭露与分析，其实只是此书众多的主题之一。在其中，像对于科学方法，对于科普理念，对于科学教育，对于科技政策，对于科学与政治，等等，在科学精神的这条主线下，作者都有令人深思的精彩讨论。但如前所述，在特定的背景下，我仍宁愿对其中有关揭露、分析伪科学的主体内容予以特别的注意。

虽然萨根在其书中严厉地批评了美国在科学教育方面的缺陷和美国青少年乃至普通公众科学素养的低下，但据译者介绍，萨根在美国青少年中的知名度仍超过所有的影星、歌星，甚至政治人物。而《魔鬼出没的世界》一书于1996年在美国出版后，当年就创下了最佳畅销书第一名的纪录。相比于此，相比于我国目前各类高印数伪科学著作的畅销，《魔鬼出没的世界》中译本第一次印刷却只有5 000本的印数，这对于我国科学精神之现状，也许是很能说明些问题的。

陌生的爱因斯坦①

不论对于科学界人士，还是一般公众，爱因斯坦的名字可能是最为家喻户晓的科学家的名字了。相应于此，国外有关爱因斯坦的研究著作实在令人有数不胜数的感觉，国内曾出版的爱因斯坦的传记，不论是翻译的还是由国内学者自行撰写的，其数目也足以让人扳着手指头数上一阵。但是，所有这些爱因斯坦的传记，水平显然参差不齐。而近来由广东教育出版社出版的《上帝难以捉摸——爱因斯坦的科学与生活》一书，则是值得人们予以特殊关注的一本。

谈到此书，不能不谈其作者。该书的作者派斯（在广东教育出版社出版的版本中被译为派依斯）本是一位在物理学领域中做出过重要贡献的物理学家，被誉为是粒子物理学的创始人之一。在晚年，大约从1978年开始，他开始主要致力于物理学史的研究，曾出版过数种颇有影响的科学家传记和科学史著作，并且也受到中国学者的重视。例如，他在1994年出版了《爱因斯坦当年寓所》那本写给普通人的爱因斯坦传记，上海东方出版中心曾（以《一个时代的神话》为书名）出版过该书的中译本，而他关于物理学家玻尔的传记和另一部关于粒子物理学史的著作，据闻也都在翻译出版中。但是，在他的科学史著作中，名声最响和最有代表性的，恐怕还是他最先写就的这部爱因斯坦的科学传记。此书于1982年在美国出版后，一炮打响，第

① 原载《中国图书商报》1999年3月2日。

二年便获得了美国国家图书奖。可以说，这是世界上第一部详尽而且颇具特色地论述爱因斯坦的科学工作的传记，尤其在物理学家们当中，此传记有着良好的口碑。当然，这种成功与派斯本人的物理功底以及他与爱因斯坦长达9年的交往也是密切相关的。在另一篇文章中，笔者曾谈到过这样一件事，在这里也许值得再次提及：大约在20世纪80年代中期，那位被誉为继爱因斯坦之后最杰出的理论物理学家、在中国亦是大名鼎鼎的《时间简史》一书的作者、全身瘫痪的霍金曾从英国来中国访问，当他在北京师范大学作关于天体物理学方面的演讲时，笔者曾有幸聆听，并看到，在霍金打开的手提箱中，唯一的一本书，就是派斯写的这本爱因斯坦的科学传记!

此书在国内曾于1988年由科学技术文献出版社出版过一个中译本，但据研究者们的评价，那个版本的译文中错误很多。虽然未及核对原文，但想来这次新译本的出版当会在译文上大有改进吧。

从统计物理学、量子理论、狭义相对论、广义相对论到统一场论，《上帝难以捉摸——爱因斯坦的科学与生活》一书详尽、准确、全面地讨论了爱因斯坦的科学工作。这样一部主体内容上可以说相当艰深的科学传记，据说在国外销量多达50万册，也可以算得上是一个奇迹了。不过，对于一般读者，虽然书中也有一些专门标出的不涉及科学内容的生平传记的章节，但要真正读懂全书的内容，确实不是一件容易的事。不过，此书的价值也正在于此。虽然很少有人不知道爱因斯坦的大名，但对于绝大多数人来说，对科学世界中的爱因斯坦恐怕还是相当陌生的。其实，爱因斯坦之所以是爱因斯坦，最根本的原因在于其科学贡献，因此，不了解爱因斯坦的科学工作，就不可能真正地了解爱因斯坦这个人。而且，正如作者派斯在中文版序中所讲的那样："科学永远是爱因斯坦的主要献身对象，而人类的命运也是他的主要关心对象之一。本书试图对这位世纪伟人的诸方面作出公正的评述，但愿它能有助于激发我的不同年龄的中国朋友们自由地发挥他们各自的才华。"

但愿此书不仅仅摆在科学史研究者们的案头，而希望有更多的读者能从中获得最大可能的收益。

“奴隶”对“主人”和自身的思考①

现在，谈到计算机，如果很一般地讲，至少与人们在日常生活中应用的其他的技术相比，恐怕是最耳熟能详的了。如果走进书店，人们会发现，增长最快、更新也最快的，也许就是那形形色色的计算机应用技术的说明、手册、指南等等了。这种技术性的计算机书籍的畅销，也说明了市场的需求，说明了人们对于计算机的热情。当然，文化一点的，我们也能看到像《数字化生存》那样的热门图书。人们也常常会将信息时代之类的词汇挂在口头。但无论怎样，这个世界之所以能够被“数字化”，其不可缺少的基础就是计算机的存在。虽然我们中越来越多的人也许能熟练地应用计算机，但对于与计算机科学以及计算机技术发展相关的“计算机文化”，关注却可能远远不够。尽管一年多以前也有像由国内学者撰写的《网络文化丛书》之类成套的书籍问世，但如果作为更基础性的计算机文化而言，近来河北大学出版社出版的《计算机文化译丛》（包括《超越计算》《赛伯族状态》《混乱的联线》《大师的智慧》《文化肌肤》《皇帝的虚衣》以及这里所谈的《机器的奴隶》等共7种）的出版，仍可以说是填补了一个重要的空白。

在此套丛书中，由于某种个人背景的影响，《机器的奴隶》一书的书名最能引起我的关注与好奇，于是，此书便成了我在此套丛书中阅读的第一本。但这第一本书，就足以让我为该书作者的机智和深刻而叹服，也足以

① 原载《中华读书报》1999年3月17日。

引起我充分的兴趣去再看此套丛书的其他几本。

在物理领域中，有这样的情形：无数的中学生、大学生更不用说研究生了，都念过不同水准的物理课程，都学习过物理学的若干知识，甚至于包括大多数专门教授或研究物理学的专家在内，如果不说擅长于那些具体的、技术性的或许有时是很机智的物理计算应用，而是真正可以称得上理解了物理学，或者说真正具有自己的物理学思想的人，却为数很少，能够将自己对物理学独特的理解清晰地讲解出来的人自然就更是凤毛麟角了。例如，像美国物理学家费曼，就可以算得上是其中的佼佼者。当我读过《机器的奴隶》一书，再联想到自己以往所读的相关书籍以及得自各种渠道的有关计算机的知识，所产生的感想之一就是，在计算机领域，其实也和在物理学领域一样，虽然许许多多的人都会熟练地使用计算机，甚至在相关的研究开发领域很有建树，但真正可以说是更深入地理解了计算机科学和计算机技术的本质，并能将这种深刻的理解通俗地转达给普通读者的人，显然也并不多见。至少，在笔者不广的见识中，《机器的奴隶》一书的作者、美国计算机科学家罗林斯当算是其中之一吧。

《机器的奴隶》一书也谈到，虽然在现代计算机硬件领域中，随着时代飞速的进步，昨天的技术奇迹般转眼就会成为无人问津的。“但进步是要付出代价的，计算机技术每前进一步，就意味着其复杂性又提高了一个档次；而复杂性每提高一次，都意味着我们对计算机的理解能力的进一步丧失。”不过与那些简单地、无思想地将计算机科学和技术的发展事件罗列起来写成的历史不同，《机器的奴隶》的作者正是通过对计算机硬件和软件的发展独有见地、选择合理的历史回顾，清晰地将他对计算机的本质——如我们怎样制造出它们、它们能做什么、它们是否会思考、它们目前的局限和产生这些局限的原因等——在字里行间表达出来。也许，对于作者的这些思想，读者只有随着对该书仔细的、由一开始无所谓到慢慢被吸引进去的阅读，逐渐地才能有所领会。除了举出各种生动、贴切的类比，以通俗易懂的语言介绍了计算机究竟是怎么一回事之外，正是基于对历史的回顾，作者提出了他对当今计算机的局限的看法。正如罗林斯所说的:“回首往昔所走过的道路,我们就能发现,计算机的局限主要来自人类想象力的局限。计算技术之所以会发展成今天的样子，取决于其数学的和哲学的思想渊源,其硬件技术发展的历史,以及制造、销售和保护软硬件的经济学和社会学背景。”

不论在国内还是在国外,不论是专业的哲学、社会学研究者,还是许多的普通人,都对于像计算机未来是否会拥有“智能”、“生命”,是否会统治人类等问题表现出极大的兴趣。相应地,像计算机与国际冠军棋手的比赛才会成为热门话题。对这些问题的回答,显然只依靠关于计算机的技术性知识是远远不够的,而需要在对计算机科学技术有本质理解的基础上进行更深刻的哲学思考。在这些方面,《机器的奴隶》的作者同样见解独到。他认为真正理想的计算机,应该是具有像我们和其他生物那样的生命的本质性特征——如各部分能够共同生存、能在环境中不断地适应多种变化,以及具有组织.性和复杂性等等——的计算机,但当我们谈论像“人工智能”之类的问题时,却常常陷入一种固有的悖论:“一旦我们对某一问题的理解足够深入,足以编制一个程序有效地解决它时,我们就不再认为这一问题仍属于人工智能领域的一部分。本质上,人工智能的目的是要使自身走出人工智能的领域。”而且,作者对于像谈论计算机未来是否可能有“生命”这样的哲学问题(关于生命的定义当然在很大程度上是一个哲学问题),也与许多哲学家的思考和回答方式不同。因为,他认为,对于机器来说,“它们究竟是不是技术生命根本无关紧要,或许,只有哲学家们才会在这一点上争论不休;重要的是我们是否已不自觉地把它们当做生命来对待,而不再认为它们是物品。一旦它们在我们心中活了过来,它们就具有了生命;它们是不是真正的生命已不再重要”。

不过话说回来,计算机是否有生命以及相关地是否有智能的问题仍是重要的，尽管在作者对生命定义的讨论中另有高见。因为也许正与此相关,作者才会感到“年复一年,我们迅速地获得前所未有的能力,但也同样迅速地丧失着对局面的控制力”，这本书才会像作者在其标题中所暗示和在序言中所明说的：“它讲述了我们如何变成了自身所制造的硅质附属物的奴隶以及它们在将来怎样才能变成我们的奴隶。”幸而，作者只是确切地断言说，这种像我们一样复杂、不可理解和不可控制的计算机至少在40年内不会出现，但就算是这样，用作者的话来说，我们的未来也仍是“奇妙而又恐怖”。

《计算机文化译丛》在封底的广告语中说：“你可以不了解计算机，但不能不了解计算机文化。”我以为，这句广告词修改一下或许会更好，那就是，只有懂得了计算机文化，才可能真正懂得计算机。更何况，《机器的奴隶》一书通过对计算机文化的论述，带给我们的思考已经远远地超出了计算机的领域，甚至涉及了生命和人类的本质及价值。

传奇的背后①

对于绝大多数人，如果不是很专门化的研究者，看到PCR这个英文缩写，恐怕都不大明白指的是什么。不过，如果谈到像生物技术或基因工程等等科学术语，人们可能就会感到熟悉多了，尽管生物技术或基因工程到底是怎样一回事，其中涉及多少科学与技术的细节，对于普通人来说也并不一定知晓。其实，PCR就是生物技术中所谓的“聚合酶链反应”的简称，它有时甚至被称为是到目前为止生物技术史上的典范。依靠这项技术，可以让科学家们在很短的时间内复制成百万个在研究和生产中所需的DNA片段，这当然是意义重大了。其发明者美国科学家穆利斯因此项工作而获得了1993年的诺贝尔化学奖。

由于科学家们毕竟在社会上人数不多，其职业和工作对于普通人来说通常被罩上了一层神秘的色彩，一方面，他们有很高的社会声望，令人仰视，另一方面，仿佛他们又是一群不食人间烟火，整日穿着白大褂在实验室中忙忙碌碌的怪人，其工作更是令普通人所难以理解。这是一种在社会上普遍流行但又显然是被歪曲了的科学家的形象。其实，一个很明白的事实就是，科学家也是像我们一样的凡人。他们的工作也只是社会分工中的一种，他们也并不是在真空中生活和工作。关于他们的工作，除去较为困难的技术性细节，其实也完全是可以让普通人有所了解的。因此，正像所有

① 原载《博览群书》1999年第2期。

的科学发现和发明一样，PCR 的发明自然也是由作为凡人的科学家做出的，而科学家作为凡人，当然也不论在工作还是在生活中，都无法离开周围的社会环境，更无法摆脱周围形形色色的人际关系。而周围这些错综复杂的环境和人际关系，也不可能不与科学家的科学工作发生联系，甚至是很关键性的联系。

近来，由上海科技教育出版社在其《哲人石丛书·当代科普名著系列》中推出的《PCR传奇——一个生物技术的故事》一书，通过对技术的发明这个特殊案例做细致的解剖的形式，生动地向读者展示了一幅真实的、有血有肉的关于科学家们是如何生活、工作和竞争的图画。用其作者的话来讲，这本书“记录了PCR发明的人文历史事件，包括时代背景（美国西特斯公司，20 世纪 80 年代）和关键人物（科学家、技术人员、商人），是他们造就了 PCR 技术以及产生该技术的社会环境，而 PCR 及其社会环境又反过来成全了他们”。

在这本书中，作者所描述的，不仅仅是一项具体的科学发明如何形成，而且还包括了范围更广的内容：从新兴的生物技术在美国崛起的过程以及相应的科技管理政策的演变，到作为这一新兴领域中生力军的高科技公司的发展壮大；从 PCR 最初作为原始的想法的提出，到它如何通过艰难曲折终于成为一项实用技术的经历；从美国高科技公司如何确立和调整自身的发展策略和彼此间的激烈竞争，到在这样的竞争中一个曾经成功的公司（即完成并拥有了 PCR 技术专利的西特斯公司）最终被出售的命运；从在公司中从事科研的科学家们各自不同的特性和工作方式，到他们之间的合作和因种种原因而产生的尖锐矛盾，以及这种人际冲突对实际工作带来的影响，如此等等。尤其是，贯穿于书中对当事人所做的生动访谈纪实，更使读者在很大程度上消除了与科学家的距离感，接触到作为凡人的活生生的科学家。这样，通过 PCR 技术的发明这样一个具体案例，真正可以使读者看到当今高科技发展的一个缩影，了解具有当代风格和特色的高科技研究开发是怎样进行的。

《PCR 传奇》一书的作者拉比诺本是美国加州大学伯克利分校的一位人类学家。但他对于科学史和科学社会学的研究却并不陌生。其实，以人类学的方式来从事科学社会学的研究也早有先例。例如，法国学者拉都尔以文化人类学的方式来研究科学家工作的《实验室生活》一书已经是科学史和科学社会学中社会建构论派的经典之作。《PCR 传奇》的作者也同样对科学社会学有着自己独特的看法。在科学社会学的发展中，几十年来，研究者对默顿为科学共同体的研究规范订立的准则不断地提出批评，并指出在科学家的观点和对科学家进行研究的那些学者观点之间出现了鸿沟。对此，拉比诺认为，其实，研究这些不同意见本身就是确立规范，是一种产生知识的实践。生物科学自我形象的"失真"，或者说，其不符合默顿所制订的那些科学研究规范，这一现象本身就是对人类学研究很有吸引力的课题。因而，他在回顾了前人的种种研究方法后，他明确地提出："过去对实验环境的经典性研究有一种重要的疏忽，它们都不反映科研工作者把科学作为一种实践和一个职业。有必要对这些过程和行为做些正规的叙述，因为它们其实是整个实验环境的重要组成部分。如果写出来，当然应该把它们放到科学研究的主流中来写。许多科学家已经在他们的日常生活中感受到了这种科学潮流的力量，尽管他们还没有机会认真地做些分析。所以，除了记载PCR的发明史和发明PCR的独特实验环境之外，这本书本身就是一个实验，它提出了一个问题——谁具有代表经验和知识的权威与责任。"

正是在这种思想的指导下，使得《PCR 传奇》一书的叙述独具特色。这也就是说，此书对于研究科学的社会运行的学者们，也是很有借鉴意义的。不过，现在出版者将这本具有很深的学术内涵的书作为一部科普著作来出版，倒也是一种有益的尝试。相信范围更广的读者们会认可这种尝试，理由也很简单：它在具有学术的深刻性之下，依然保持了很强的可读性。

科学普及中的科学与民主[①]

科学与民主的问题，由于其重要性，在环境能许可的条件下，总会被学术界所关注。然而，科学与民主显然绝不仅仅是一个学术问题。自从五四运动提出了在中国要引进“德先生”与“赛先生”之后，虽然人们越来越认识到这两位先生对于中国的意义，但至少在普及性的宣传中，或者说，甚至在目前由于“科教兴国”的政策口号下越来越成为热点的科普读物中，就真正能将这两者结合起来进行宣传来说，情况仍然不尽如人意。

长久以来，我国科普界和出版界似乎一直持有一种大可商议的观点，认为科学普及主要是普及科学的知识。实际上，这是一种相当陈旧的观念。当然，科学知识的普及是重要的，但这仅仅是科普之任务的一个方面而已。科普的另一个更为重要任务，应当是对科学精神的普及和宣传。而且，由于科学并不是在真空中成长发展，科学的发展总是与社会的环境及意识形态相关联的。在学术界，国外近年来科学技术与社会成为发展迅速的研究领域，更早一些，在科学史界随着外部史研究的兴起，有关研究已经积累了许多。而这些内容，本来就应该反映在科学普及的工作之中。

举例来说，在20世纪80年代末英国对中学科学教育改革的文件中，就明确提出，要求“学生应逐渐认识和理解科学思想随时间的变革，以及这

① 原载《自然辩证法通讯》1999年第2期。

些思想的本质和它们所得到和利用是怎样受到了社会、道德、精神和文化与境(context)的影响",并以此作为了解科学的本质的方式之一。而在像美国科普大家萨根的著名科普著作中,比如说在他最后一部名为《魔鬼出没的世界》的科普著作中,更是明确地谈到:"科学的价值观和民主的价值观是一致的,在许多情况下是无法区分的。科学与民主起源于同时同地,即公元前 7 世纪至公元前 6 世纪的希腊……科学和民主鼓励非正规思想的自由发展和激烈的争论。科学和民主都需要具有足够的理性、有条理的论据、证据的严格标准和诚实。"除了这种正面的论述之外,在其著作中,他还以大量的事例生动地说明了这些观点。比如说,像在对反科学的社会因素的讨论中,如达尔文的进化论的遭遇、纳粹统治下科学的命运、苏联在 20 世纪 30 年代后对许多科学理论的批判(特别是反对孟德尔遗传学的李森科事件)、美国对发展核武器和其他军事技术的争议等的叙述中,甚至在对欧洲历史上普遍有过的残酷地迫害女巫运动的回顾中,读者都会从中直接或间接地接触到科学与民主的关系的问题。

反过来,看看国内学者自己撰写出版的科普著作中,明显的一个倾向就是更为关注对具体科学知识的介绍,而将那些具体科学知识之外的内容尽量略去。更不用说对科学与民主问题的直接讨论了。这种倾向似乎也表现在科普著作出版者的出版理念中。这显然是一种令人非常遗憾而且应该有所改变的情形。

不论关于科学还是关于民主,以及这两者之间的关系,将有关的思想向更为广大的公众进行普及,对于我们的社会的发展将具有重要的意义。因此,我们呼吁,在目前科普著作的出版热潮中,能够有效地利用这块阵地,将科普这一功能充分地发挥出来。

自己的身体和自己的权利[①]

我们中一些人也许还记得，20多年前，在那个特定的历史时期，许多的家庭中都曾拥有过一本名为《农村医生手册》的书。当然，这和当时那个特定的时期、特定的环境有着密切的关系，例如，当时的医疗条件，当时对赤脚医生的宣传，当时读物的匮乏等。当然，并不是说有那么多的人都想通过阅读那本书成为医生（而且还是农村医生）。实际上，更多的人是将那本书作为了某种医疗保健手册来阅读。显然，那时绝大部分的读者恐怕很少会怀疑像这种“医书”中的内容也可能会存在问题甚至谬误。当时人们更难想象，几乎就在同时，在大洋彼岸的美国，竟会有一群妇女出于要掌握自己的身体、健康和命运的目的，在编写一本“由女性写的、为女性而写的”保健读物——《我们的身体，我们自己》，而在当时几乎不可想象的，是像《我们的身体，我们自己》这样离经叛道的书籍，现在竟然可以在国内出版中译本——尽管是在20多年之后，而且是以已经大大扩充、6次修订之后的版本问世。

但是，这一切毕竟是事实。即使在今天品种繁多的各类保健读物已经铺天盖地般地出版形势下，由知识出版社出版的译著《美国妇女自我保健经典——我们的身体，我们自己》一书，仍然以其独特的思想性、写作风格和略显激进的内容而独树一帜，令人耳目一新，并成为目前国内已经出版

① 原载《三思评论》（第二卷）。

的各类保健读物中的一本“奇书”。只是，要想真正理解这本奇书的内容和意义，就不能不对西方女权主义运动的某些发展和观点有所了解。

西方女权主义以妇女的解放为目标，认为长期以来在社会上起支配作用的意识形态是一种以男性观点为中心的意识形态，而且这种意识形态在社会生活的各个领域都有着深刻、持久的影响。相应地，这些女权主义者们对于像科学、医学和保健等等在传统中往往被认为是无可怀疑的学说，也进行了尖锐的批判性反思。至今，我们还可以在许多西方女权主义学者们的论著中读到这样的批判。《美国妇女自我保健经典——我们的身体，我们自己》一书，也正是在这样的背景下问世的。其作者们看到这样一个事实：在美国，长期以来，指导或描写妇女健康的书大部分是男性撰写的，或是在以男性为中心的文化氛围中成长起来的妇女撰写的（因为在20世纪60年代以前美国的医学界一直是男性一统天下），那些书中虽然介绍妇女健康的内容，但却没有女性的声音、立场和视角，自然也带有性别的歧视和种种偏见甚至谬误。显然，以这种方式写成的书籍不可能为妇女提供真正理想的帮助。正是出于这些原因，《美国妇女自我保健经典——我们的身体，我们自己》一书的作者们为了妇女的需求而开始集体写作。

该书的作者们写作的初衷就是：在该书中尽量多录入妇女保健方面的信息；让该书大胆说出广大妇女的不同经历和看法；影响尽量多的妇女，使其对自身保健和生命更负责任，敢于对现存医疗体系提出质疑和异议，并随时为其改善而奋斗；对改进现存医疗保健体系的男女予以支持；倡议努力工作，创造更公正的两性平权的社会，且在这个社会中，良好的健康不是奢侈，而是一种权利。而该书的中译本译者序言中，曾将这本书的特色定为：“针对妇女在保健中所处的劣势地位，本书作者以为：首先，要倡导提高妇女的觉悟，使她们认识到获得良好的保健是每一位妇女的基本权力，尽可能让更多妇女更多注意个人保健和个人生命。其二，深刻分析妇女在保健中受歧视、受压迫的种种原因，详尽介绍大量的政治、政策、法律、保健保险制度、医疗机构、社会保健团体、社区服务、病人权利等信息资源，以便使妇女们武装起来、组织起来,得到应有的支持和相互帮助,维护自身的保健权利。其三,本书作者认为,妇女们被保健体制忽视的症结,在于医生对医学知识的垄断和医生对病人的虐待态度,而病人对医学的无知则增加了医生任意处置病人的可能性,本书把使妇女获得保健知识作为提高妇女权利和能力的重要手段。”确实,应该说这种总结是非常准确的。也正是基于这种与传统不同的立场,使得《美国妇女自我保健经典——我们的身体,我们自己》一书有别于传统的类似读物。

如果说,西方女权主义最根本的出发点是对妇女的各种正当权利的要求,那么,在这些权利中,妇女对于自己的身体的管理控制权就是最为天然和本质的一种。而要获得这种权利,又必须首先对于自己的身体有所认识,而且这种认识还不能是被男权文化所污染了的。《美国妇女自我保健经典——我们的身体,我们自己》一书的内容也恰恰体现了这种要求。在该书的第一部分“照顾我们自己”中,就分别以女性特有的视角论述了像身体形象、食物、酒、调节情绪药物与吸烟、妇女与运动、健康与康复、整体疗法、心理治疗、环境健康与职业健康以及对妇女的暴力等内容。而作为针对妇女保健的特点,在第二、三、四部分中,关于性、生育和生育控制的内容,则构成了该书的主体。像书中名为“步入老年的妇女”的第五部分,内容也别具特色。这些内容除了对相关知识和具体可行的措施的介绍之外,文化色彩也非常突出。全书中时常插入的在正文之外的背景材料,更是同类读物中所不常见的。正如前所述,女权主义对传统医学和保健的许多观点和做法进行了尖锐的批判。如果说刚刚提到的这些部分的内容更贴近日常和实用的话,那么像关于疾病的内容等,也许就更为鲜明地反映出这本书的女权主义特点。例如,在对于成为外科常规手术的子宫切除和卵巢切除问题的论述中,作者除了具体医学知识的介绍之外,尤其指出,在美国每年约 65 万做子宫全切术的妇女中,至少有 30%~50%是完全没有必要做此手术的,另外 10%或更多的人则可以使用其他方法而无需手术。这样的内容,就不仅仅对于妇女患者是必要的提醒,而且也完全应引起那些过分沉迷于外科手术技艺（且不说由于经济的动力等等原因）而轻易决定切割人体器官的医生们的关注。当然，像这样的例子在该书中可以说是比比皆是。

其实，除了对广大妇女的实用意义之外，《美国妇女自我保健经典——我们的身体，我们自己》在文化和学术方面的意义也是不可忽视的，尤其是就女权主义或女性主义特有的观点而言。因为此书也反映出这一影响不断增大的领域中最新的倾向，使读者有机会倾听被主流文化淹没的老龄妇女、有色人种妇女、残疾妇女、离异妇女、同性恋妇女、第三世界妇女等各种各样妇女的声音，并体现了女权主义所强调的多元性：是为患者提供可供自我决策的各种选择，而不是替患者决策。但最关键的，是要把决策的权利交还给妇女自己。因为“决定什么，归根结底是决定她的身体，她的生命”。

如果谈到《美国妇女自我保健经典——我们的身体，我们自己》一书的女权主义文化和学术意义，该书的第七部分“妇女与医疗制度”可以说是最为直接和突出的了。与众多女权主义学者们对现代医学和现代医疗体制的批判相一致，该书的作者们也在提醒读者：“我们从小受的教育是‘要相信医学’，因此一开始我们很难认识到，我们受医学界宣传的影响有多深（有时甚至受其支配）。”而实际上，至少对于该书作者们所抨击的美国医学来说，“它的力量主要建立在几个公认的神话上”。因而，破除这些神话，就成了该书的重要目标之一。这样，我们也就不难理解为什么在这样一本关于保健的著作中，会将医学与社会对妇女生活的控制、作为社会控制机构的医学以及医疗事业中的金钱挂帅等内容加以详细地讨论。这种对于现代医学的批判也延伸到生物技术的领域，例如像对于著名的“人类染色体基因研究计划”可能会对女性带来的不利等等。尤其值得注意的是，该书对于“女医生”的分析。由于传统的巨大影响，即使在妇女获准进入医学界之后，“对大多数女医生来说，为医学训练付出的情感代价比（白人）男医生高得多，这是因为性别歧视、缺乏支持和外部要求的压力。这些压力加上本来就缺少人情味的医学训练，使许多妇女毕业后像男医生那样期待着名誉和地位。许多妇女急于证实,她们在以男子为中心的职业标准下,和男子一样有能力、能胜任临床工作、感情上超脱、经济上成功。但是,她们不愿对基本的医学观念提出质疑,她们实际上与男对手们没有什么区别,这些女医生也会使满怀希望的患者失望”。言外之意很明显,仅仅是天然性别的女性进入医学界并不意味着解决了医学中的性别歧视和由此带来的诸多问题。要在与医学相关的领域中使妇女得到公正的对待和获得正当的权利,关键还是在于一种性别意识形态上的根本性的变革。

当然,在《美国妇女自我保健经典——我们的身体,我们自己》一书中,像这样的例子,像这样富于启发性的精彩观点还可以举出许多许多。因此,此书不仅具有实用性,就是对于那些有兴趣了解女权主义观点的读者们,也是极有价值的。此书在国内的翻译和出版,对于推动我国的女权主义学说研究也是具有重要意义的。唯一令人遗憾的是,“考虑到中美两国文化的差异和我国出版的有关规定”,该书的中译本“对原书中有关部分做了删节,如:性关系中的同性恋部分、性教育中的某些具体细节、有关妓女的论述,还有17幅照片和插图”。难道说,我们在对于西方女性主义医学保健学说的引进了解中,这些内容是不必要的?其实,关于这些内容,不仅对于一般读者,就是对于学术界,也恰恰是最为缺乏了解的。当然我们可以理解译者和出版者的苦衷。这也说明了,虽然我们在思想的解放方面有了很大的进展,对若干年前几乎一直是禁区的西方女权主义的观点和学说也可以进行介绍和研究,但在这种介绍和研究中,禁区并未彻底消除,困难和阻力仍然存在,即使是在像医学保健这样的领域中。

他山之石的意义与无意义①

如果只从书名上来看，许多读者也许会误认为这是一本很专门化的、技术性很强的书。的确，《美国国家科学教育标准》中包含了许多专门面向教育界的专业性内容，但对于我国的读者，此书的意义却不只限于教育工作者，而是值得更多关心科学教育、关心我国未来科学发展的人们的关注。

就科学发展的水平而言，无论以什么标准来衡量，如诺贝尔奖获得者的人数、科研投入或教育投入，美国都可以说是首屈一指的世界强国。但是，美国人对自己国家的科学教育却并不满意，认为美国学生的阅读、理解和写作能力，对周围物质世界的领悟能力以及发展定量技术的能力都在日益下降，并决意要从根本上改变这种现状。于是，就有了20世纪80年代末出台的著名的2061教育改革计划总报告《面向全体美国人的科学》，以及相关配套的一系列文件。而在这之后，在美国国家科学院的国家研究理事会的组织下，经4年时间和数万人的努力，1996年《美国国家科学教育标准》出台。该标准不仅对所谓具有科学素养的人作出了十分具体的构想，而且也为美国的教育系统规划出把这种构想变成现实所应采取的具体行动方案。

就具体内容来说，《美国国家科学教育标准》包括了原则与定义、科学教师专业进修标准、科学教育中的评价、科学内容标准、科学教育大纲标准

① 原载《中国图书商报》1999年3月23日。

和科学教育系统标准等几部分。早在此书的英文版刚刚问世时，出于研究的需要，笔者就曾阅读了书中的部分内容，尤其是有关科学内容标准部分，并且发现，当我们将此书中为从幼儿园到12年级所制定的科学教学内容与国内大致相应的分科教学大纲相比较时，就会看到两者间所体现出来的巨大差异。例如，像对科学史和科学哲学等人文知识在科学内容标准中的诸多体现，就与我国类似教学大纲只偏重具体的科学知识的传授大不一样。当然，如果真要进行细致的比较的话，可以发现像这样的差异实在是太多太多了。这也不难理解，正因为此书的问世是建立在总结美国多年科学教育经验与失误的基础之上，并有如此众多教育界以外的学者参与研究，所以说，可以认为在它当中，含了许许多多可供我们借鉴的教育思想，尤其是科学教育思想。

尽管科学内容标准这部分内容在《美国国家科学教育标准》中占据了很大的篇幅，但此书的其他部分也同样是不可忽视的。对于一种理想的科学教育体系和模式，它们构成了一个有机的整体。而且在其他部分中，对于我国的科学教育具有重要启发性的观点也同样比比皆是。因此，此书中译本的出版，对于我们反思我国的科学教育的现状及问题，提供了一个对照的标本，可以说具有极其重要的参考和借鉴意义，这是不言而喻的。其实，我们之所以会关注这本原来是美国人为自己制定的科学教育改革的文件，也正是基于对我国科学教育，或者更广泛地讲，对我国的教育整体所表现出来的不尽如人意乃至种种有时甚至让人难以理解的严重问题的忧虑。

正因如此，阅读此书是可以引起我们许多的感想和联想的。这样的例子自然也可随手举出许多。例如，在《美国国家科学教育标准》一书有关科学教师专业进修标准中，就提到，“科学教师的专业进修要求对科学内容、对学习方法、对教学方法、对学生情况等各个方面都得有所了解，还要求把这些知识应用于科学教学”。读到这里，笔者不禁联想到曾听到过的一种颇为尖刻但却非常实际而又令人感叹不已的说法：美国（正像前面的引文所表明的那样）对于一个好的教师的要求，是要善于了解所教的学生（当然还有教学内容、教学方法等等),从而可以更好地教给学生知识和技能,而中国对一个好教师的要求,则是要善于揣摩出题人的心理,从而可以高命中率地押中考题!我们现在听到的要进行素质教育的呼声已经快将人的耳朵磨出茧子来了,但残酷的现实却是应试教育依然我行我素。这表明,对于我国的教育来说,体制的变革应该是一个更为根本的问题。

不论美国的2061教育改革计划及其相关文件,还是这里所谈的《美国国家科学教育标准》,其最根本的目标,都是面向所有学生。但我国目前高等教育发展的迟缓和对发展的种种限制,实际上是剥夺了许许多多未能跳过高考"龙门"的学生进一步学习的权利,也不可避免地有力强化了应试教育。其实,《美国国家科学教育标准》所体现的思想倾向,与我们所倡导的素质教育是非常相像的。但是如前所述,如果根本性的教育体制问题不解决,就算我们能够真正消化借鉴了美国人的经验,并制定出符合我国国情的相应的科学教育标准,也不可能真正地解决我国科学教育面临的种种问题。这或许就是本文标题所说的《美国国家科学教育标准》一书对于解决我国科学教育现实问题的无意义。

以性别的视角考察自然与科学①

关于近代科学，关于科学革命，长期以来，科学史界似乎一直有着“标准”的说法，而且这种“标准”的说法影响甚大，流传甚广。关于自然，关于生态，近些年来，随着环境保护运动的兴起和发展，也有许许多多的理论出现。关于妇女解放，自从19世纪中期到20世纪初的第一次要求平等的女权主义浪潮，到20世纪60年代激进女权主义的第二次浪潮，形形色色的女权主义理论和学说也相当引人注目。但自从70年代以来女权主义将批判从政治、经济、文学和艺术等领域扩展到哲学和科学技术的领域，形成了我们如今多译为女性主义的新形态。之后，在这个阵营中，出现了一种非常值得我们注意并且也至今仍为我们感到相当陌生的流派，即生态女性主义。在生态女性主义中，妇女的解放与对于生态环境的保护被有机地联系在一起，相应地，相关的女性主义对于科学革命之类的研究，也相当充分地反映在这一流派之中。80年代末，由美国环境史、环境哲学、环境伦理学研究者，同时更重要的也是女性主义研究者的麦茜特所著的《自然之死——妇女、生态和科学革命》一书，可以说就是生态女性主义早期的经典代表性作品之一。

按照《美国生态百科全书》中有关条目的解释，生态女性主义首先是一种激进的社会活动形式，其次，它也是关于对社会和环境的统治支配的原

① 原载《中国图书商报》1999年6月8日。

因、本质及解决办法的各种理论的名称。这些理论反映了来自生态学、历史、女性主义、文学、神学和哲学立场的多样性,包容了彼此间有很大差异的各种观点。就生态女性主义的最新发展来说,它已经远远超出了《自然之死》一书最初探讨的内容。但作为一本早期的经典之作,同时也是第一本生态女性主义著作的中译本,《自然之死》一书仍是值得我们予以高度重视和认真阅读的佳作,其中的许多观点对于我们今天仍具有重要的启发意义。

在《自然之死》一书中,正如其副标题"妇女、生态和科学革命"所表明的那样,其实它所包容的问题是相当广泛的:从对早期历史上女性的自然这种隐喻之意义的分析,到资本主义经济发展与欧洲生态环境的变迁之关系的讨论;从乌托邦的社会理想与社会有机理论和生态之关系的分析,到对文艺复兴时期作为有机自然观之基础的诸如新柏拉图主义自然巫术等哲学理论的总结;从对历史上对作为无序的自然之象征的女巫的审判的历史考察,到对历史上女性与生产和生殖的各种观点的回顾;从把作为新科学之基础的培根的新哲学纲领与对人们对自然的支配相联系,到对机械论自然观以及相应的机器隐喻之深层意义的挖掘;从对历史上几位对自然观有过重要论述的女性主义者的"再发现",到对代表着近代科学革命及相应的机械论自然观之顶点的牛顿和莱布尼茨学说的重新审视,如此等等。但总的来说,我们不妨将此书看做一本独具特色的、以女性主义特有的视角重新建构的自然概念演变的著作。

像其他出色的女性主义研究一样,《自然之死》一书,确实会给人首先留下一种深刻的印象:历史竟然可以这样写!当用性别的视角重新审视人们关于自然的概念的演变时,作者将以往科学史中被忽视了的许多问题突出了出来。尤其是,通过对于科学革命及其背景的考察,作者发现,在产生近代科学革命的16、17世纪,"一个有生命的、女性的大地作为其中心的有机宇宙形象,让位于一个机械的世界观。这里,自然被重新建构成一个死寂和被动的、被人类支配和控制的世界"。实际上,在这样的考察中,一个重要的出发点就是，作者将自然的概念和妇女的概念都看成是历史的社会的建构，无论是性、性别还是自然，都没有什么根本不变的“本质”特征。“每一个个体在其出生、社会化和受教育的社会里有许多观念和规范，正是吸取这些观念和规范，每一个个体组建关于自然以及他们与自然之关系的概念。”由此，《自然之死》一书，正是通过性别分析这种工具来揭示人类怎样将自然概念化，以及有机的自然观念如何转变为机械的、死寂的自然的过程，从而找出自然“合理”地受到人类的支配，并导致了种种对生态和环境之破坏的根源。

由于出发点和立场的不同，《自然之死》一书所展示的科学革命图像也与通常的科学史著作不同，虽然可以有所争议，但以这种眼光来审视科学革命，却在某种意义上给人以新的启示。而且，正是在伴随着机械论自然观的兴起而产生了近代科学的科学革命的过程中，女性以及与之相关联的自然均被后来西方的文化所贬低，因而，生态女性主义也就自然地将对妇女的解放与对自然的解放联系了起来。但是，在近代科学革命过程中发展形成的机械论自然观，至今依然在科学中占据着支配地位，而这与当今严重的生态环境问题是密切相关的。正如该书作者认为的那样，自近代科学革命以来，对于地球和环境的污染就一直受到“掌握自然”这种意识形态的支持。所以说，“生病的地球，‘肯定死了，肯定腐烂了’的地球，惟有在对主流价值观进行逆转，对经济优先进行革命后，才有可能最后恢复健康。在这个意义上，世界必须再次倒转”。问题只是在于这种“倒转”的基础何在。“《自然之死》所描述的历史变化之所以有意义的一个理由是，我们可能在今日正经历着类似的革命。支配着西方文化过去300年的机械形象，看起来正在被某种新的东西所替代。”该书作者也列举了近年来一些向近代科学革命的机械自然观提出挑战的新的科学进展，如玻姆的量子力学学说、普里戈金的新热力学和近来出现的混沌理论等，不过也有所保留地讲这些进展所指示的只是一个新的世界观的“可能性”。在作者看来非常肯定的是，“一个非机械的科学和一个生态的伦理学，必定支持一个新的经济秩序，这个新秩序建基于可再生资源的回收，这个生态系统将满足基本的人类物质和精神需要”。这当然是一种充满了希望的理想，而且，我们不应忘记，这种理想的提出，正是在《自然之死》对于人类的自然观之转变的历史考察的基础之上。

对于中国的现实而言，一方面，我们在生态哲学和生态伦理学方面理论的储备非常之少；另一方面，我们对于西方各种女性主义学说的了解也才刚刚起步。在这样的情况下，《自然之死》一书的出版，给我们在这两方面带来的都可以说是一场及时雨，更何况生态女性主义本身又是将对生态环境的保护与妇女的解放有机地联系在一起的重要学说。当然，在《自然之死》一书之后，生态女性主义也还有许多新的发展，尽管争议仍然存在，尽管离最终的答案也许还很遥远，但只要能够给人带来新的启发，为人们对生态环境保护与妇女解放的深入思考带来新的切入点，这本书对于我们的意义和价值就已经是非常巨大了。

圈中的陷阱①

记得不久前，很偶尔地在电视中看到一个不知是否属于商业性的节目，即一些人通过电视向亲人或朋友赠送一些祝福性的话。其中，有一位母亲向她的孩子送了一本书作为生日礼物，并祝愿她的孩子通过阅读这本书立志探索自然的奥秘。这本书，就是作家出版社 1997 年 10 月出版的译作《世界之谜麦田圈》。

显然，将《世界之谜麦田圈》一书很当一回事儿的人不会只是这位母亲。该书第一版的印数就高达一万多册，封面上印有很富于迷惑力的广告语——“与飞碟相提并论的世界第二大奇谜”，“全球千百家媒体争相报道，本书首次在国内全面介绍。是天体变异的信号？是地球灾难的预兆，或是……”等等，也有很自豪的“最新引进版本，独家发行”的标榜。对于一般读者，这些说法不能说不具有相当的诱惑力和相当的欺骗性。

其实，所谓的麦田圈之谜，就是指从 1980 年开始，在英国的一些麦地里，人们相继发现了一些麦子被压倒而形成一些图形的事。在 10 多年的时间中，这些图形由单独的圆圈逐渐变得构图越来越复杂，并且在英国之外也开始出现。这些麦田圈的起源，在人们没有搞清楚之前，就成了一个“谜”，引起了一些人的关注和“研究”。《世界之谜麦田圈》一书，是“许多专家集合了近 10 余年的研究成果”。但是，这些研究大多指向了神秘的、

① 原载《中华读书报》1999 年 6 月 16 日。

而且经常是与外星人或"心灵"学等相关的伪科学。正如附在书前的"编审的话"所介绍的，此书本是国外一家出版社出版的"幽浮系列"中的一本（幽浮即指不明飞行物 UFO）。在其他几本"幽浮系列"丛书中，还涉及诸如外星生命以及神秘的第三、第四类"接触"事件等。由此，我们自然也可以看出此书鲜明的倾向性。

对于不明真相者，《世界之谜麦田圈》在形式上也很有欺骗性，其中所汇集的论文大多以科学论文的格式写出，文中经常有很复杂的插图，并在文后附有不少参考文献。但若认真阅读，也还是可以发现其中的一些问题的。例如，其中有一位作者，就是用一种卜水用的魔叉棒来卜测的方法研究麦田圈，并"发现"了形形色色神秘的"能源线"之类的东西。更有一位作者将麦田圈按图形进行了独特的分类，将其与"古老的智慧"、"神的本质"、"万物的起源"和"神在自然界中的一切表现"之类的东西联系起来，与基督的力量和十字架联系起来，甚至认为麦田圈代表了宇宙能量的各种不同形态等。虽然该书的前言大谈"科学态度"，认为研究中的假设必须能够以科学的方法来加以测试，甚至以科学史为例暗示这将带来可与推翻托勒密的地心说相比的全新的观点和理论，但却也明白无误地承认，"对这些边缘现象感到分外有兴趣的都是一些非科学工作者"。总之，综观全书，可以让人相当确定地说，这是一本典型的伪科学之作。

其实，不要说外文的文献，就连中文的出版物中，我们也可以找到对"麦田圈之谜"的清楚的答案。美国著名科学家和科普作家卡尔·萨根在其《魔鬼出没的世界》（1998 年由吉林人民出版社作为"支点丛书"之一出版）一书中，就专门谈到过"麦田圈图案学"的骗局。答案非常简单：在 1991 年，有两位来自英国南安普顿的人就已经承认，过去 15 年中，他们一直在"制作"这种麦田圈图案，目的是"梦想一夜成名"。因为"他们觉得有关 UFO 的报道非常好玩，他们想，愚弄一下那些轻信 UFO 的人可能挺有意思"，于是用像钢棍、木板和绳子之类的工具造出了形形色色的麦田圈。结果，他们的"作品"终于引起了人们的注意，并为其他人所仿效。即使在他们坦白了自己的恶作剧之后，仍有人在继续着他们的游戏。据萨根介绍说，1994 年，企鹅出版社就出版了根据翔实的资料对此事之内情进行报道的《圈内的环绕》一书。

由此可以提出的问题就是，作家出版社在出版《世界之谜麦田圈》这样一本典型的伪科学之作时，是否考虑到了上述这些背景？是否考虑到了这样一本伪科学之作对国内不明真相的读者的误导？对于本文在前面提到的那位不明真相的母亲以及她所寄予厚望的孩子，此书的出版者将负有什么样的责任？

《世界之谜麦田圈》中“编审的话”里最后一段说：“西潮涌入东方后，西方的科技完全被东方照单全收，到近 10 年来的逐一过滤，国内一股新的科技文化为因应世界走向而成形，这股成形的力量是否也将结合麦田圈的复杂性而更趋成熟？或许麦田圈的神秘能带给大家更多的期许与危亡。”

但愿不是这样。

不完整的经典之作①

如果不是很专业的理论物理学家，或是对物理学史有特殊兴趣的人，奥地利理论物理学家厄任费斯脱(Paul Ehrenfest，亦译埃伦菲斯特，但不知为什么，笔者总觉得目前厄任费斯脱这种被“规定”的译名不像人名)的名字恐怕绝对地是陌生的。正如《保尔·厄任费斯脱——20世纪初著名的理论物理学家的成长历程》这部传记的作者在书中按俚语所讲的那样：“Paul Ehrenfest这个名字从未被世人所普遍了解，甚至在物理学界也没有他应有的知名度。Ehrenfest有许多单项的成果，但没有一个重大理论以他的名字命名。”尽管如此，不论是出于对物理学史的关心，还是出于了解科学家生平的兴趣，甚至只是出于对科学史传记的爱好，美国著名科学家史马丁·克莱茵所撰写的这部科学家传记名著都不应为人们所忽视，而它的中译本的出版，更是一件值得庆贺且有意义的事情。

其实，在科学的发展中，科学家们本来就是形形色色的，由于科学家们各自不同的个性和风格，对科学发展作出贡献的方式也自然很不相同。但即使在这种观念中，厄任费斯脱这位人物依然显得异常独特。从具体的科学贡献来讲，他的工作主要涉及统计力学和量子理论，但他的工作方式和风格，决定了他不像那些把名字与重要的定律、定理、方程、公式等联系在一起的著名人物一样，而是更多地体现出作为一位极其出色的教师的作

① 原载《中国图书商报》1999年8月17日。

用。他是一个非常不寻常的理论物理学家,被誉为“物理学的良心”。因为“没有人比他更全身心地致力于创造20世纪物理学的基本概念的工作,也没有人比他更全力以赴地在新发展的浪潮中努力保持物理学的明确性与可理解性”。爱因斯坦曾评论说:“理解别人,获得别人的友谊和信任,帮助任何卷入内外斗争的人,鼓励年轻的人才——所有这些都是他真正的才能,这种才能有时几乎胜过他解决科学问题的能力。”著名量子物理学家泡利则评价说:“在科学中客观地批评,不论如何尖锐,只要是始终一贯地完全地思考得出结果。这总是起刺激作用并富有成果。在我们看来它(Ehrenfest的科学工作)就是上述持久真理性的生动证明。”确实,也正像这部传记的作者所指出的,厄任费斯脱“最好的工作是在合作过程中”。在这种合作中,在这种批评和讨论中,或许他人的受益要更大。而且,“他的工作专注于基本原理的问题……几乎所有的论文都是探讨原则性的问题。他不进行匆忙的写作,他也不仅仅为了理论分析去写文章”。对于他这种人,“科学是他们自己的特殊运动,通过这个运动,他们寻找生动的经验和得到一种满足”。正是由于这种特色,在一般的科学史或物理学史著作中,人们或许不会频繁地见到厄任费斯脱这个名字,但在这部出色的传记中,通过作者对有关背景的细致描述,通过对传记的主人公的科学贡献的讨论,通过对传记主人公与其他科学家之关系的揭示与分析,读者将从一个特殊的视角得到对本世纪初物理学发展的认识和理解。此传记的这种功能是其他物理学史著作所无法取代的。

这部传记的作者克莱茵不愧是一位科学史大家。他以史学家的严谨和生动的笔触,对以这样一位特殊人物为对象的科学传记处理得得心应手,既有对传记主人公生平颇具可读性的叙述,也有对科学背景和与传记主人公相关科学工作的准确讨论,并且将这两部分内容结合得生动自然。虽然在部分章节中,较为专业性的科学内容会使一般读者在理解上有些困难,但如果跳过这些段落,书中其他的部分的描述,仍会将一位栩栩如生的科学家的形象展现在读者面前。当然,对于那些具备必要科学训练的读者来说，就更加能够体会到这部传记的精妙与独到之处了。正因为如此，可以说，在众多关于20世纪物理学史的著作中，厄任费斯脱的这部传记已经成为经典文献之一。

值得指出的是，目前出版的这部传记其实只是计划中的第一卷。作者在按语中也谈到，该书的第二部分是关于厄任费斯脱最后15年的情况。在这期间，他的影响已经非常之大，而且，“这时他在试图驾驭迅猛、复杂的物理学的进展，妥善处理他自己生活中的问题和对付1933年严峻的世界形势时，达到并超越了他智谋的限度”。我们知道，厄任费斯脱的老师、著名物理学家玻耳兹曼最后是以自杀来结束生命的。像他的老师一样，厄任费斯脱这位既有才华又因对自己要求过于严格而时有抑郁和某种自卑感的科学家，在希特勒掌握了德国的政权并大肆迫害犹太人的政治环境下，终于如爱因斯坦所说，未能摆脱每一个有良心的年满50岁的教授一定会遇到的危机，也在绝望中以自杀的方式离开了世界。所有这些许多人同样关心和渴望了解的内容本应在传记的第二卷中被涉及和讨论。但实际上，自从此传记的第一卷在1970年出版后，传记的第二部分，或者说第二卷，一直没有问世。据一种说法，原因只是作者后来兴趣有了转移，不再想继续写下去而已。但仅仅一部不完整的科学家传记，居然也被科学史家们看做是经典之作，这倒也可以算得上是科学领域中不常见的奇观之一。或许正是由于这半部传记的成功与经典性，后来便一直既未有人敢作续貂之举，也未有人重新写出更完整、更成功的厄任费斯脱的传记。有兴趣的读者们恐怕只有将继续阅读的希望寄托在未来了。

令人遗憾的是，也许是出于销售的考虑或其他原因，除了细心的读者会在中译本有关版权信息的外文部分发现一些线索之外，虽然该书的副标题表明该书是关于厄任费斯脱这位“20世纪初著名的理论物理学家的成长经历”，但无论译者还是出版者，在书中任何地方都没有提到这部著作的不完整。其实，现实就是如此，尽管并不完整，经典之作依然是经典之作。对此，又何须讳言？

权利的延伸[①]

在我国，谈到对生态环境的保护，一般来说，现在人们不会存在异议。从最上层讲，保护环境已经成为我国的基本国策；从最下层讲，近年来各种来自民间的环境保护团体也在不断涌现，尽其所能地从事着各种实际而具体的环保工作。当然，我们也看到身边的生态环境在不断加速恶化的趋势，人们深受其害，也看到在各种场合下生态环境保护工作极其不尽如人意的现实。在这当中，原因显然是多方面的，但在多方面的原因中，对相关生态伦理理论的思考和研究的极度欠缺无疑是重要且不可忽略者之一。

在国内，虽然不能说完全没有对生态伦理学的研究和传播，但其薄弱和不足却是有目共睹的。尽管国内近年来也有数本由国内学者撰写的生态伦理学著作出版，不过由于包括历史传统、学术积累、文献资料等等的限制，如果以国际的水准来衡量的话，其质量还远不能令人满意。甚至于在研究生态伦理学的学术圈子里，前两年还令人啼笑皆非地打起了连争论者本人都未能明确定义的所谓的“人类中心主义”和“非人类中心主义”之间的笔仗。尽管国内近年来也有若干本与生态伦理学相关的经典性的绿色名著出版，如卡逊的《寂静的春天》、利奥波德的《沙乡年鉴》，甚至更激进些的如辛格的《动物解放》和麦茜特的《自然之死》等，但这些著作的出版仍远不系统，而且也很难让人将这些零星的绿色名著串联起来，准确地定位在

① 原载《中国图书商报》1999 年 11 月 30 日。

生态伦理发展进程的相应位置上，更不用说对生态伦理观念史的整体认识了。正是在这种意义上，由美国研究环境运动史的资深学者纳什所著的《大自然的权利》一书的出版，才显示出其特殊的重要意义。可以说，这是国内目前关于西方（主要是美国）生态伦理学史方面的最全面、最系统的一本专著。

在《大自然的权利》一书中，一条极其明晰的线索，就是人类在其伦理观念中对权利的范围的扩展，正如该书开篇所言："本书关心的是'道德应包括人和大自然之间的关系'这一种观念的历史及其含义。立足于美国的思想史，本书将追溯这样一种信念在近现代的发展，这种信念认为，伦理学应从只关心人（或他们的上帝）扩展到关心动物、植物、岩石，甚至一般意义上的大自然或环境。思考这个问题的一个方法，是考察伦理学从关心人类特定群体的天赋权利到关心大自然中的部分存在物或（某些理论家所主张的）所有自然物的权利的进化过程。"不仅对于一般人，甚至对于我国大多数伦理学研究者乃至环境理论的研究者们来说，在这样一种历史考察中所揭示的内容也是很新鲜的。对于哲学史上关于"天赋人权"之类的学说，或许我们还不算陌生，但对于在这样更久远的背景下延伸出来环境伦理思想，特别是从19世纪后期直到20世纪最新的当代生态环境伦理思想发展的整个链条，包括基督教的"绿色化"趋势和很少被系统介绍的深层生态学理论，恐怕我们就所知甚少了。而这种必要的知识背景的缺乏，导致了我国生态伦理学的研究的水准低下，导致了我国生态环境保护的理论基础的薄弱。

将权利从人类扩展到自然，这样一条主线说起来也很简单，但在《大自然的权利》一书用这样一条主线串起来从而使得纲目分明的对生态伦理学发展史的考察叙述中，我们却看到了极其丰富多彩的思想，看到了众多思想家在沿这条主线而发展其各种重要学说的努力。也看到了在这种发展中形形色色的争议和斗争。其实，尽管有着漫长悠久的发展历史，但只是到了20世纪70年代，随着人们对环境问题的高度关注，代表着伦理学理论范围之最大扩展的环境伦理学才真正兴起，环境哲学这门全新的哲学学科才算诞生。更广泛地讲，其产生的背景也部分地正是由于“20世纪60年代对黑人的权利、妇女的权利、越南人的权利、在某种较弱的程度上还有美国土著人的权利、同性恋者的权利、胎儿的权利、老人的权利和学生的权利的关注”，并“重新激起了人们对动物在美国自由思想中的地位问题的兴趣”，乃至对非生命的自然界的权利的关注。由此看来，伦理学中这种权利的扩展的观念在美国被相对广泛地接受的时间并不长。虽然《大自然的权利》一书以非常精练甚至经常过于简要的风格叙述历史，我们仍可以看到在这条发展道路上久远的思想背景和无数必要的、不可缺少的环节。

从历史的方面考虑，对于中国的读者，阅读此书会有特殊的启发作用。如果说，该书作者将叙述的内容主要限于美国在某种程度上的做法是一种局限的话，这种局限也部分地有其自身的道理。正如作者所言，“权利应超越人类，至少应延伸到高等动物身上去的观念，在英美两国的思想中有着深厚的根基”。这种说法虽可争议，却也部分地有其道理。相比之下，在国内一些学者包括台湾学者从诸如“天人合一”的观念作为背景来讨论中国历史上与生态伦理相关的历史发展的著作中，如果抛开那些牵强的联系不论，我们不难看出，在中国历史上无论就数量而言还是就深度而言都很少有那么多对应的思想和理论，甚至于连对人类自身权利的关注也还都远没有达到相应的程度。从现实的角度讲，对比作者叙述的美国的历史发展，我们会看到，在当前国内环保界占主导地位的，仍主要是在生态伦理学发展史上早期的那种不彻底的、具有人类中心主义色彩的、更为功利性的“资源保护主义”观点，而远未达到像深层生态学那样更为彻底、更为整体化的伦理观。这种局面也说明了为什么即使在国内的学术界也还仍难以理解更不用说全面地接受人类之外的自然界的权利和价值了。

关于对生态环境的保护，各种不同类型的努力是形成了一条连续性的谱带的，从最实际、最具体的行动，到表面上与具体行动似乎没有什么相关的纯理论性哲学研究。但在这两极之间，确实又存在着密不可分的关联。

很自然地，在《大自然的权利》这本书中，作者亦将历史的叙述延伸到了最近，评述了在美国那些因伦理观念的变化而带来的保护生态环境的具体行动——从环境立法直到与破坏生态环境的势力的暴力对抗以及面对相应的新的难题。相形之下，我们不难联想到生态环境保护工作在中国不理想的现实及其与我们占主流地位的伦理观念之间的联系。这确实是一个迫切地需要面对和关注的现实问题。其实，不论在理论上还是在行动上，人类对生态环境的保护都是在不断地探索中，相应的争论也许会长期地继续下去。但是，知道在历史上别人是怎样想和怎样做的，这起码是最基本的第一步。

一个真实生动的爱因斯坦①

如今,至少在有文化的人们当中,谈到相对论,恐怕很少有人没有听到过这个词。而相对论的创立者爱因斯坦的名字,则更是家喻户晓,它几乎成了杰出科学家的某种象征和标志。有人曾评价说,在有史以来的众多科学家中,最伟大者,除了牛顿之外,就是爱因斯坦了。其实,除了大名鼎鼎的相对论之外,爱因斯坦在物理学的其他领域中,如在量子理论和统计物理学的发展中,以及在统一场论方面,也都做出了杰出的贡献。甚至于,在关于哲学和社会政治事务方面,他所撰写的文章的数目也很多,所产生的影响也同样巨大。

正因为如此,不仅科学家,连普通人在内,对爱因斯坦也都异常关注。在全世界范围内,形形色色、层次不等的爱因斯坦传记出版了许多种,研究爱因斯坦的书籍和文章更是不计其数,这正反映出人们对于这位天才科学家,对于这位在原本含义上真正的知识分子的工作、生活和思想的浓厚兴趣。但是,传记只是关于科学家的读物之一种,任何一部传记,无论多么详尽,在具有传记的优势的同时,也必然有其局限。因此,除了通过由科学史家、科学家及其他传记作者所写的爱因斯坦传记来了解这位伟人之外,人们也需要通过其原始的著作来了解、学习和研究爱因斯坦。以往,在中国,关于爱因斯坦最详尽的原始文献,是由著名科学史家许良英先生等人编译

① 原载《中华读书报》2000年2月16日。

的三卷本《爱因斯坦文集》。自从20世纪70年代出版以来，这套《文集》一直常销不衰，在科学界之内，也在科学界之外，产生的影响比任何其他科学家的著作都要更为深远，更为巨大。

但是，就爱因斯坦的地位和影响来说，这一切还都不够。无论在国内还是在国外，为著名人士出版全集都很常见。至于为科学家出版全集，国外要更常见些。自从爱因斯坦在20世纪50年代逝世后，直到70年代，为爱因斯坦出版全集的工作才在美国开始启动。《爱因斯坦全集》第一卷最终由美国普林斯顿大学出版社出版时，已经是1987年了。如此之久的拖延，有许多原因，其中最主要者之一，可以说是《爱因斯坦全集》的编者们认真、精心、细致的工作方式。仅就目前在美国已经出版了的几卷来看，编者们确实是尽可能详尽地搜集了一切可能找到的与爱因斯坦有关的档案材料，从出生证，到学校的成绩单，到听课笔记，等等。当然，异常丰富的通信、曾发表和未曾发表的论文更是重要的主体材料。而且，编者们并非简单地将收集到的材料堆在一起印出来就算了事，而是对每一份文件的出处以及其中有疑点和需要解释的问题都进行了仔细的考证，给出详细的注释，并以学术性很强的编者按的形式对相关重要问题的背景作了详细的介绍。这样，展现在读者面前的，就是系统、真实、可靠的史料。对于研究者、普通读者和一切对爱因斯坦有兴趣的读者来说，一个真实的爱因斯坦的形象就在其中活生生地浮现出来。

对于科学家来说，确立了其地位的当然首位地是其科学工作。在《爱因斯坦全集》中，由于最全面、系统地汇集了其科学论文和手稿，对爱因斯坦的科学工作的反映显然是非常权威的。但是，科学是由科学家的工作构成的，而科学家除了其科学工作之外，同样也是有血有肉的人。不了解在日常生活中科学家的为人，不了解科学家平日的喜怒哀乐，不了解科学家平日在各种非正式出版物中表现出来的思考，也就不可能完整地了解和认识这位科学家。以已有中译本的《爱因斯坦全集》第一卷为例，在其中除了像他在学校学习期间的有关档案记录和听课笔记这样通常难见的珍贵文献之外，主体是他在1902年以前的通信，包括他写给未来的妻子的41封信，以及对方回复的10余封信。这些珍贵的原始材料，真实地反映了爱因斯坦早年的爱情生活，他早年对科学问题的一些重要思考及一些重要科学观念的萌芽亦体现在其中。其实，在此之前，国外也曾出版过像《爱因斯坦情书》这样的选本，国内也有相应的中译本出版。但那样的读物似乎更有迎合某种商业和世俗的需要之嫌。同样的，或者说更准确、更丰富并经专家考证注降的文献出现在《爱因斯坦全集》中，就给人以完全不同的感觉，而真正成为爱因斯坦丰富多彩的人生的一个有机的组成部分。

《爱因斯坦全集》中文版出版说明中明确地指出："阿尔伯特·爱因斯坦不仅是20世纪最杰出的物理学家，而且是一位富有哲学探索精神的思想家，同时又是一位具有高度社会责任感的真正意义上的知识分子。对他的科学成就、科学思想、政治言论及生平的深入研究，势必成为科学史界普遍关注的话题。""《爱因斯坦全集》的编辑出版，是国际科学史界的一项大工程，它不仅可以填补科学史上的一些空白，而且可以澄清一些广为流传的谬误，其学术价值和文化积累意义是不言而喻的。"如前所述，中国的读者对于爱因斯坦也同样非常关注并且兴趣浓厚。因此，湖南科学技术出版社组织翻译出版《爱因斯坦全集》中文版，确实是一件有胆识、有魄力的壮举。其重要意义甚至要超出出版者在中文版出版说明中的提法。也即这部全集的出版不仅仅对于科学史界具有很大的学术意义，对于一切想深入了解和认识一个完整、真实的爱因斯坦的普通读者，也同样意义非凡。从目前已经出版了的《爱因斯坦全集》中文版第一卷来看，其精细的翻译、编排和精良的印刷装帧，甚至完全可以使其成为收藏者们的精品。《爱因斯坦全集》中文版第一卷的出版是一个重要的好开端。据说，由于有关新材料的不断发现，原版的《爱因斯坦全集》出齐时将超过40卷。那么，在看到《爱因斯坦全集》中文版第一卷正式出版，第二、三、四、五卷亦将陆续问世时，欣喜之余，也不免隐约有些担心，担心由于这一工程之规模的巨大，随国外原版过程的过长延续，中文版的组织、翻译和出版工作是否会由于经济等方面的原因而善始善终？当然，我们希望这项巨大的工程能够功德圆满。因为像这样的工程才真正是出版界为我国科学和文化建设所做的超级贡献。

人类的历史始终处在发展之中。人类对历史的认识也在不断地完善。传统中历史的主体更多的是政治史，主角主要是帝王将相之类的统治者。随着人类和社会的发展以及人类对历史的认识的深入，科学史逐渐成为历史中的一个重要组成部分。如果说，对于政治史的研究，像帝王的起居注之类的文献，也仍有出版价值并尚在不断出版的话，那么，相比之下，像《爱因斯坦全集》这样的科学史史料的出版价值显然要更为重大。关于《爱因斯坦全集》的重要意义，在其原出版者的前言中已经说得非常清楚了。这就是："爱因斯坦曾经明白说出他的愿望，即对他不应当有任何有形的纪念馆或纪念碑；我们相信他的全集就是他的纪念馆和纪念碑。他有历史感，知道他自己的工作价值。他不仅献身于科学，而且从最广泛的意义来说，他致力于人类的福祉。他曾经有过而且将继续对人类有着巨大的影响。我们希望他的全集这一版本会使得我们更充分地了解阿尔伯特·爱因斯坦这位非同寻常的人的思维方式、方法，他在他的时代中的地位，他对知识的贡献，他为人类所作的努力。"

所有《爱因斯坦全集》的读者，都是爱因斯坦这一纪念碑的瞻仰者。

终结者的反思①

一段时间以来，在出版物中，以“终结”作为标题的书籍似乎总是受到特殊的关注。终结当然是以发展作为其对立面。不论是“历史的终结”，还是“科学的终结”，尽管这些论题远还没有定论，但有一件事是显然的，即当人们对于终结给予特殊的关注时，实际上是出于对发展的格外关心。谈到发展，近来更有一个使用频率极高的用语，即“可持续发展”。虽然这是一个含义丰富且内容深刻的概念，不论就起源来说还是就其适用范围来说，可持续发展概念都要超出单纯的生态环境保护的范畴，但在更多的场合下，它给人们带来的联想，往往还是与生态环境保护相关。这也就是说，在最大范围的人类的意义上，如果谈发展，我们是无法避开生态环境，无法避开自然这一所有发展的根本基础。

正因为如此，在各类关于“终结”的书籍中，《自然的终结》一书有其特殊的重要性。不过，此书所谈的终结的概念，与像《历史的终结》和《科学的终结》那些书中的概念又有很大的不同。而且，作为被终结了的“自然”的概念，也非是人们最常见的那种意义。如作者麦克基本所说：“所谓自然的终结，并不意味着世界的终结，雨仍然在下，太阳仍然在闪耀着光芒，尽管与从前已经大不一样。我所说的‘自然’，是人类对于世界的观念和我们生活于其中的空间的集合。但是，伴随着我们周围发生的那些能够为科学家

① 原载《中国图书商报》2000年3月7日。

测量和枚举的真实的变化，我们关于自然的观念也将走向死亡。”麦克基本在书中所论述的，是一种原始的关系的终结：“当我说我们已经终结了自然的时候，很显然，我的意思并不是说自然的过程已经停止了。阳光还是那样灿烂，风还在刮，万物还在生长着、衰败着，光合作用还在继续着，呼吸还在进行着。可是，我们至少在现代社会里已经终结了为我们所界定的自然——与人类社会相区别的自然。”或者说，因为人类已经变得如此强大，已经有力量可以并且已经改变了周围的一切，至少是在地球上使那没有人类烙印的天然自然近乎于消失，而代之以深深地打上了人类印迹的人工自然。正是在这种意义上，《自然的终结》一书才提出，我们人类作为一种独立的力量已经终结了自然。

《自然的终结》一书被吉林人民出版社列入《绿色经典文库》出版，它确是一本非常出色地讲述环境问题的绿色著作。有人评论说此书已经占据了与卡逊的《寂静的春天》那样的重要位置，如果确是如此，当然可谓经典。但此书毕竟初版于20世纪80年代末，到今天还只有10年多一点的历史，是否真会进入经典的行列也许还有待未来的评价。但无论是否经典，都不会影响阅读此书的意义。正是以上述关于自然的终结的理念为纲，此书相对完备地以地球上的温室效应为核心案例来做叙述、论证和预言，而且将当时已经存在的各种证据，包括当时的争论，以颇具可读性的写法道来，使本来科学性很强的一些问题亦可为常人所理解。如今，在该书初次问世10年后，我们已经越来越体验到温室效应对于身边的世界的影响，正像该书作者在去年所补充说的那样，历史上最热的10年中有7年发生在本书出版以后，1998年是气温大幅度提高的最热的一年，全部气温都超过了1961—1990年的平均温度，当然，还有许许多多其他的反常现象。由人类给地球所带来的变化，使得“真的没有百年一遇的事件了”。虽然在作者的意义上，就人类带来的“自然的终结”而言，温室效应只是有代表性的一种，但在作者出色的叙述下，仅仅温室效应这一案例便足以令人触目惊心地理解了作者要阐明的观点——向读者表明以此方式发展下去人类将面临可怕的前景。

或许是由于更加关注其特殊的“自然的终结”的论点，虽然《自然的终结》一书对于近期人类给自然带来的种种灾难性的变化的形象讨论给人留下深刻的印象，但另一方面，该书对于未来的展望却还是留有某种余地的。例如，该书作者认为：“从人类的童年时代就环绕着我们的独立力量，不能够与我们的人口、我们的习惯共存了，我们或许能够创造一个能够支撑我们的人口和我们的习惯的世界，但是那将是一个人工的世界，一个空间站。”如果只是这样，那人类失去的还只是天然的自然而已，在这样一个非天然的人工自然中，人类毕竟还可能生存下去。其实，如果人类再不改变自己的许多习惯，某种可能前景要远比这糟糕得多，甚至于使人类本身走向灭亡。这使我们不禁想起另二位小说作者在《侏罗纪公园》中的说法，即在现实中，我们对自然界确实带来了相当大的破坏和更多潜在的威胁。但面对自然界，人类又是如此地渺小。从某种意义上来讲，“我们的星球并没有什么危险，面临危险的是我们。我们并没有力量去毁灭这个星球或是拯救它。但我们却或许有能力来拯救我们自己”。

如何来拯救呢？《自然的终结》一书认为：“或者，很可能我们会改变我们自己的习惯。”不过，无论从历史还是从现实来看，这实在是太困难了。从乐观的角度讲，即使在绝不会是很短的时间之后我们艰难地做到了这点，使得人类能够在地球上幸存下去，就《自然的终结》一书所内在地规定了的悲观结局来看，那也不过是在一个“被终结了的自然”的环境中苟延残喘而已。

现代立场与科学式的《圣经》[1]

一般来说，有些文化的人，不管读过没读过，至少总会听说过《圣经》这部伟大的著作。当然，谈到伟大，可以从不同的意义上来理解，在宗教的信仰者与无神论者的理解中，《圣经》的伟大就绝不会是同样的。但无论如何，我们无法忽视的一个事实是，《圣经》这部经典深刻地影响了世界文明的进程，深刻地影响了西方的文化，甚至直至今日，其中许多观念仍是西方社会的主要道德基础，渗透到现代民主社会的众多法律之中。作为一部典型的宗教经典，除了道德伦理的问题之外，《圣经》也不得不回答世界的起源和世界的演化问题，不得不涉及自然观的问题。不过，显而易见的事实是，不论作者是谁，在几千年前写作《圣经》时，其关于这个世界和人类自身的科学的知识，绝对是无法与我们今天所拥有的认识相比的。这种矛盾也成为当今许多对《圣经》的内容及真理性提出质疑的重要原因。

《圣经》要涉及对于自然、对于人类的认识，科普著作也要涉及同样的内容；《圣经》已经成为历史的经典和许多人精神的指南，科普著作也至少希望能够向此目标努力。既然如此，在现代知识的基础上，以现代立场再加上《圣经》的风格，重新写出一部科学式的《圣经》，倒也，不失为一种科普写作形式的创新。新近由海南出版社引进翻译出版的《爱因斯坦的圣经》，就正是这样一部著作。该书的原书名为，*The Bible According to Einstein*，译

① 原载《中国图书商报》2000 年 12 月 5 日。

成《爱因斯坦的圣经》不能说不对，但也可能给人带来误解。虽然是打着爱因斯坦的旗号，爱国斯坦本人是否真会同意其中全部的观点，也还大可存疑。其实，在这里，爱因斯坦的名字不过是现代科学立场的一个符号，一种象征而已。正如作者所言："《爱因斯坦的圣经》一书的目的在于，以近似《圣经》的风格与形式来表述现今人们对自然规律的最佳理解。"

虽然使用了圣经的名义，但像这样一部著作是否真的能够取代经典的《圣经》，恐怕作者也不会有此梦想，读者更不必过于当真。不过，既然采用了《圣经》的形式和风格，内容也就会相应地受到影响，不能只讲狭义的科学，而要涉及自然、人类、宗教、伦理和历史，从而与传统中标准的科普著作有所不同。其间，科学虽然是其精神的核心，却也只能成为内容的一部分，科学与宗教的协调也成为必须要解决的难题。该书作者也意识到了这一点，知道宗教与科学是无法混合的，就像油和醋一样。于是，《爱因斯坦的圣经》便成了一种将油和醋充分搅拌并添加合适的调味品后形成的产物。平心而论，油和醋也都是人们日常的必需食品，《爱因斯坦的圣经》的调制，味道还是相当不错的，食之，可以相对保持营养的均衡，避免通常科普读物只重科学的偏食现象。就像许多人读《圣经》一样，无需从头至尾地通读，而是随手从枕边取来，随机地读上一段。倒也真能增加不少见识，私学与历史，便在潜移默化中被接受。这也就足够了吧。

在《爱因斯坦的圣经》一书中，对于科学知识的提要性介绍主要集中在其前半部分《新约》中，后半部分的《旧约》则基本是立足于今日科学的立场重述自然史的演化。值得注意的是，在其《旧约》的最后一章"新生代之第六书：更新世"的结尾处，对于人类与人类自身、人类与环境的关系的论述更有某种现代的忧患意识："在不久的将来，地球子嗣的根绝活动还会继续下去，因为人类无法停下手来。人类明白问题存在，但他的数量太庞大了。地球上已经有数十亿人，一切都已经太晚了。"在比喻中，人类，成了地球上的癌细胞。"癌症对地球提出无边的要求。它在衰弱并开始消耗地球……大自然能够做什么？大自然无法阻止人滥杀。大自然在人类的身上种下了为所欲为的本能……进化的法则必须走完自己的路。人们只能等待，直到危机到达顶峰……也许，人类会转向人类，进行大规模的自相残杀。那就是最后的大屠杀。这次大屠杀会使人类引起的大规模的灭绝活动告一段落。此后，也许会有一个男人和一个女人活下来，他们会等待方舟的到来，人类生命重新开始。”

这里还真有点儿《圣经》的意思。至少，在整体的悲观中，还留下了一线希望。

聚集科学文化出版策划人①

关于科普著作的出版，无论从国内还是从国际的视角来看，都经历了不同的发展阶段。相对来说，在国外有关科普著作的出版要领先一些，这种领先主要反映在写作和出版的观念上。例如，西方一些发达国家很早就从纯粹知识性的科普著作发展到思想性更强、更多地将社会和文化的内容渗透到科普著作中，并提出了公众理解科学的新观念。当然，知识性的科普著作也仍在各种类型的科普著作中占有一席之地。

自从改革开放以来，国内的科普出版开始出现新的转机，一些引进版的优秀的科普著作得以在国内出版。例如，笔者至今仍清楚地记得，20多年前，在上大学一年级时，曾有一位数学老师在课堂上专门推荐了一本科普书——《从一到无穷大》。这本书对于头一次接触高档次科普著作的读者来说，确实能够给人留下极其深刻的印象。记得当时把此书借来后，几乎是像读通俗小说似的一口气读了下来。也可能是初次接触这类书的缘故，以后再读其他的科普著作时，再也没有了这种最初的特别的感觉。这一方面固然可能是因为有初次接触优秀科普著作后的兴奋感和后来兴奋感渐渐趋于平淡的原因，但另一方面，国内所出版的高质量科普著作数量相对较少也显然是重要的原因。

近年来由于国内对科学的重视，科普书出版得越来越多，虽然远不能

① 原载《光明日报》2000年11月2日。

说非常畅销,但作为一类出版物,与过去相比,也确实越来越成为一个有潜力的新的热点。在这种局部热点形成的同时。我们不应回避的现状是,在各种科普类的著作和丛书中,从选题、观念和形式上来看,质量平平者居多,重复的选题居多,而且传统的、纯粹知识性的读物仍占据了其中的绝大多数。往往出版者更加关注的是科普著作内容是否准确,作者是否权威,再就是更关注写作技巧性.即是否具有通俗性,是否吸引人、可读等。从传统观念上,所有科学知识都很重要。可知识是永远学不完的,今天学会了,明天又有了一个新的发展。但是和科学相关,还是有许多内容是涉及人文的、精神的东西,它们是相对稳定的,虽然不是那么具体,那么直接,但又和知识紧密结合在一起。

在另外一个层次上看,或者说从国际背景上来理解,自从20世纪50年代末60年代初斯诺提出两种文化的问题以来,试图沟通两种文化、减少其间分裂的努力一直延续到今天。这种努力表现在各个领域中。除了在科普(或称公众理解科学)的领域以外,甚至于在教育普及的领域,整个的改革方向也一直是如此。正是在这种背景下,将科学哲学、科学史、科学社会学的思想体现在其中的科普著作越来越多地问世。相应于此,也因为国内在科学哲学、科学史和科学社会学等方面研究力量的薄弱和积累的贫乏,国内一些不同层次的学术性著作近来也常常被归入一种广义的科普范畴。对于这种范围广的出版物,人们时常冠以不同的名称,如公众理解科学或科学人文等。但笔者以为,用科学文化这一称呼似乎要更确切一些。当然,这种粗略的分类也可能还只是过渡性的。

虽然国内科普出版物中至今绝大部分作品仍是传统知识性著作,但在科学文化出版物这种概念出现后,近年来,一些在选题意识方面有所创新的著作开始出现。这些著作更多地体现了一种思想性,体现了一种关注科学方法和科学精神的理念,它们的问世更加引起读者和评论界的注意。为什么会出现这种反差,有这种不平衡呢?这和出版者的选题意识、编辑的水准以及出版社的观念有很大的关联。其中,在很大程度上也涉及策划人的问题。策划人这个角色在目前没有一个很明确的定位，有的丛书明确地打上策划人，有的人在起策划作用，但名字未必被印在书上。有些策划工作由编辑来做，有的则由社外的朋友或其他人来完成。有时主编就是策划人，有时策划人则只是挂个名而已。这是一种不规范。但无论如何，策划人的意识或选题的观念确实影响到出版物的品位。尽管在更多的情况下，有很多出版社还是按传统的路数，由自己的编辑按传统的观念，自己组织一些人，设定一些题目，随意地把科普著作一批一批推出来。反之，新的趋势说明，如果有更多的反映新的策划意识、反映新的观念的书的出版，肯定会对国内的科学文化出版水平的提高和发展起非常重要的作用。

到底什么人可以充当策划人呢？讲到两种文化的问题，讲到科学精神和科学文化，目前还没有专业队伍来做这件事。在特殊的情况下，少数编辑可能因个人兴趣、爱好或特殊的背景具有此种能力，再一种例外情况是一些出版社的某些领导具有现代观念，以一种有意识或无意识的幕后的方式来操作。但在更多的情况下，还是许多社外的学者们相对成功地扮演了策划人的角色。非常值得人们注意的是，在那些少数有能力的编辑和参与策划的学者中，受过科学哲学、科学史或科学社会学教育背景的人占有很大的比例。这种情况说明了当今主流科学文化出版的内容和思想特色。

应该指出，这种依靠社外学者参与科学文化出版策划的局面又只应是在这个特殊的过渡期间的一种权宜之计。在这样一个新的交叉领域中，对科学文化有研究、有兴趣的学者可能暂时承担起一部分策划的任务，因为他们可能在视野上，在对国外的动态的了解和把握上具有某种优势。现在，对于畅销书市场，很多书商、出版社对于判断一本书是否畅销、是什么档次的都很在行。但在科学文化领域，对于任何一本科普书在似畅销、非畅销之间的更深层次的价值的判断，专业的出版者还达不到像对一般流行的畅销书那样的标准。因此，从长久的发展来说，出版界作为一个特殊的专业性行业，自身应该逐渐培养出更多有现代出版眼光和新观念的专业化的科学文化出版和策划人，而在这种培养中，学者们的作用也显然是不可缺少的。

不管从写作水平、文化意义，还是从科学精神的角度考虑，国外在科学文化出版方面确实比我们要领先得多，这主要是因为我们在合格的作者的储备和学术的积累方面与国外差距较大。因此，实事求是地讲，在相当一段时间内，在科学文化出版领域，我们还不得不对引进的、积累性的东西予以更多的关注，对于学术性的、层次较高但又能为普通科普著作的进一步的发展完善奠定学术思想积累的国外著作予以更多的关注。与此同时，努力开发国内原创的和真正有自己特色的科学文化著作当然也是重要的任务。但在这两方面，策划人的作用仍然是决定性的。

总之，无论是现在还是未来，科普或者科学文化出版，都有赖于更多的出版者和各界学者的通力合作。希望越来越多的出版者能具有这样的意识，同时也希望有更多的学者在自己的研究之余，把自己交叉的、人文的、科学精神的常识普及化，使之得以传播，并以新的眼光来参与科学文化出版的这种策划和组织。这种结合，对于整个科学文化出版事业将具有至关重要的意义。

后 记

刘 兵

记得还是在刚刚上大学不久，大概是在大一，也许是大二的时候，微积分课上老师推荐了一本由著名物理学家和科普作家伽莫夫所写的名为《从一到无穷大》的科普书。当时，把书找来后，几乎是一口气像看侦探小说那样地把这本书读完的。在此之前是否看过其他科普书现在已经不记得了，至少也是没有留下什么印象。但自从接触到《从一到无穷大》这本之后，终于产生了对于科普著作的好感和兴趣，也更加因为很少能再遇到像《从一到无穷大》那样高的水准的科普著作而遗憾。以至于，甚至一时萌生过毕业后干脆当编辑去的想法，当然是为了想更多地出版像《从一到无穷大》那样的优秀科普著作。不过，那时却从未想过有朝一日自己也会介入科普写作，或者说被承认为介入了科普写作。

我大学时学的是物理，但由于自己对于人文学科的兴趣一直也很高，再加上其他各种考虑，念研究生时报考了科学史的专业。1985年毕业后，绝大部分时间都用在像科学史的教学和研究中，当然，为了能够维持这种兴趣，也还要更多地担任像自然辩证法这样的公共课的教学任务。总之，是以一种在大学中标准的学者的方式来进行研究和写作。

第一次介入科普，是20世纪80年代末当超导热起来时，因为我一直研究超导物理学史，因而被邀写一本通俗的超导发展史。这就是与我国著名超导物理学家管惟炎先生合作，由知识出版社于1988年出版的《超导研究75年》那本小册子。后来，陆续地，又先后写了几本类似的科学史普及读物。现在回过头来看，我以为这些作品还是比较“传统”的，即使是按照把科学史也包括在内的较为宽泛意义的科普概念。

直到近些年来，由于多方面的原因，我开始比较多地涉足于科学文化的领域，尽管依然是立足于自己的科学史专业，但这里所讲的科学文化，则包括了学术、准学术和普及的不同层次，也包括了像科学教育、科学与艺术、生态环境、社会性别等多个领域，甚至包括了像组织出版撰写书评等多种类型的活动。究其原因，既有在某段时间个人的工作有所变化的因素，有出版业越来越繁荣和市场化以及由此带来了资源需求的因素，也有社会上对于科学精神、科学方法、科学文化的重视与需求的因素。相应地，也开始有人将科普的观念更加扩大和现代化，将以往那种偏重注意介绍具体科学知识的科普归为“传统”科普，而将更加注重科学精神、方法和文化的作品归入“公众理解科学”类的科普范畴，也有将其干脆以科学文化类作品相称。因而，我的一些写作和活动也就被一些人看做是处于广义的科普领域中。这倒是我以前确实未曾想到过的。

但是，在“传统”科普和“非传统”科普之间的某些分歧、矛盾或者说张力也仍然存在。不过我以为，在正常的情况下，不同类型的科普都是为社会所需要的，有多种类型科普存在显然要比只有单一类型更好。在我的理解中，我个人绝大部分的“科普”作品，当然是属于那种“非传统”型的。承蒙湖北科学技术出版社厚爱，将我出版过的集子选入《中国科普大奖图书典藏书系》，我个人确实感到非常荣幸，并以为，这既是对我的工作的某种承认，也是社会上对于“非传统”科普的承认的开始。

这本集子以《硬币与金字塔》为书名。其来源是其中所收的一篇讨论科学与艺术之关系的文章的标题。同时，用做整本书的标题，也还可以找出某种寓意。因为，在那篇文章中谈到的硬币和金字塔，都是在谈及科学与艺术之关系时涉及的隐喻，当然它们也可以作为科学文化和人文文化之关系的隐喻。它们意味着，科学和人文是硬币不可分的两面，也是金字塔相互关联又彼此分离的不同侧面。但在金字塔的隐喻中，还有另一层意思，即随着认识高度的上升，其间的距离也将会相应地缩短。而在这本集子中所收的我的“非传统”科普作品中，最明显的特点之一，也正是对科学与人文相结合的关注，是对以人文的视角来看待科学的强调。

这本集子的内容选自我发表过且自认为大致属于“非传统”类型的科普作品，包括对两本有科普小册子的节选和一些单篇的文章。需要说明的是，其中有些文章也曾收在了我另外几本学术或随笔性的自选集中，但由于科普的专题性和读者的不同，经再三考虑，还是把它们包括在了这本集子里。

在选编的过程中，承韩蒸丽女士在选题和文字修订上付出了大量的劳动，在此特别致谢。 当然，特别需要致谢的，还有湖南教育出版社的符本清先生，正是由于他的认可和帮助，才使这本集子的出版成为可能。

2001年3月3日于北京清华园